微分積分学入門

辻川 亨
北 直泰 　共著

学術図書出版社

序文 (PREFACE)

　本書は，筆者がいろいろな大学の理学部や教育学部，工学部を渡り歩いた経験の中で，それぞれの学生の勉強風景を思い出しながら，そして理学部に所属していない教員や学生の要望を積極的に反映させるつもりで執筆したものです．さらに，昨今の大学教育改革 (グローバル化やクォーター制の導入，リメディアル教育) のことも意識しました．

　理学部以外の学部の場合，それらの学生は理論の厳密性よりも，理論の汎用性や社会生活への応用に興味を抱く傾向があります．何のための微分積分なのか？ このような学生の素朴な問いかけに端的に答えられるテキストを目指しています．

　特に工学部では，通常の入学試験に合格した学生に加えて，編入学試験で高等専門学校から入学する学生，グローバル化に伴う AO 入試で入学する学生，海外から留学する学生など，いろいろな経歴をもつ人達が一堂に会しています．筆者が工学部で，そういった多種多様な学生たちの質問を受け付けていたときに，学生たちからよく耳にした言葉は「テキストの練習問題が難しくて，一人では手に負えない」「講義では，教員からテキストを読めばわかると言われたが，そこに書かれていることがわからない」といった類のものです．筆者のところへ質問に来る学生の多くは，定期試験前に勉強するときに，まず例題の解答を模倣することから始める傾向があります．そのため，練習問題でテキストに書かれていない知識を要求してしまうと，たちどころに学生たちは戸惑いの色を見せ始めます．理想的な数学の学び方は，テキストの本文を自問自答しながら読み込んで，自力で細かい計算を埋め合わせることだと思います．しかし，この勉強法は読者にかなりの我慢を要求することになりますので，先に紹介した学生に

は不向きです. 筆者には, 定期試験前の一夜漬けでも構わないから, 数学に触れようとする学生を見捨てることなく救いたいという思いがあります.

世の中には多くの専門書が溢れていますが, ごく限られた優秀な学生向けに書かれたものが多く, 基本事項が覚束ない学生を満足させるような書籍はまだまだ少ないようです. 微分積分の要所をもっと手っ取り早く把握できるテキストがあれば, 自力で基本的な知識を吸収する学生が増えるでしょうし, それに伴って質問に応対する大学教員の負担も軽くなることでしょう. 本書は, このような目的で執筆されたものです. それゆえ, 練習問題では, 学生の機転を要求するような, いわゆる難問を盛り込まないようにしました. それ以外に, 学生の勉強意欲を失わせないように筆者が配慮したことは, 次のとおりです.

- 高校数学の指数・対数・三角関数など, 基本事項を確認してから大学数学の話題に入ること
- 言葉による説明を端的にすること. 証明はできるだけ簡潔にすること
- 解説を少し施してから, 例題や練習問題を紹介すること
- 例題の計算を丁寧に説明し, 練習問題は例題の復習レベルの難度に留めること
- 講義の中で学生の演習の時間を設定できるようするために, 多くの知識を 1 つの章に投入しないこと
- 学生が自力で解く演習問題には必ず略解をつけること

ドイツの心理学者エビングハウス (1850-1909) の実験によると, 学習者の多くが 20 分後には記憶したことの半分を忘れているという結果が得られています. 本書では, 人間のこの摂理を強く意識して, 説明や解説が冗長になることを避けて, 新しい事柄を少しだけ説明した直後に, 例題を通して学生が読み取った知識を確認できるようにしてあります. これはまさに, 学生が小中高で使用していた検定教科書の作りに似ています. 微分積分の造詣が深い人から見ると, 本書は市販されている多くの書籍に比べて盛り込まれている説明や解説, 知識が少なく感じられるかもしれません. その理由は, 教員が板書で説明しなくても, 学生が本書を手に取って自力で読み進めていけるようにしたいからです.

　また，クォーター制を導入したばかりの大学では，時間割の不具合によって講義間の連携が崩れていることが予想されます．そこで，

- 多変数関数の極値問題では，行列の固有値などの知識を使わないこと
- 変数変換を用いて重積分を計算する単元では，行列式という言葉を注意書きの中だけに登場させ，本編では使用しないこと

という工夫も凝らしました．加えて，多くの大学が少子化対策の一環でグローバル化の波に晒されていることや，「自然現象を数式で表現する機会を数学の授業に取り入れて欲しい」という工学部の教員からの要望も取り入れて，

- 数学用語に英語訳をつけ，図を豊富に掲載すること
- 速度・加速度の話題にも触れること
- テイラー展開の話題にできるだけ早く触れること

にも配慮しました．

　本書は，全体的に教育学部と工学部の学生の素朴な疑問に応える内容になっていますから，数学者を目指す気持ちで数学を極めたいと考える学生には物足りないかもしれません．しかし，講師が一方的に話す授業形態に苦痛を覚える多くの学生が本書を手に取ることで，大学の微分積分学の基本的な知識を手っ取り早く理解してもらえるのなら，筆者としては無上の喜びです．

　筆者の一人がこのテキストの原稿執筆の際，空腹と疲労を感じたときに駆け込んでいた飲食店「昭和」の店長，そして従業員の方々から常々励ましのお言葉を賜りました．新型コロナウィルスが大流行して経営が苦しい時期にもかかわらず，始終明るい表情で力づけて下さったことにお礼を申し上げます．また，学術図書出版社の貝沼稔夫さんには，予定されていた締め切りを半年ほど過ぎて原稿が完成しましたことを深くお詫び申し上げます．出版工程に大幅な遅れを強いることとなりまして申し訳ございません．末筆ながら，皆様に感謝とともにお詫びを申し上げます．

2021 年 6 月

辻川　亨

北　直泰

目次 (Contents)

知っておきたい知識一覧 (REQUISITE KNOWLEDGE)

■ **指数法則 (law of exponent)**
正の数 a と実数 p, q に対して,

(1) $a^p a^q = a^{p+q}$

(2) $(a^p)^q = a^{pq}$.

特に, $a^0 = 1$, $a^{-p} = \dfrac{1}{a^p}$, $a^{\frac{1}{p}} = \sqrt[p]{a}$.

■ **対数関数の性質 (properties of logarithmic function)**
正の数 $a \neq 1$ と正の数 b, c および実数 p に対して,

(1) $\log_a(bc) = \log_a b + \log_a c$

(2) $\log_a \dfrac{b}{c} = \log_a b - \log_a c$

(3) $\log_a b^p = p \log_a b$.

特に, $\log_a 1 = 0$.

■ **三角関数の加法定理 (addition theorem of trigonometric functions)**

(1) $\cos(\alpha + \beta) = \cos\alpha\cos\beta - \sin\alpha\sin\beta$

(2) $\sin(\alpha + \beta) = \sin\alpha\cos\beta + \cos\alpha\sin\beta$

■ **有名な極限 (famous limits)**

(1) $\displaystyle\lim_{\theta \to 0} \dfrac{\sin\theta}{\theta} = 1$
(ただし, 角度の単位は rad.)

(2) $\displaystyle\lim_{n \to \infty} \left(1 + \dfrac{1}{n}\right)^n = e$

(3) $\displaystyle\lim_{h \to 0} (1 + h)^{\frac{1}{h}} = e$

■ **微分係数の定義 (definition of differential coefficient)**

$$f'(a) = \lim_{h \to 0} \dfrac{f(a+h) - f(a)}{h}$$

■ **微分の公式 (formulas for differentiation)**
関数 $f = f(x)$, $g = g(x)$ に対して,

(1) (積の微分公式 product rule)
$$(fg)' = f'g + fg'$$

(2) (商の微分公式 quotient rule)
$$\left(\dfrac{f}{g}\right)' = \dfrac{f'g - fg'}{g^2}$$

(3) (合成関数の微分公式 chain rule)
$$\dfrac{df(g(x))}{dx} = \dfrac{df(g)}{dg}\dfrac{dg(x)}{dx}$$

■ **初等関数の微分 (differentiation of elementary functions)**

(1) $\dfrac{dx^\alpha}{dx} = \alpha x^{\alpha-1}$ (ただし, α は定数とする.)

(2) $\dfrac{d\sin x}{dx} = \cos x$

(3) $\dfrac{d\cos x}{dx} = -\sin x$

(4) $\dfrac{d\tan x}{dx} = \dfrac{1}{\cos^2 x}$

(5) $\dfrac{d}{dx}\left(\dfrac{1}{\tan x}\right) = -\dfrac{1}{\sin^2 x}$

(6) $\dfrac{de^x}{dx} = e^x$

(7) $\dfrac{d\log|x|}{dx} = \dfrac{1}{x}$

■ **原始関数の定義 (definition of primitive function)**

$\dfrac{dF(x)}{dx} = f(x)$ が成り立つとき, $F(x)$ を $f(x)$ の「**原始関数 (primitive function)**」または「**不定積分 (indefinite integral)**」といい, 「$\displaystyle\int f(x)\,dx$」と書く.

■ **初等関数の不定積分 (elementary indefinite integrals)**

C は積分定数とする.

(1) $\displaystyle\int x^{\alpha}\,dx = \dfrac{x^{\alpha+1}}{\alpha+1} + C$ (ただし, $\alpha \neq -1$ とする.)

(2) $\displaystyle\int x^{-1}\,dx = \log|x| + C$

(3) $\displaystyle\int \sin x\,dx = -\cos x + C$

(4) $\displaystyle\int \cos x\,dx = \sin x + C$

(5) $\displaystyle\int \dfrac{dx}{\cos^2 x} = \tan x + C$

(6) $\displaystyle\int \dfrac{dx}{\sin^2 x} = -\dfrac{1}{\tan x} + C$

(7) $\displaystyle\int e^x\,dx = e^x + C$

■ **不定積分の公式 (formulas for integration)**

(1) (部分積分 integration by parts)

$$\int f(x)g'(x)\,dx = f(x)g(x) - \int f'(x)g(x)\,dx$$

(2) (置換積分 integration by substitution)

$x = g(t)$ とおくと,

$$\int f(x)\,dx = \int f(g(t))\,\dfrac{dg(t)}{dt}\,dt.$$

■ **2 次元ベクトルの公式 (formulas for vector)**

(1) (ベクトルの長さ)

$\vec{a} = (a_1, a_2)$ に対して,

$$|\vec{a}| = \sqrt{a_1{}^2 + a_2{}^2}.$$

(2) (ベクトルの内積)

$\vec{a} = (a_1, a_2)$ と $\vec{b} = (b_1, b_2)$ のなす角度を θ とすると,

$$\vec{a} \cdot \vec{b} = |\vec{a}||\vec{b}|\cos\theta$$
$$= a_1 b_1 + a_2 b_2.$$

■ **3 次元ベクトルの公式 (formulas for vector)**

(1) (ベクトルの長さ)

$\vec{a} = (a_1, a_2, a_3)$ に対して,

$$|\vec{a}| = \sqrt{a_1{}^2 + a_2{}^2 + a_3{}^2}.$$

(2) (ベクトルの内積)

$\vec{a} = (a_1, a_2, a_3)$ と $\vec{b} = (b_1, b_2, b_3)$ のなす角度を θ とすると,

$$\vec{a} \cdot \vec{b} = |\vec{a}||\vec{b}|\cos\theta$$
$$= a_1 b_1 + a_2 b_2 + a_3 b_3.$$

第 1 章

指数・対数・三角関数の復習

REVIEW

この書籍を手に取っている読者は大学新入生であると思われる．つまり，入学試験からしばらく時間が経過しているので，高校数学の知識を再確認する必要があるかもしれない．そこで，まず関数の基本を復習して，その後で高校生が苦手意識を抱きやすい指数・対数関数，そして三角関数を復習する．

1.1 関数 (Functions)

ある集合の要素に対して，ただ 1 つの数を対応させたものを**関数** (*function*) という．例えば，ある日の時刻 x [時] において，自動車 A に乗っている人の数 y [人] を対応させたものは関数といえる．しかし，自動車 A に乗っている人の数 x [人] に対して，その時の時刻 y [s] を対応させたものは一般に関数にはならない．なぜなら，自動車に乗っている人が 1 人である時刻は，8 [時] や 18 [時] など複数の値が想定されるからである．

y が x の関数であるとき，$y = f(x)$ と表し，これを**関数の陽的表示** (*explicit representation*) あるいは**陽関数** (*explicit function*) という．このとき，x を**独立変数** (*independent variable*) といい，y を**従属変数** (*dependent variable*) という．また，独立変数 x の取り得る値の全体を**定義域** (*domain*) といい，従属変数 y の取り得る値の全体を**値域** (*range*) という．

例題 1.1.1 (Example 1.1.1)

実数 x, y について, 関数 $y = \sqrt{1 - x^2}$ の定義域と値域をそれぞれ答えよ.

解答 Solution　定義域について, $\sqrt{}$ の中身は 0 以上なので,

$$1 - x^2 \geq 0 \iff -1 \leq x \leq 1.$$

したがって, 定義域は $-1 \leq x \leq 1$ または閉区間 $[-1, 1]$.　$\cdots$ (答)

値域について, y の最小値は 0, 最大値は 1 なので, $0 \leq y \leq 1$ または閉区間 $[0, 1]$.　$\cdots$ (答)

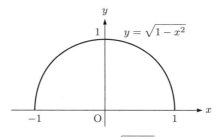

図 1.1　関数 $y = \sqrt{1 - x^2}$ のグラフ

注意 1.1.1 (Remark 1.1.1)　大学数学では, 不等号 $\leqq, \geqq$ をそれぞれ $\leq, \geq$ のように書くことが多い.

定義 1.1.1 (偶関数と奇関数 Even Function & Odd Function)

(i)　関数 $f(x)$ が, すべての実数 x について,

$$f(-x) = f(x)$$

を満たすとき, $f(x)$ を**偶関数** (*even function*) という.

(ii)　関数 $f(x)$ が, すべての実数 x について,

$$f(-x) = -f(x)$$

を満たすとき, $f(x)$ を**奇関数** (*odd function*) という.

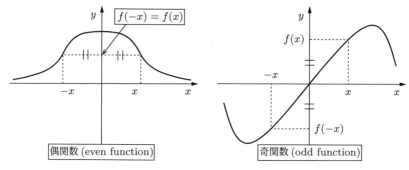

図 1.2　偶関数と奇関数

注意 1.1.2 (Remark 1.1.2)　偶関数のグラフは y 軸について対称 (*symmetric about the y-axis*) であり, 奇関数のグラフは原点対称 (*symmetric about the origin*) である. 与えられた関数が偶関数か奇関数か見定めておくと, 後の章で登場する定積分の計算が楽になる.

例題 1.1.2 (Example 1.1.2)

次の関数 $f(x)$ は偶関数か奇関数か, あるいはどちらでもないか判定せよ.

(1)　$f(x) = x^3 + x$　　　(2)　$f(x) = \dfrac{x^2}{1 + x^4}$　　　(3)　$f(x) = x^2 - 2x$

解答 Solution　x に $-x$ を代入して様子を見ればよい.

(1)　$f(-x) = (-x)^3 + (-x) = -x^3 - x = -(x^3 + x) = -f(x)$ より, これは奇関数である.　$\cdots$ (答)

(2)　$f(-x) = \dfrac{(-x)^2}{1 + (-x)^4} = \dfrac{x^2}{1 + x^4} = f(x)$ より, これは偶関数である. $\cdots$ (答)

(3)　$f(-x) = (-x)^2 - 2(-x) = x^2 + 2x$ となって, $f(x)$ や $-f(x)$ に一致しないので, これは偶関数でも奇関数でもない.　$\cdots$ (答)

例題の関数 $f(x)$ のグラフを描いて, 注意 1.1.2 のことを確認するとよい.

練習問題 1.1 (Exercise 1.1)

問 1　x, y は実数とする. このとき, 次の関数の定義域と値域を答えよ.

(1)　$y = \sqrt{x - x^2}$　　　(2)　$y = \dfrac{1}{x}$　　　(3)　$y = \dfrac{1}{\sqrt{x} - \sqrt{2 - x}}$

問 2　次の関数 $f(x)$ は偶関数か奇関数か, あるいはどちらでもないか判定せよ.

(1)　$f(x) = x + 1$　　　　　　(2)　$f(x) = \dfrac{x}{4 + x^2}$

(3)　$f(x) = \sqrt{1 + x + x^2} + \sqrt{1 - x + x^2}$

1.2　復習 1：指数・対数関数 (Review 1：Exponential & Logarithmic Functions)

●**指数関数**　a, b は正の数とする. 正の整数 m, n に対して,

(i)　$a^m a^n = a^{m+n}$,　　　(ii)　$(a^m)^n = a^{mn}$,　　　(iii)　$(ab)^m = a^m b^m$

という性質 (**指数法則** (*law of exponent*)) が成り立つ. これは, m 乗の定義：

$$a^m = \underbrace{a \times a \times \cdots \times a}_{m \text{ 個}}$$

から導くことができる.

　m, n を整数全体 (0 や負の整数も含む) に広げても, 上の (i)〜(iii) が成り立つことを仮定すると,

$$\text{(iv)}\quad a^0 = 1, \qquad \text{(v)}\quad a^{-m} = \frac{1}{a^m}$$

という性質を導くことができる.

　さらに, m, n を有理数全体 (0 や負の有理数も含む) に広げても, 上の (i)〜(iii) が成り立つことと $a^{\frac{1}{q}} > 0$ を仮定すると,

$$\text{(vi)}\quad a^{\frac{p}{q}} = (\sqrt[q]{a})^p \quad (p \text{ は整数}, q \text{ は正の整数})$$

という性質を導くことができる.

無理数 x に限りなく近づく有理数の数列 $\left\{\dfrac{p_n}{q_n}\right\}$ を用いると, 極限

$$a^x = \lim_{n \to \infty} a^{\frac{p_n}{q_n}}$$

によって, a の無理数乗を定義できる (厳密には, この極限が存在することと, 極限が有理数の数列の選び方に依存しないことを示す必要があるが, 実数の性質に立ち入ることになるので, これ以上深入りしない).

正の定数 a $(a \neq 1)$ に対して, 関数 $y = a^x$ を**指数関数** (*exponential function*) という. 指数関数には次の性質がある (証明は省略).

定理 1.2.1 (指数関数の性質 Properties of Exponential Functions)

a, b は 1 以外の正の数とする. このとき, 実数 x_1, x_2, x に対して, 次の性質が成り立つ.

(i) $a^{x_1} a^{x_2} = a^{x_1 + x_2}$ 　　(ii) $\dfrac{a^{x_1}}{a^{x_2}} = a^{x_1 - x_2}$ 　　(iii) $(a^{x_1})^{x_2} = a^{x_1 x_2}$

(iv) $(ab)^x = a^x b^x$

例題 1.2.1 を解いて, 指数関数の取り扱いを思い出そう.

── 例題 1.2.1 (Example 1.2.1) ──────────

次の問題は間違いやすいものである. 各問に答えよ.

(1) $\sqrt{\sqrt[3]{3}} = \sqrt[\square]{3}$ の□に入る数を答えよ.

(2) 4^0 の値を答えよ.

(3) $(5^3)^3$ と 5^6 は等しいか異なるか?

解答 Solution (1) 累乗根を指数で書きかえると,

$$\sqrt{\sqrt[3]{3}} = (3^{\frac{1}{3}})^{\frac{1}{2}}$$
$$= 3^{\frac{1}{3} \times \frac{1}{2}} \quad (\because \text{定理 1.2.1(iii) より})$$
$$= 3^{\frac{1}{6}}$$
$$= \sqrt[6]{3}$$

となる. ゆえに, $\square$ に入る数は 6. $\cdots$ (答)

(2)　$4^0 = 1$ $\cdots$ (答) (0 ではない.)

(3)　定理 1.2.1(iii) より, $(5^3)^3 = 5^{3 \times 3} = 5^9$ なので, 5^6 と異なる. $\cdots$ (答) ▐

●**対数関数**　$a > 0$ $(a \neq 1)$ は定数とする. 正の実数 x に対して, $x = a^y$ を満たす y はただ 1 つ決まる. このような x から y への対応を $y = \log_a x$ と書き, a を**底** (*base*) とする**対数関数** (*logarithmic function*) という. 例えば, $9 = 3^2$ なので, $\log_3 9 = 2$ となる. 対数関数の定義域は, $0 < x$ または開区間 $(0, \infty)$ であり, 値域は $-\infty < y < \infty$ または実数全体 $(-\infty, \infty)$ である. $a = e = 2.71828 \cdots$ (**自然対数の底**) のとき, $\log_e x$ を $\log x$ と書いたり, $\ln x$ と書いたりする.

　対数関数には次の性質がある.

定理 1.2.2 (対数関数の性質 Properties of Logarithmic Functions)

　a, b は 1 以外の正の数とする. このとき, 正の数 m, n と実数 r について, 次の性質が成り立つ.

(i)　$a^{\log_a m} = m$　　　　　(ii)　$\log_a(mn) = \log_a m + \log_a n$

(iii)　$\log_a \dfrac{m}{n} = \log_a m - \log_a n$　(iv)　$\log_a m^r = r \log_a m$

(v)　$\log_a m = \dfrac{\log_b m}{\log_b a}$　　(底の変換公式)

証明 Proof　(i)　対数関数の定義より, $m = a^{\square}$ の $\square$ に入る数を $\log_a m$ と書くので, 明らかに, $a^{\log_a m} = m$ となる.

(ii)　まず, 以下のように等式変形する.

$$a^{\log_a(mn)} = mn \quad (\because \text{定理 1.2.2(i) より})$$
$$= a^{\log_a m} a^{\log_a n} \quad (\because \text{再び定理 1.2.2(i) より})$$
$$= a^{\log_a m + \log_a n} \quad (\because \text{定理 1.2.1(i) より})$$

最初と最後で指数部分を見ると, $\log_a(mn) = \log_a m + \log_a n$ となる.

(iii) と (iv) の証明は, 各自の演習問題とする.

(v)　$\log_b a \times \log_a m = \log_b m$ を示せばよい. 以下のように等式変形する.

$$b^{\log_b a \times \log_a m} = (b^{\log_b a})^{\log_a m} \quad (\because \text{定理 1.2.1(iii) より})$$

$$= a^{\log_a m} \quad (\because \text{定理 1.2.2(i) より})$$

$$= m \quad (\because \text{定理 1.2.2(i) より})$$

$$= b^{\log_b m} \quad (\because \text{定理 1.2.2(i) より})$$

最初と最後で指数部分を見ると, $\log_b a \times \log_a m = \log_b m$ となる. 両辺を $\log_b a$ で割ると, $\log_a m = \dfrac{\log_b m}{\log_b a}$ を得る.

例題 1.2.2 を解いて, 対数関数の取り扱いを思い出そう.

--- **例題 1.2.2 (Example 1.2.2)** ---

次の各問に答えよ.

(1)　$\log_3 1$ の値を求めよ.　　　　(2)　$\log_4 \sqrt[5]{2}$ の値を求めよ.

解答 Solution　(1)　$\log_3 1 = \log_3 3^0 = 0 \cdot \log_3 3 = 0.$　$\cdots$(答)

(2)　底の変換公式 (定理 1.2.2(v)) を用いて, 底が 2 の対数にそろえると,

$$\log_4 \sqrt[5]{2} = \frac{\log_2 2^{\frac{1}{5}}}{\log_2 4} = \frac{\dfrac{1}{5}}{2} = \frac{1}{10}. \quad \cdots (\text{答})$$

練習問題 1.2 (Exercise 1.2)

問 1　次の数式の値を答えよ.

(1)　$\sqrt[3]{49} \times \sqrt[6]{49}$　　(2)　$3^5 \times 9^{-3} \times \sqrt[3]{27}$　　(3)　$\dfrac{(2^5 \times 3^{10})^5}{4^{12} \times 9^{25}}$

(4)　$\log_3 \dfrac{1}{81}$　　　　(5)　$\log_9 \sqrt[4]{27}$　　　　(6)　$\log_2 3 \times \log_3 8$

問 2　定理 1.2.2(iii) を証明せよ.

問 3　定理 1.2.2(iv) を証明せよ.

問 4　e を自然対数の底とする. このとき,

$$\cosh x = \frac{e^x + e^{-x}}{2} \quad (\text{ハイパボリック・コサイン } x),$$

$$\sinh x = \frac{e^x - e^{-x}}{2} \quad (\text{ハイパボリック・サイン } x),$$

$$\tanh x = \frac{\sinh x}{\cosh x} \quad (\text{ハイパボリック・タンジェント } x)$$

と定義し, これら 3 つの関数を**双曲線関数** (*hyperbolic function*) という.
次の等式が成り立つことを確かめよ.

(1) $(\cosh x)^2 - (\sinh x)^2 = 1$

(2) $\cosh(x_1 + x_2) = \cosh x_1 \cosh x_2 + \sinh x_1 \sinh x_2$

(3) $\sinh(x_1 + x_2) = \sinh x_1 \cosh x_2 + \cosh x_1 \sinh x_2$

(4) $\tanh(x_1 + x_2) = \dfrac{\tanh x_1 + \tanh x_2}{1 + \tanh x_1 \tanh x_2}$

問 5 次の各問に答えよ.

(1) $\cosh x$ は, 偶関数か, 奇関数か, どちらでもないか判定せよ.

(2) $\sinh x$ は, 偶関数か, 奇関数か, どちらでもないか判定せよ.

(3) $\tanh x$ は, 偶関数か, 奇関数か, どちらでもないか判定せよ.

1.3 復習 2：三角関数 (Review 2：Trigonometric Functions)

図 1.3 のように, 座標平面上に原点 O
を中心とする半径 1 の円がある. この
円周上に点 P を取り, x 軸から半直線
OP へ反時計回りを正として測った角度
を θ [rad] とする. このとき,

(i) 点 P の x 座標を $\cos\theta$ と取り決
める.

(ii) 点 P の y 座標を $\sin\theta$ と取り決
める.

(iii) $\tan\theta = \dfrac{\sin\theta}{\cos\theta}$ と取り決める.

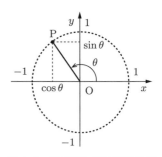

図 1.3 単位円と三角関数の値

2 点 O $(0,0)$ と P $(\cos\theta, \sin\theta)$ の距離は, 円の半径が 1 なので,

$$\cos^2\theta + \sin^2\theta = 1$$

となる. また,

$$\cos\left(\frac{\pi}{2} - \theta\right) = \sin\theta, \quad \sin\left(\frac{\pi}{2} - \theta\right) = \cos\theta,$$
$$\cos(-\theta) = \cos\theta, \quad \sin(-\theta) = -\sin\theta$$

も成り立つ. 関数 $y = \cos x$, $y = \sin x$, $y = \tan x$ を**三角関数** (*trigonometric function*) という. 次の加法定理は, 三角関数の有名な性質である.

定理 1.3.1 (加法定理 Addition Theorem)

次の等式が成り立つ.

(i)　$\cos(\alpha + \beta) = \cos\alpha\cos\beta - \sin\alpha\sin\beta$

(ii)　$\sin(\alpha + \beta) = \sin\alpha\cos\beta + \cos\alpha\sin\beta$

(iii)　$\tan(\alpha + \beta) = \dfrac{\tan\alpha + \tan\beta}{1 - \tan\alpha\tan\beta}$

証明 Proof (i)　図 1.4 で, 点 A $(1,0)$ と B $(\cos(\alpha+\beta), \sin(\alpha+\beta))$ の距離の 2 乗は,

$$\begin{aligned}
AB^2 &= (1 - \cos(\alpha+\beta))^2 + (0 - \sin(\alpha+\beta))^2 \\
&= 1 - 2\cos(\alpha+\beta) + \cos^2(\alpha+\beta) + \sin^2(\alpha+\beta) \\
&= 2 - 2\cos(\alpha+\beta). \quad \cdots ①
\end{aligned}$$

一方, 図 1.5 で, 2 点 A$'(\cos\alpha, -\sin\alpha)$ と B$'(\cos\beta, \sin\beta)$ の距離の 2 乗は,

$$\begin{aligned}
A'B'^2 &= (\cos\alpha - \cos\beta)^2 + (-\sin\alpha - \sin\beta)^2 \\
&= 2 - 2(\cos\alpha\cos\beta - \sin\alpha\sin\beta). \quad \cdots ②
\end{aligned}$$

いま, AB $=$ A$'$B$'$ なので, ① $=$ ②を整理して,

$$\cos(\alpha + \beta) = \cos\alpha\cos\beta - \sin\alpha\sin\beta.$$

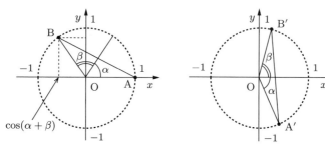

図1.4 単位円と2点 A, B **図1.5 単位円と2点 A′, B′**

(ii) $\sin(\alpha + \beta) = \cos\left(\dfrac{\pi}{2} - \alpha - \beta\right)$ に注意して, (i) を利用すると,

$$\sin(\alpha + \beta) = \cos\left\{\left(\dfrac{\pi}{2} - \alpha\right) + (-\beta)\right\}$$

$$= \cos\left(\dfrac{\pi}{2} - \alpha\right)\cos(-\beta) - \sin\left(\dfrac{\pi}{2} - \alpha\right)\sin(-\beta)$$

$$= \sin\alpha\cos\beta + \cos\alpha\sin\beta.$$

(iii) $\tan(\alpha + \beta) = \dfrac{\sin(\alpha + \beta)}{\cos(\alpha + \beta)}$ の分子・分母に (ii) と (i) を適用すると,

$$\tan(\alpha + \beta) = \dfrac{\sin\alpha\cos\beta + \cos\alpha\sin\beta}{\cos\alpha\cos\beta - \sin\alpha\sin\beta}$$

となる. ここで, 分子・分母に $\dfrac{1}{\cos\alpha\cos\beta}$ を掛けると,

$$\tan(\alpha + \beta) = \dfrac{\dfrac{\sin\alpha}{\cos\alpha} + \dfrac{\sin\beta}{\cos\beta}}{1 - \dfrac{\sin\alpha}{\cos\alpha} \times \dfrac{\sin\beta}{\cos\beta}} = \dfrac{\tan\alpha + \tan\beta}{1 - \tan\alpha\tan\beta}.$$

　ある定数 a に対して, 関数 $f(x)$ がすべての x で $f(x+a) = f(x)$ をみたすとき, **周期関数** (*periodic function*) という. また, a を周期 (period) という. 三角関数 $\sin x, \cos x$ は周期 2π の周期関数である.

練習問題 1.3 (Exercise 1.3)

問 1 次の三角関数の値を答えよ.

(1) $\cos\dfrac{\pi}{6}$ 　　　(2) $\sin\dfrac{\pi}{6}$ 　　　(3) $\tan\dfrac{\pi}{6}$

(4) $\cos\left(-\dfrac{2\pi}{3}\right)$ 　(5) $\sin\left(-\dfrac{2\pi}{3}\right)$ 　(6) $\tan\left(-\dfrac{2\pi}{3}\right)$

(7) $\cos 0$ 　　　(8) $\sin 0$ 　　　(9) $\tan 0$

(10) $\cos\pi$ 　　　(11) $\sin\pi$ 　　　(12) $\tan\pi$

(13) $\cos\left(-\dfrac{7\pi}{4}\right)$ 　(14) $\sin\left(-\dfrac{7\pi}{4}\right)$ 　(15) $\tan\left(-\dfrac{7\pi}{4}\right)$

問 2 次の各問に答えよ.

(1) $\cos x$ は偶関数か奇関数か判定し, その定義域と値域も答えよ.

(2) $\sin x$ は偶関数か奇関数か判定し, その定義域と値域も答えよ.

(3) $\tan x$ は偶関数か奇関数か判定し, その定義域と値域も答えよ.

問 3 加法定理 (定理 1.3.1) を利用するなどして, 次の等式を示せ.

(1) $\cos^2 x = \dfrac{1 + \cos 2x}{2}$

(2) $\sin^2 x = \dfrac{1 - \cos 2x}{2}$

(3) $\cos x_1 \cos x_2 = \dfrac{1}{2}\{\cos(x_1 + x_2) + \cos(x_1 - x_2)\}$

(4) $\sin x_1 \sin x_2 = -\dfrac{1}{2}\{\cos(x_1 + x_2) - \cos(x_1 - x_2)\}$

(5) $\cos 2x = \dfrac{1 - \tan^2 x}{1 + \tan^2 x}$

(6) $\sin 2x = \dfrac{2 \tan x}{1 + \tan^2 x}$

第 2 章

合成関数と逆関数

COMPOSITE & INVERSE FUNCTIONS

　複雑な関数でもいくつかの簡単な関数の合成（組み合わせ）と見なすことで，4.2 節で紹介する微分計算が可能になることもある．この章では，合成関数と逆関数の知識を学ぶ．

2.1　合成関数 (Composite Functions)

　関数 $y = f(x)$ を別の関数 $z = g(y)$ の変数 y に代入したもの，つまり，$z = g(f(x))$ を f と g の**合成** (*composition*) または**合成関数** (*composite function*) という．合成関数 $g(f(x))$ を $g \circ f(x)$ と表すこともある．合成関数が定義できるためには，$f(x)$ の値域が $g(y)$ の定義域に含まれる必要がある．

例題 2.1.1 (Example 2.1.1)

　次の各問に答えよ．

(1)　$f(x) = \cos x, g(x) = x^3$ に対して，合成関数 $g(f(x))$ と $f(g(x))$ の関数形をそれぞれ答えよ．

(2)　$f(x) = e^x, g(x) = x \log x$ をうまく合成して関数 x^x を表せ．

解答 Solution　(1)　$g(f(x)) = (\cos x)^3 = \cos^3 x, f(g(x)) = \cos(x^3)$.
$\cdots$（答）（一般に $g(f(x))$ と $f(g(x))$ は異なる．）

(2) 定理 1.2.2(i) と定理 1.2.1(iii) より, $x^x = (e^{\log x})^x = e^{x \log x}$. ゆえに,

$$x^x = f(g(x)). \quad \cdots (答)$$

練習問題 2.1 (Exercise 2.1)

問 1 関数 $f(x) = \sin x$, $g(x) = x^4$, $h(x) = \sqrt{x}$ について, 次の各問に答えよ.

(1) 合成関数 $p(x) = f(g(x))$ の関数形を答えよ.

(2) 合成関数 $q(x) = g(h(x))$ の関数形を答えよ.

(3) 合成関数 $p(h(x))$ の関数形を答えよ.

(4) 合成関数 $f(q(x))$ の関数形を答えて, (3) の結果と一致しているか異なるか確かめよ. (一般に, $(f \circ g) \circ h(x) = f \circ (g \circ h)(x)$ となる.)

問 2 分数関数 $f(x) = \dfrac{2x+3}{x-1}$, $g(x) = \dfrac{x+2}{x-3}$ について, 次の各問に答えよ.

(1) 関数 $f(x)$ の定義域を答えよ.

(2) 関数 $g(x)$ の定義域を答えよ.

(3) 合成関数 $g(f(x))$ を作るために, $f(x)$ の値域が $g(x)$ の定義域に含まれる必要がある. $f(x)$ の定義域を (1) の結果からどのように変更すればよいか答えよ.

(4) x が (3) で求めた値を取るとき, 合成関数 $g(f(x))$ の関数形を求めよ.

問 3 関数 $f(x) = \dfrac{1}{2} x \log x$, $g(x) = e^x$ をうまく合成して, 関数 $(\sqrt{x})^x$ を表せ.

2.2 逆関数 (Inverse Functions)

関数 $y = f(x)$ が,

$$x_1 \neq x_2 \implies f(x_1) \neq f(x_2)$$

を満たすとき, 関数 $f(x)$ は **1 対 1 対応** (*one to one*) または**単射** (*injection*) であるという. 対偶を考えると, $f(x)$ が 1 対 1 対応ならば, 値域の $y_1 = f(x_1)$

と $y_2 = f(x_2)$ に対し,

$$y_1 = y_2 \implies x_1 = x_2$$

である. これから, 値域の1つの値 y に対して定義域の1つの値 x が対応する. この対応を $x = g(y)$ と書くとき, 関数 g を f の**逆関数** (*inverse function*) といい, f^{-1} と書く (f *inverse* と読む). 逆関数 f^{-1} の定義域は f の値域で, f^{-1} の値域は f の定義域になる. $f^{-1}(x)$ は, $\dfrac{1}{f(x)}$ とは**違う**ことに注意してほしい.

例題 2.2.1 (Example 2.2.1)

次の関数 $f(x)$ の逆関数 $f^{-1}(x)$ を求めよ.

(1) $f(x) = 2x + 3$ (2) $f(x) = 3^x$ (3) $f(x) = \dfrac{e^x - e^{-x}}{2}$

解答 Solution (1) $y = 2x + 3$ を $x = \cdots$ の形に書きかえると,

$$y = 2x + 3 \iff x = \frac{y-3}{2}.$$

ゆえに, $f^{-1}(y) = \dfrac{y-3}{2}$ となる. y を x に変えて, $f^{-1}(x) = \dfrac{x-3}{2}$.
$\cdots$ (答)

(2) $y = 3^x$ は対数の定義から, $x = \log_3 y$ となる. ゆえに, $f^{-1}(y) = \log_3 y$ となる. y を x に変えて, $f^{-1}(x) = \log_3 x$. $\cdots$ (答)

(3) $y = \dfrac{e^x - e^{-x}}{2}$ を $x = \cdots$ の形に書きかえる. $y = \dfrac{e^x - e^{-x}}{2}$ の両辺に $2e^x$ を掛けて,

$$y = \frac{e^x - e^{-x}}{2} \iff 2e^x y = (e^x)^2 - 1 \iff (e^x)^2 - 2ye^x - 1 = 0$$

となる. これは e^x の2次方程式なので, 解の公式より,

$$e^x = y \pm \sqrt{y^2 + 1}$$

を得る. いま, $e^x > 0$ なので, マイナスの方はありえない. したがって,

$$e^x = y + \sqrt{y^2 + 1} \iff x = \log(y + \sqrt{y^2 + 1})$$

となる. ゆえに, $f^{-1}(y) = \log(y + \sqrt{y^2 + 1})$ となる. y を x に変えて,
$f^{-1}(x) = \log(x + \sqrt{x^2 + 1})$.　… (答)

逆関数に関して以下のことが成り立つ.

定理 2.2.1 (逆関数の性質 Properties of Inverse Functions)
関数 $f(x)$ は 1 対 1 対応とする. このとき,
(i)　$f(x)$ の定義域の要素 x に対して, $f^{-1}(f(x)) = x$.
(ii)　$f(x)$ の値域の要素 y に対して, $f(f^{-1}(y)) = y$.
(iii)　$y = f^{-1}(x)$ のグラフは, $y = f(x)$ のグラフと直線 $y = x$ に関して対称
　　　である.

証明 Proof　(i)　$y = f(x)$ とおく.
逆関数の定義より, $x = f^{-1}(y)$ とな
る. これに $y = f(x)$ を代入して, $x =$
$f^{-1}(f(x))$ が成り立つ.
(ii)　$x = f^{-1}(y)$ とおく. つまり, $y =$
$f(x)$ が成り立つ. これに $x = f^{-1}(y)$
を代入すると, $y = f(f^{-1}(y))$ が成り立
つ.

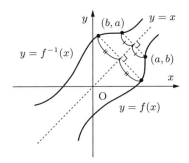

(iii)　平面上の点 (a, b) が関数 $y =$

図 2.1　関数と逆関数のグラフ

$f(x)$ のグラフ上にあれば, $b = f(a)$ となる. これから $a = f^{-1}(b)$ も成
り立つ. つまり, 点 (b, a) は逆関数 $y = f^{-1}(x)$ のグラフ上にある. 点 (a, b) と
(b, a) は直線 $y = x$ に関して対称な位置にあるので, $y = f(x)$ と $y = f^{-1}(x)$
のグラフは直線 $y = x$ に関して対称になる (図 2.1).

　関数 $f(x)$ のグラフが表示できれば, 逆関数 $f^{-1}(x)$ の定義域などもイメー
ジしやすい. また, 定理 2.2.1(iii) を用いて, $f^{-1}(x)$ のグラフの概形も描くと
よい.

練習問題 2.2 (Exercise 2.2)

問 1　関数 $f(x) = 3x - 2$ の逆関数 $f^{-1}(x)$ を求めよ.

問 2　関数 $f(x) = \dfrac{x+3}{x-1}$ の逆関数 $f^{-1}(x)$ を求めよ.

問 3　関数 $f(x) = x^2 - 2x$ (ただし, $1 \leq x$) の逆関数 $f^{-1}(x)$ を求めよ.

問 4　関数 $f(x) = x^2 - 2x$ (ただし, $x \leq 1$) の逆関数 $f^{-1}(x)$ を求めよ.

問 5　関数 $f(x) = \dfrac{e^x + e^{-x}}{2}$ (ただし, $0 \leq x$) の逆関数 $f^{-1}(x)$ を求めよ.

問 6　関数 $f(x) = \dfrac{e^x - e^{-x}}{e^x + e^{-x}}$ の逆関数 $f^{-1}(x)$ を求めよ.

2.3　逆三角関数 (Inverse Trigonometric Functions)

　三角関数には, 余弦関数 $y = \cos x$, 正弦関数 $y = \sin x$, 正接関数 $y = \tan x$ がある. それぞれの逆関数を

$$y = \cos^{-1} x \ (\text{or } \arccos x),$$

$$y = \sin^{-1} x \ (\text{or } \arcsin x),$$

$$y = \tan^{-1} x \ (\text{or } \arctan x)$$

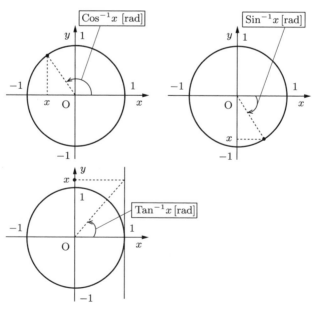

図 2.2　逆三角関数は角度を求めている.

と表す. $\cos^{-1} x$ は, $\dfrac{1}{\cos x}$ とは**違う**ことに注意してほしい.

　例えば, $\cos 2\pi n = 1$ $(n = 0, \pm 1, \pm 2, \cdots)$ であるから,

$$2\pi n = \cos^{-1} 1 \quad (n = 0, \pm 1, \pm 2, \cdots)$$

と書くことができる. このままでは, $y = \cos^{-1} x$ の値は 1 つに定まらないので, 次の取り決めによって逆関数の値域を制限する.

> **定義 2.3.1 (逆三角関数の主値 Principal Value)**
>
> (i) $\cos y = x$ を満たす y で, 特に $0 \le y \le \pi$ の範囲にあるものを cos の逆関数の**主値** (*principal value*) といい, $\boldsymbol{y = \mathrm{Cos}^{-1}x}$ と書く.
>
> (ii) $\sin y = x$ を満たす y で, 特に $-\dfrac{\pi}{2} \le y \le \dfrac{\pi}{2}$ の範囲にあるものを sin の逆関数の**主値**といい, $\boldsymbol{y = \mathrm{Sin}^{-1}x}$ と書く.
>
> (iii) $\tan y = x$ を満たす y で, 特に $-\dfrac{\pi}{2} < y < \dfrac{\pi}{2}$ の範囲にあるものを tan の逆関数の**主値**といい, $\boldsymbol{y = \mathrm{Tan}^{-1}x}$ と書く.

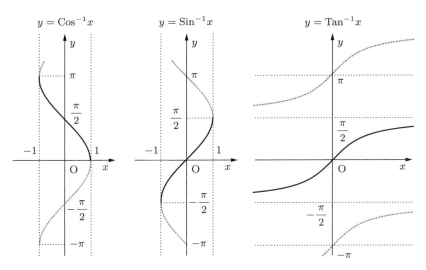

図 2.3　逆三角関数

例題 2.3.1 を解いて, 逆三角関数に慣れよう.

> **例題 2.3.1 (Example 2.3.1)** ────────────────
>
> 次の各問に答えよ.
>
> (1) $\tan^{-1}1$ と $\mathrm{Tan}^{-1}1$ の値をそれぞれ求めよ.
>
> (2) $\mathrm{Cos}^{-1}x + \mathrm{Sin}^{-1}x = \dfrac{\pi}{2}$ を示せ.

解答 Solution (1) $y = \tan^{-1}1$ とおくと, これは $\tan y = 1$ と同じである. この等式を満たす y は, $y = \dfrac{\pi}{4} + \pi n \ (n = 0, \pm 1, \pm 2, \cdots)$ となる. ゆえに,

$$\tan^{-1}1 = \frac{\pi}{4} + \pi n \quad (n = 0, \pm 1, \pm 2, \cdots). \quad \cdots (\text{答})$$

$\tan$ の逆関数の主値は, $-\dfrac{\pi}{2} < y < \dfrac{\pi}{2}$ の範囲にあるものを答えるので,

$$\mathrm{Tan}^{-1}1 = \frac{\pi}{4}. \quad \cdots (\text{答})$$

(2) $\alpha = \mathrm{Cos}^{-1}x,\ \beta = \mathrm{Sin}^{-1}x$ とおくと, これは $\cos\alpha = x\ (0 \leq \alpha \leq \pi)$, $\sin\beta = x\ \left(-\dfrac{\pi}{2} \leq \beta \leq \dfrac{\pi}{2}\right)$ と同じである. ここで, $\cos(\alpha + \beta)$ を加法定理で計算すると,

$$\cos(\alpha + \beta) = \cos\alpha\cos\beta - \sin\alpha\sin\beta$$

$$= x \times \cos\beta - \sin\alpha \times x \quad \cdots (*1)$$

となる. $\cos\beta = \sqrt{1 - \sin^2\beta} = \sqrt{1 - x^2}$, $\sin\alpha = \sqrt{1 - \cos^2\alpha} = \sqrt{1 - x^2}$ に注意して, $(*1)$ に代入すると,

$$\cos(\alpha + \beta) = 0. \quad \cdots (*2)$$

なお, $0 \leq \alpha \leq \pi,\ -\dfrac{\pi}{2} \leq \beta \leq \dfrac{\pi}{2}$ より, $-\dfrac{\pi}{2} \leq \alpha + \beta \leq \dfrac{3}{2}\pi$ となるので, $(*2)$ より,

$$\alpha + \beta = -\frac{\pi}{2}, \frac{\pi}{2}, \frac{3}{2}\pi$$

が候補になる. しかし, $\alpha + \beta = -\dfrac{\pi}{2}, \dfrac{3}{2}\pi$ となるのは, それぞれ $(\alpha, \beta) = \left(0, -\dfrac{\pi}{2}\right), \left(\pi, \dfrac{\pi}{2}\right)$ のときだが, $\cos 0 \neq \sin\left(-\dfrac{\pi}{2}\right)$, $\cos\pi \neq \sin\left(\dfrac{\pi}{2}\right)$ となる

ので, $\cos\alpha = \sin\beta = x$ が成り立たず不適. したがって,

$$\alpha + \beta = \frac{\pi}{2}. \quad \cdots (答)$$

練習問題 2.3 (Exercise 2.3)

問 1 $\sin^{-1}\dfrac{1}{2}$ と $\mathrm{Sin}^{-1}\dfrac{1}{2}$ の値をそれぞれ求めよ.

問 2 $\cos^{-1}\left(-\dfrac{\sqrt{3}}{2}\right)$ と $\mathrm{Cos}^{-1}\left(-\dfrac{\sqrt{3}}{2}\right)$ の値をそれぞれ求めよ.

問 3 $\tan^{-1}\sqrt{3}$ と $\mathrm{Tan}^{-1}\sqrt{3}$ の値をそれぞれ求めよ.

問 4 次の値を求めよ.

(1) $\cos(\mathrm{Cos}^{-1}1)$ (2) $\mathrm{Sin}^{-1}\left(\sin\dfrac{7\pi}{6}\right)$ (3) $\cos\left(\mathrm{Sin}^{-1}\dfrac{2}{3}\right)$

(4) $\cos\left(2\,\mathrm{Sin}^{-1}\dfrac{2}{3}\right)$ (5) $\sin\left(2\,\mathrm{Sin}^{-1}\dfrac{1}{4}\right)$

問 5 $\mathrm{Sin}^{-1}x = \mathrm{Cos}^{-1}\dfrac{2}{3}$ を満たす x を求めよ.

問 6 次の値を求めよ.

(1) $\mathrm{Tan}^{-1}\dfrac{1}{2} + \mathrm{Tan}^{-1}\dfrac{1}{3}$ (2) $\mathrm{Sin}^{-1}\dfrac{3}{5} + \mathrm{Sin}^{-1}\dfrac{4}{5}$

第 3 章

関数の極限と連続関数

LIMIT & CONTINUOUS FUNCTIONS

極限計算は, グラフの接線の傾き (微分係数) や図形の面積 (定積分) を求める
ときなどに用いられる. ここでは, 関数の極限を感覚的に理解する程度にとど
めて, 連続関数とはどのようなものかを把握することを目標とする.

3.1 関数の極限 (Limit of Functions)

●**分母を 0 にしない理由**　数学の世界では,「分母が
0 になることを排除」する. これを理解するために, 野
球の打率の話題を紹介する. ある野球選手が 500 回打
席に立って, 150 本のヒットを打つことができたとす
る. このとき, この選手の打率は $\dfrac{150}{500} = 0.3$, つまり,
3 割になる.

図 3.1　野球のバッター

ここで, 分母が 0 になる状況を考えてみる. $\dfrac{1}{0}$ は,
0 回打席に立ってヒットを 1 本打った選手の打率を表す. しかし, 打席に立たず
にヒットを打てる人は存在しない. ゆえに, $\dfrac{1}{0}$ という数は存在しない.

一方, $\dfrac{0}{0}$ は, 0 回打席に立って 0 本のヒットを打った選手の打率を表す. これ
は, ベンチに控えている人の打率ということになるが, 選手の能力は打席に立た
ない状況では数値化できない. ゆえに, $\dfrac{0}{0}$ は値が定まらないもの (不定) である.

　以上のように，分母が 0 になる状況には違和感が伴う．にもかかわらず，瞬間の速度を知りたいときには，見かけ上分母を 0 にするような計算が必要になる．歴史的には，関数の極限は分母を 0 にする計算に意味を与える側面もある．

> ### 定義 3.1.1 (関数の極限 1 Limit of a Function 1)
>
> 　変数 x（ただし，$x \neq a$）があらゆる方向から a に近づいたとき，関数 $y = f(x)$ の値が一定値 b に近づくならば，$f(x)$ は $x \to a$ のとき b に**収束する** (*converge*) といい，
>
> $$\lim_{x \to a} f(x) = b \quad \text{あるいは} \quad \lim_{\substack{x \to a \\ (x \neq a)}} f(x) = b$$
>
> と書く．b を $f(x)$ の $x \to a$ における**極限値** (*limit*) という．また，変数 x が a に近づいたとき，$y = f(x)$ の値が一定値に近づかないならば，$f(x)$ は $x \to a$ のとき**発散する** (*diverge*) という．

注意 3.1.1 (Remark 3.1.1)　関数の極限の定義の中で，"近づく" という数学的にはあいまいな表現を用いた．本来は，"任意の $\varepsilon > 0$ に対して，ある $\delta > 0$ が存在して，$0 < |x - a| < \delta$ なる x について $|f(x) - b| < \varepsilon$" と書く．このような表現を "ε–δ 論法"（イプシロン–デルタ論法）という．

注意 3.1.2 (Remark 3.1.2)　変数 x が $a < x$ の大小を保ったまま a に近づくとき，関数 $f(x)$ の極限を**右極限** (*right hand limit*) といい，$\lim\limits_{x \to a+0} f(x)$ と書く．また，変数 x が $x < a$ の大小を保ったまま a に近づくとき，関数 $f(x)$ の極限を**左極限** (*left hand limit*) といい，$\lim\limits_{x \to a-0} f(x)$ と書く．特に，$a = 0$ のとき，$\lim\limits_{x \to 0 \pm 0}$ を簡略化して，$\lim\limits_{x \to \pm 0}$ と書く．

　例題 3.1.1 を解いて，関数の極限に慣れよう．

> ── **例題 3.1.1 (Example 3.1.1)** ──────────
>
> 　次の関数の極限を求めよ．
>
> (1) $\displaystyle\lim_{x \to 2} x^2$ 　　　　　　　(2) $\displaystyle\lim_{x \to 2} \frac{x^2 - 4}{x - 2}$

解答 Solution (1) x に 2 を代入して,

$$\lim_{x \to 2} x^2 = 2^2 = 4. \quad \cdots(\text{答})$$

(2) x に 2 を代入すると, $\dfrac{0}{0}$ のように分母が 0 になるのでよくない. そこで, $x \neq 2$ という状況を利用して, 関数の分子と分母を約分する.

$$\lim_{x \to 2} \frac{x^2 - 4}{x - 2} = \lim_{x \to 2} \frac{(x-2)(x+2)}{x-2}$$
$$= \lim_{x \to 2} (x + 2).$$

ここで, x に 2 を代入して,

$$\lim_{x \to 2} \frac{x^2 - 4}{x - 2} = 2 + 2 = 4. \quad \cdots(\text{答})$$

関数の極限について, 次の性質が有名である (証明はしない).

定理 3.1.2 (極限の性質 Properties of Limit)

$\lim_{x \to a} f(x) = \alpha$ と $\lim_{x \to a} g(x) = \beta$ が成り立つとする. このとき,

(i) 定数 c に対して, $\lim_{x \to a} cf(x) = c\alpha$.

(ii) $\lim_{x \to a} (f(x) + g(x)) = \alpha + \beta$.

(iii) $\lim_{x \to a} f(x)g(x) = \alpha\beta$.

(iv) $g(x) \neq 0$, $\beta \neq 0$ ならば, $\lim_{x \to a} \dfrac{f(x)}{g(x)} = \dfrac{\alpha}{\beta}$.

(v) (**はさみうちの原理** (*squeeze principle*)) 各 $x(\neq a)$ について $f(x) \leq h(x) \leq g(x)$ かつ $\alpha = \beta$ が成り立つならば, $\lim_{x \to a} h(x) = \alpha$.

例えば, $\lim_{x \to 0} \dfrac{\sin x}{x}$ のように, 関数の分子と分母が約分できない場合には, はさみうちの原理 (定理 3.1.2(v)) を利用して極限を求めることが多い.

命題 3.1.3 (三角関数の有名な極限 Famous Limit)
$$\lim_{x \to 0} \frac{\sin x}{x} = 1$$

証明 Proof まず, $0 < x < \dfrac{\pi}{2}$ として, 幾何学的な証明を与える. 半径 1 の単位円について, 原点 O から横軸とのなす角度が x [rad] の方向に延ばした

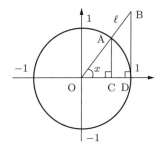

図 3.2 単位円と三角形

半直線を ℓ とする (図 3.2). 半直線 ℓ と単位円の円周との交点を A とし, 点 A から横軸に下ろした垂線の足を C とする. 横軸正部分と単位円周との交点を D とする. 点 D から横軸に対して垂直に延ばした直線と ℓ との交点を B とする. 面積の比較から,

$$\triangle\text{OAC の面積} < \text{扇形 OAD の面積} < \triangle\text{OBD の面積}$$

$$\iff \quad \frac{1}{2}\text{AC} \cdot \text{OC} < \text{単位円の面積} \times \frac{x}{2\pi} < \frac{1}{2}\text{BD} \cdot \text{OD}$$

$$\iff \quad \frac{1}{2}\sin x \cos x < \frac{x}{2} < \frac{1}{2}\tan x \quad \cdots (*1)$$

となる. $0 < x < \dfrac{\pi}{2}$ のとき, $\sin x > 0$, $\cos x > 0$ なので, $(*1)$ より,

$$\cos x < \frac{\sin x}{x} < \frac{1}{\cos x}$$

となる. $x \to 0 \ (x > 0)$ のとき, 両側の $\cos x$ と $\dfrac{1}{\cos x}$ は 1 に近づくので, はさみうちの原理 (定理 3.1.2(v)) を用いて,

$$\lim_{x \to +0} \frac{\sin x}{x} = 1 \quad \cdots (*2)$$

を得る. 次に $-\dfrac{\pi}{2} < x < 0$ のとき, $x = -z$ とおいて,

$$\lim_{x \to -0} \frac{\sin x}{x} = \lim_{z \to +0} \frac{\sin(-z)}{-z}$$

$$= \lim_{z \to +0} \frac{\sin z}{z}$$

$$= 1 \quad (\because (*2) \text{ より}) \quad \cdots (*3)$$

となる. $(*2)$ と $(*3)$ より, $\displaystyle\lim_{x \to 0} \frac{\sin x}{x} = 1$ となる.

関数の極限について, x を正の方向に限りなく大きくしたり, 負の方向に限りなく小さくしたりして, 関数 $f(x)$ がどんな値に近づくのか調べることがある.

定義 3.1.4 (関数の極限 2 Limit of a Function 2)

変数 x が正の値を取って限りなく大きくなるとき, 関数 $y = f(x)$ の値が一定値 b に近づくならば, $f(x)$ は $x \to \infty$ のとき b に **収束する** (*converge*) といい,

$$\lim_{x \to \infty} f(x) = b$$

と書く. b を $f(x)$ の $x \to \infty$ における **極限値** (*limit*) という. また, 変数 x が正の値を取って限りなく大きくなるとき, 関数 $y = f(x)$ の値が一定値に近づかないならば, $f(x)$ は $x \to \infty$ のとき **発散する** (*diverge*) という.

注意 3.1.3 (Remark 3.1.3) 変数 x が負の値を取って限りなく小さくなるとき, 関数 $y = f(x)$ の値が一定値 b に近づくならば, $f(x)$ は $x \to -\infty$ のとき b に収束するといい,

$$\lim_{x \to -\infty} f(x) = b$$

と書く.

関数の極限 $\displaystyle\lim_{x \to \pm\infty} f(x)$ についても, 定理 3.1.2 と同様の性質が成り立つ (証明はしない).

定理 3.1.5 (極限の性質 Properties of Limit)

$\displaystyle\lim_{x \to \infty} f(x) = \alpha$ と $\displaystyle\lim_{x \to \infty} g(x) = \beta$ が成り立つとする. このとき,

(i)　定数 c に対して, $\displaystyle\lim_{x \to \infty} cf(x) = c\alpha$

(ii)　$\displaystyle\lim_{x \to \infty} (f(x) + g(x)) = \alpha + \beta$

(iii)　$\displaystyle\lim_{x \to \infty} f(x)g(x) = \alpha\beta$

(iv)　$g(x) \neq 0$, $\beta \neq 0$ ならば, $\displaystyle\lim_{x \to \infty} \frac{f(x)}{g(x)} = \frac{\alpha}{\beta}$

(v)　**(はさみうちの原理** (*squeeze principle*)) 各 x について $f(x) \leq h(x) \leq g(x)$ かつ $\alpha = \beta$ が成り立つならば, $\displaystyle\lim_{x \to \infty} h(x) = \alpha$

注意 3.1.4 (Remark 3.1.4) 定理 3.1.5 で, $\lim_{x\to\infty}$ を $\lim_{x\to-\infty}$ に置きかえた主張も成り立つ.

極限 $\lim_{x\to\pm\infty} f(x)$ の計算では, 直感的に認められる結果 $\lim_{x\to\pm\infty} \dfrac{1}{x} = 0$ に帰着させることが多い.

例題 3.1.2 (Example 3.1.2)

次の関数の極限を求めよ.

(1) $\displaystyle\lim_{x\to\infty} \frac{3x^2 - x + 2}{x^2 + x + 1}$

(2) $\displaystyle\lim_{x\to-\infty} (x + \sqrt{x^2 + x})$

解答 Solution (1) 分子と分母に, 最大次数の項 x^2 の逆数を掛ける.

$$\lim_{x\to\infty} \frac{3x^2 - x + 2}{x^2 + x + 1} = \lim_{x\to\infty} \frac{\dfrac{1}{x^2}(3x^2 - x + 2)}{\dfrac{1}{x^2}(x^2 + x + 1)}$$

$$= \lim_{x\to\infty} \frac{3 - \dfrac{1}{x} + \dfrac{2}{x^2}}{1 + \dfrac{1}{x} + \dfrac{1}{x^2}} \quad \cdots (*1)$$

ここで, $\lim_{x\to\pm\infty} \dfrac{1}{x} = 0$ を用いると,

$$(*1) = \frac{3 - 0 + 0}{1 + 0 + 0} = 3. \quad \cdots (答)$$

(2) $x = -z$ とおくと, $x \to -\infty$ のとき, $z \to \infty$ となることに注意. すると,

$$\lim_{x\to-\infty} (x + \sqrt{x^2 + x}) = \lim_{z\to\infty} (-z + \sqrt{z^2 - z}) \quad \cdots (*1)$$

となる. ここで, **分子を有理化** (*rationalization of numerator*) すると,

$$(*1) = \lim_{z\to\infty} \frac{z^2 - (z^2 - z)}{-z - \sqrt{z^2 - z}}$$

$$= \lim_{z\to\infty} \frac{z}{-z - \sqrt{z^2 - z}} \quad \cdots (*2)$$

となる. 次に, 分子分母に $\dfrac{1}{z}$ を掛けると,

$$(*2) = \lim_{z\to\infty} \frac{1}{-1 - \sqrt{1 - \dfrac{1}{z}}} = \frac{1}{-1 - \sqrt{1 - 0}} = -\frac{1}{2}. \quad \cdots (答)$$

極限 $\lim\limits_{x \to \infty} \left(1 + \dfrac{1}{x}\right)^x$ が $e = 2.71828\cdots$ に収束することは,高校数学では証明抜きに認めていた.しかし,ここでは完璧な証明とまではいかないが,その概略を紹介しよう(厳密な証明では,実数の連続性と呼ばれる性質を利用する).

命題 3.1.6 (有名な極限 Famous Limit)

(i) $\lim\limits_{x \to \infty} \left(1 + \dfrac{1}{x}\right)^x$ は収束して,極限値は $e = 2.71828\cdots$ になる.

(ii) $\lim\limits_{h \to 0} (1+h)^{\frac{1}{h}} = e$

証明の概略 Outline of the Proof (i) 2つのステップに分けて証明する.

(Step 1) 数列 $a_n = \left(1 + \dfrac{1}{n}\right)^n$ が,①単調増加であること $(a_n \le a_{n+1})$ と②超えられない数があること $(a_n \le 3)$ が知られている.したがって,(実数の連続性より) $\lim\limits_{n \to \infty} a_n$ が存在する.この極限値を e とおく.

(Step 2) 1 より大きい実数 x について,$n \le x < n+1$ を満たす自然数 n が存在する.$\dfrac{1}{n+1} < \dfrac{1}{x} \le \dfrac{1}{n}$ より,

$$\left(1 + \frac{1}{n+1}\right)^n < \left(1 + \frac{1}{x}\right)^x < \left(1 + \frac{1}{n}\right)^{n+1}$$

となる.これを

$$\left(1 + \frac{1}{n+1}\right)^{-1} \left(1 + \frac{1}{n+1}\right)^{n+1} < \left(1 + \frac{1}{x}\right)^x$$
$$< \left(1 + \frac{1}{n}\right)^n \left(1 + \frac{1}{n}\right)$$

のように変形して,$x \to \infty$ とすれば,これに伴って $n \to \infty$ となるので,(Step 1) より,両側の極限は,

$$\lim_{n \to \infty} \left(1 + \frac{1}{n+1}\right)^{-1} \left(1 + \frac{1}{n+1}\right)^{n+1} = (1+0)^{-1} \times e$$
$$= e,$$

$$\lim_{n \to \infty} \left(1 + \frac{1}{n}\right)^n \left(1 + \frac{1}{n}\right) = e \times (1+0)$$
$$= e$$

となる.ゆえに,はさみうちの原理より,$\lim\limits_{x \to \infty} \left(1 + \dfrac{1}{x}\right)^x = e$ となる.

(ii) $h \to 0$ $(h > 0)$ のとき, $h = \dfrac{1}{x}$ とおく. $x \to \infty$ に注意して, (i) より,

$$\lim_{h \to +0} (1 + h)^{\frac{1}{h}} = \lim_{x \to \infty} \left(1 + \frac{1}{x}\right)^x$$

$$= e.$$

$h \to 0$ $(h < 0)$ のとき, $h = -\dfrac{1}{x}$ とおく. $x \to \infty$ に注意すると,

$$\lim_{h \to -0} (1 + h)^{\frac{1}{h}} = \lim_{x \to \infty} \left(1 - \frac{1}{x}\right)^{-x}$$

$$= \lim_{x \to \infty} \left(\frac{x}{x - 1}\right)^x$$

$$= \lim_{x \to \infty} \left(1 + \frac{1}{x - 1}\right)^{x-1} \left(1 + \frac{1}{x - 1}\right) \quad \cdots (*1)$$

となる. ここで, $x - 1 = y$ とおくと, $y \to \infty$ に注意して, (i) より,

$$(*1) = \lim_{y \to \infty} \left(1 + \frac{1}{y}\right)^y \left(1 + \frac{1}{y}\right)$$

$$= e \times (1 + 0)$$

$$= e.$$

以上より, $\displaystyle\lim_{h \to 0} (1 + h)^{\frac{1}{h}} = e$ となる. ▌

例題 3.1.3 (Example 3.1.3)

次の関数の極限を求めよ.

(1) $\displaystyle\lim_{x \to 0} \frac{\sin 2x}{x}$ (2) $\displaystyle\lim_{h \to 0} (1 + 3h)^{\frac{1}{h}}$

解答 Solution (1) $2x = t$ とおくと, $x = \dfrac{t}{2}$ を代入することと同じ. $x \to 0$ のとき $t \to 0$ となるので,

$$\lim_{x \to 0} \frac{\sin 2x}{x} = \lim_{t \to 0} \frac{2 \sin t}{t}. \quad \cdots (*1)$$

ここで, 命題 3.1.3 より,

$$(*1) = 2 \times 1 = 2. \quad \cdots (答)$$

(2) $3h = k$ とおくと, $h = \dfrac{k}{3}$ を代入することと同じ. $h \to 0$ のとき $k \to 0$
となるので,

$$\lim_{h \to 0} (1 + 3h)^{\frac{1}{h}} = \lim_{k \to 0} (1 + k)^{\frac{3}{k}}$$
$$= \lim_{k \to 0} \left\{ (1 + k)^{\frac{1}{k}} \right\}^3. \quad \cdots (*1)$$

ここで, 命題 3.1.6 (ii) と定理 3.1.5 (iii) より,

$$(*1) = e^3. \quad \cdots (答)$$

練習問題 3.1 (Exercise 3.1)

問 1 次の関数の極限を求めよ.

(1) $\displaystyle\lim_{x \to 3} \frac{x^2 - 2x - 3}{x^2 - 9}$ 　　 (2) $\displaystyle\lim_{x \to 2} \frac{3x^2 - 4x - 4}{2x^2 - 3x - 2}$

(3) $\displaystyle\lim_{x \to \infty} \frac{2x - 4}{x + 3}$ 　　 (4) $\displaystyle\lim_{x \to -\infty} \frac{2x^2 + x - 1}{x^2 + 1}$

(5) $\displaystyle\lim_{x \to \infty} \frac{x^2 + x - 1}{x^3 + x^2 + 1}$ 　　 (6) $\displaystyle\lim_{x \to \infty} (\sqrt{x^2 + 6x + 4} - x)$

問 2 次の関数の極限を求めよ.

(1) $\displaystyle\lim_{x \to 0} \frac{\sin 3x}{x}$ 　 (2) $\displaystyle\lim_{x \to 0} \frac{1 - \cos x}{x^2}$ 　 (3) $\displaystyle\lim_{x \to 0} \frac{x}{\sin x}$

(4) $\displaystyle\lim_{x \to 0} (1 + 4x)^{\frac{1}{x}}$ 　 (5) $\displaystyle\lim_{x \to 0} (1 - x)^{\frac{1}{x}}$

3.2 関数の連続性 (Continuity of Functions)

　関数の極限を利用すると, グラフがつながった曲線になるかどうか判定することができる.

> **定義 3.2.1 (関数の連続性 Continuity of a Function)**
>
> 　関数 $y = f(x)$ が $x = a$ で**連続** (*continuous*) とは, 次の 2 つの条件を満たすことである (図 3.3).
>
> (i) $\displaystyle\lim_{x \to a} f(x)$ が存在する. 　　 (ii) $\displaystyle\lim_{x \to a} f(x) = f(a)$.
>
> 　また, 関数 $y = f(x)$ が集合 I に含まれるすべての a で連続であるとき, 関数 $y = f(x)$ は**集合 I で連続**という.

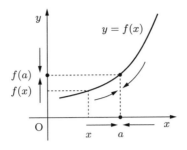

$x = a$ で連続 (グラフが繋がっている)

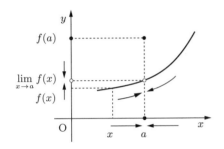

$x = a$ で連続でない (グラフがジャンプ)

$x = a$ で連続でない (グラフが突き抜ける)

図 3.3 $x = a$ で連続な関数と連続ではない関数

例題 3.2.1 (Example 3.2.1)

次の各問に答えよ.

(1) 関数 $f(x) = \begin{cases} \dfrac{x^2 - 4}{x - 2} & (x \neq 2) \\ \alpha & (x = 2) \end{cases}$ が $x = 2$ で連続になるように, α の値を定めよ.

(2) 関数 $f(x) = \begin{cases} \sin \dfrac{\pi}{x} & (x \neq 0) \\ 0 & (x = 0) \end{cases}$ が $x = 0$ で連続ではないことを確かめよ.

解答 Solution (1) まず, $x \to 2$ ということは, $x \neq 2$ であるから,

$$\lim_{x \to 2} f(x) = \lim_{x \to 2} \frac{x^2 - 4}{x - 2}$$

$$= \lim_{x \to 2} \frac{(x - 2)(x + 2)}{x - 2}$$

$$= \lim_{x \to 2} (x + 2)$$

$$= 4$$

となって, 定義 3.2.1(i) を満たしている. 次に, $f(2) = \alpha = 4$ になれば, 定義 3.2.1(ii) も満たす. したがって, $\alpha = 4$. $\cdots$(答)

(2) 0 に近づく x として, $x_n = \dfrac{1}{n}$ $(n = 1, 2, 3, \cdots)$ を選ぶと,

$$\lim_{n \to \infty} f(x_n) = \lim_{n \to \infty} \sin(\pi n)$$

$$= \lim_{n \to \infty} 0$$

$$= 0. \quad \cdots (*1)$$

次に, 0 に近づく x として, $x_m = \dfrac{2}{4m + 1}$ $(m = 1, 2, 3, \cdots)$ を選ぶと,

$$\lim_{m \to \infty} f(x_m) = \lim_{m \to \infty} \sin\left(\pi \frac{4m + 1}{2}\right)$$

$$= \lim_{m \to \infty} \sin\left(2m\pi + \frac{\pi}{2}\right)$$

$$= \lim_{m \to \infty} 1$$

$$= 1. \quad \cdots (*2)$$

$(*1)$ と $(*2)$ から, x の 0 への近づき方によって, $f(x)$ の近づく値が異なってしまう. これは, $\lim_{x \to 0} f(x)$ が存在しないことを意味する. よって, 定義 3.2.1(i) を満たさないので, $f(x)$ は $x = 0$ で連続ではない. $\cdots$(答) ▊

　連続な関数に関する重要な性質が3つある. 最初の性質は, 連続関数の加減乗除に関するものである.

定理 3.2.2 (連続関数の性質 1 Properties of Continuous Functions 1)

関数 $f(x)$ と $g(x)$ は区間 I で連続とする. このとき,

(i) 定数 c について, $cf(x)$ も区間 I で連続である.

(ii) $f(x) \pm g(x)$ も区間 I で連続である.

(iii) $f(x)g(x)$ も区間 I で連続である.

(iv) 区間 I 上で $g(x) \neq 0$ ならば, $\dfrac{f(x)}{g(x)}$ も区間 I で連続である.

(v) $g(x)$ の値域が $f(x)$ の定義域に含まれているならば, 合成関数 $f(g(x))$ も区間 I で連続である.

(vi) $f(x)$ が逆関数 $f^{-1}(x)$ をもつとき, $f^{-1}(x)$ は連続である.

証明 Proof　　証明は極限の性質 (定理 3.1.2) を利用する. 例えば, (i) の証明は次のようにすればよい. a を区間 I に含まれる要素として, 定理 3.1.2(i) より,

$$\lim_{x \to a} cf(x) = c \lim_{x \to a} f(x) \quad \cdots (*1)$$

となる. 関数 $f(x)$ は $x = a$ で連続だから, $\lim_{x \to a} f(x) = f(a)$ より,

$$(*1) = cf(a).$$

つまり, $\lim_{x \to a} cf(x)$ が存在して, それが $x = a$ を代入した $cf(a)$ になるので, $cf(x)$ は $x = a$ で連続. a は区間 I のすべての要素だったので, $cf(x)$ は区間 I で連続である. (ii)〜(v) の証明も同様にすればよい. また, 定理 2.2.1(iii) より (vi) も成り立つ. ∎

注意 3.2.1 (Remark 3.2.1)　関数 $y = x$ と定数関数 $y = 1$ が実数全体で連続であることを認めると, 定理 3.2.2 より, $y = 3x$, $y = x^2$, $y = x^2 + 3x + 4$ が実数全体で連続であることがすぐにわかる. もっと一般的に, 多項式関数

$$y = a_n x^n + a_{n-1} x^{n-1} + \cdots + a_1 x + a_0 \quad (a_0, a_1, \cdots, a_n \text{ は定数})$$

も実数全体で連続であることもすぐにわかる.

注意 3.2.2 (Remark 3.2.2)　　定理 3.2.2(v) は $\lim_{x \to a} g(x) = g(a) = \alpha$, $\lim_{u \to \alpha} f(u) = f(\alpha) = \beta$ とするとき,

$$\lim_{x \to a} f(g(x)) = f(\lim_{x \to a} g(x)) = f(\alpha) = \beta$$

を示している. これは, 関数が連続であるとき極限計算と関数の演算 (合成) の順序変換が可能であることを示している.

次の性質は, 高校数学では証明抜きに図で納得させられた定理である. 本書では, 証明の概略を記載するが, その内容を理解するには「実数の連続の公理」が必要になる.

定理 3.2.3 (連続関数の性質 2 中間値の定理 Intermediate Value Theorem)

関数 $f(x)$ は閉区間 $[a,b]$ で連続とする. $f(a) \neq f(b)$ のとき, $f(a)$ と $f(b)$ の間のどんな定数 k に対しても,

$$f(c) = k \quad (a \leq c \leq b)$$

を満たす c が少なくとも 1 つ存在する (図 3.4).

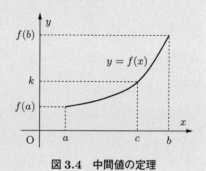

図 3.4 中間値の定理

証明の概略 Outline of the Proof 証明には, 実数の性質 (連続の公理) を用いる. $f(a) < f(b)$ の場合についてのみ証明の概略を紹介する. 集合 A を

$$A = \{x \mid x \in [a,b],\ f(x) < k\}$$

とおく. $f(a) < k < f(b)$ だから, $a \in A$ となり, A は空集合ではない. また集合 A の要素 x は b を超えることはない (集合 A は上に有界である). したがって, **実数の連続の公理**より, 次のような数 α $(a \leq \alpha \leq b)$ が存在する.

($\sharp$1) すべての $x \in A$ について, $x \leq \alpha$,

($\sharp$2) どんな $\varepsilon > 0$ に対しても, $\alpha - \varepsilon < x$ となる A の要素 x が存在する.

(このような α を集合 A の**上限** (*supremum*) という.) 実は, $f(\alpha) = k$ となる. なぜなら, 任意の自然数 n に対して, ($\sharp$2) より,

$$\alpha - \frac{1}{n} < x_n \leq \alpha$$

となる $x_n \in A$ が存在する. x_n は $f(x_n) < k$ を満たす. $n \to \infty$ のとき,

$x_n \to \alpha$ なので, $f(x)$ の連続性より,

$$f(\alpha) \le k \quad \cdots (*1)$$

となる. 次に, $a < b$ に注意して, 十分大きな自然数 m に対して, $z_m = \alpha + \dfrac{1}{m}$ とおく. $\alpha < z_m$ なので, $z_m \notin A$. つまり, $k \le f(z_m)$ となる. ここで, $m \to \infty$ の極限を取ると,

$$k \le f(\alpha) \quad \cdots (*2)$$

となる. $(*1)$ と $(*2)$ より, $f(\alpha) = k$ となる. ∎

次の例題 3.2.2 が示すように, 中間値の定理 (定理 3.2.3) は, 方程式の解が存在することを示すときに利用される.

例題 3.2.2 (Example 3.2.2)

方程式 $x - \cos x = 0$ が区間 $\left(0, \dfrac{\pi}{2}\right)$ の中に少なくとも 1 つ解をもつことを示せ.

解答 Solution $f(x) = x - \cos x$ とおく. $f(x)$ は閉区間 $\left[0, \dfrac{\pi}{2}\right]$ で連続である. また,

$$f(0) = -1, \quad f\left(\frac{\pi}{2}\right) = \frac{\pi}{2} \quad \cdots (*1)$$

である. 中間値の定理 (定理 3.2.3) より, -1 と $\dfrac{\pi}{2}$ の間にある数 0 に対して,

$$f(c) = 0 \quad \left(c \in \left[0, \frac{\pi}{2}\right]\right)$$

となる c が存在する. $(*1)$ より, $c \ne 0, \dfrac{\pi}{2}$ である. したがって, $f(c) = 0$ となる c が開区間 $\left(0, \dfrac{\pi}{2}\right)$ の中に存在する. $\cdots$(答) ∎

連続関数の 3 つ目の重要な性質として, 最大値・最小値の存在に関する性質がある. この性質は, のちに微分を学ぶところ (第 7 章) で「ロルの定理」を証明するときに利用される.

定理3.2.4 (最大値・最小値の存在 Existence of Maximum & Minimum Values)

関数 $f(x)$ は閉区間 $[a,b]$ で連続とする. このとき, $f(x)$ は最大値および最小値をもつ. つまり, すべての $x \in [a,b]$ について,

$$f(c) \leq f(x) \leq f(d) \quad (c,d \in [a,b])$$

を満たす c と d が存在する (図3.5).

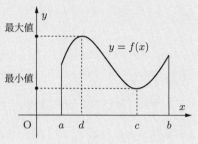

図3.5　最大値・最小値の存在

定理3.2.4の証明では, 数列の次の性質を利用する.

数列 $\{a_n\}$ について, ある実数 ℓ と m が存在して, $\ell \leq a_n \leq m$ が成り立つとき (数列 $\{a_n\}$ が有界数列であるとき), $\{a_n\}$ から順序を保ちながら項をうまく抜き取って並べた数列 $\{a_{n'}\}$ が収束する. この性質を**ボルツァノ–ワイエルシュトラスの定理** (*Bolzano–Weierstrass' theorem*) という. また, 数列 $\{a_{n'}\}$ を $\{a_n\}$ の**部分列** (*subsequence*) という.

証明の概略 Outline of the Proof　　最大値の存在のみ証明する (最小値の存在については, 以下の証明を適宜書きかえれば容易に証明できる).

(Step 1)　値域 $A = \{f(x) \mid a \leq x \leq b\}$ が, いくらでも大きな要素をもたないこと (上に有界であること) を以下で示す. もし, この値域がいくらでも大きな要素をもったとすると, 任意の自然数 n に対して,

$$n < f(x_n) \quad (a \leq x_n \leq b) \quad \cdots (*1)$$

を満たす x_n が存在する. このような x_n を並べた数列 $\{x_n\}$ は有界となる. ボルツァノ–ワイエルシュトラスの定理より, その中から適当な部分列 $\{x_{n'}\}$ を選べば, $n' \to \infty$ のときに閉区間 $[a,b]$ のある要素 p に収束する. $(*1)$ より, $\lim_{n' \to \infty} f(x_{n'}) = \infty$ となるはずである. しかし, $f(x)$ が連続であるから, $\lim_{n' \to \infty} f(x_{n'}) = f(p) < \infty$ となるので, 矛盾が生じる. したがって, 集合 A は上に有界である.

(Step 2)　定理 3.2.3 の証明でも用いた実数の連続の公理を適用すると, 集合 A は上に有界であるから, A の上限 M が存在する. すなわち,

($\sharp$1)　すべての $f(x) \in A$ について, $f(x) \leq M$.

($\sharp$2)　どんな $\varepsilon > 0$ に対しても, $M - \varepsilon < f(x)$ となる A の要素 $f(x)$ が存在する.

($\sharp$1), ($\sharp$2) より, 自然数 m に対して,

$$M - \frac{1}{m} < f(x_m) \leq M \quad (a \leq x_m \leq b) \quad \cdots (*2)$$

を満たす x_m が存在する. (Step 1) のときと同様に, 数列 $\{x_m\}$ から, 適当な部分列 $\{x_{m'}\}$ を選べば, $m' \to \infty$ のときに閉区間 $[a,b]$ のある要素 d に収束する. $(*2)$ と, はさみうちの原理より, $\displaystyle\lim_{m' \to \infty} f(x_{m'}) = M$ となる. 一方, $f(x)$ は連続だから, $\displaystyle\lim_{m' \to \infty} f(x_{m'}) = f(d)$ となる. ゆえに,

$$f(d) = M \quad (\text{値域の最大値})$$

となる $d \in [a,b]$ が存在する. ▌

例題 3.2.3 (Example 3.2.3)

関数 $f(x) = \dfrac{\cos 4x}{3 - \sin x}$ に最大値と最小値があることを示せ.

解答 Solution　この関数は, $f(x + 2\pi) = f(x)$ を満たす周期関数である. したがって, 閉区間 $I = [0, 2\pi]$ で最大値・最小値があることを示せばよい. $\cos 4x$ や $\sin x$, 定数関数 3 は区間 I で連続, かつ $3 - \sin x \neq 0$ なので, 定理 3.2.2(ii), (iv) より, $f(x)$ は区間 I で連続になる. 区間 I は閉区間なので, 定理 3.2.4 より, $f(x)$ に最大値と最小値が存在する (最大値・最小値がどんな値になるか現段階ではわからない). $\cdots$(答) ▌

練習問題 3.2 (Exercise 3.2)

問 1 関数 $f(x) = \begin{cases} \dfrac{x-3}{x^2 - 2x - 3} & (x \neq 3) \\ 1 & (x = 3) \end{cases}$ が $x = 3$ で連続かどうか調べよ.

問 2 関数 $f(x) = \begin{cases} \dfrac{\sin x}{x} & (x \neq 0) \\ 1 & (x = 0) \end{cases}$ が $x = 0$ で連続かどうか調べよ.

問 3 関数 $y = x$ や 定数関数 $y = 1$ が実数全体で連続であることを認めて, 次の関数が実数全体で連続かどうか調べよ (定理 3.2.2 を適用する).

(1) $y = x^3 - 4x^2 + 3$　　　　(2) $y = \dfrac{x^3 - 2x + 5}{x^2 + 1}$

(3) $y = \begin{cases} \dfrac{x^2 + 2x - 3}{x^2 - 1} & (x \neq 1) \\ 2 & (x = 1) \end{cases}$

問 4 関数 $f(x)$ は実数全体で連続とし, 任意の x について $f(x+2) = f(x)$ を満たす ($f(x)$ は周期 2 の周期関数である). このとき, 次の各問に答えよ.

(1) $f(x)$ の最大値 M と最小値 m を与える x がそれぞれ存在することを示せ.

(2) 方程式 $f(x+1) = f(x)$ の解が存在することを, 次の場合に分けて示せ.

　(a) $M = m$ のとき.

　(b) $M > m$ のとき.

第 4 章

微分係数と導関数

DIFFERENTIAL COEFFICIENT & DERIVATIVES

関数の極限を用いて,「グラフの接線の傾き (微分係数)」や「運動する物体の瞬間の速度」を求めることができる. この章では, 導関数の性質を復習した後で, 合成関数の微分, 逆関数の微分, 媒介変数表示された関数の微分について学ぶ.

4.1 微分係数 (Differential Coefficient)

関数 $y = f(x)$ について, x が a から $\Delta x = h$ 変化したとき, y の変化は $\Delta y = f(a + h) - f(a)$ となる. その変化率 (x が 1 増えるときの y の変化) は,

$$\frac{\Delta y}{\Delta x} = \frac{f(a + h) - f(a)}{h} \quad \cdots (*)$$

で与えられる. ここで, $(*)$ が $h \to 0$ のときに収束するかどうか調べたい.

定義 4.1.1 (微分係数 Differential Coefficient)

関数 $y = f(x)$ について, 極限

$$\lim_{h \to 0} \frac{f(a + h) - f(a)}{h} \quad \cdots (**)$$

が存在するとき, $y = f(x)$ は $x = a$ で **微分可能** (*differentiable*) という. 極限 $(**)$ を $f(x)$ の $x = a$ での **微分係数** (*differential coefficient*) といい, $f'(a)$ または $\dfrac{df}{dx}(a)$, $\dfrac{d}{dx}f(a)$ と表す.

注意 4.1.1 (Remark 4.1.1)　**(微分係数の
幾何学的意味)** 図 4.1 のように, 微分係数
$f'(a)$ は曲線 $y = f(x)$ 上の点 $(a, f(a))$
での接線 ℓ の傾きになる. 実際, 2 点
A $(a, f(a))$, B $(a+h, f(a+h))$ を通る直線
m の方程式は,

$$y - f(a) = \frac{f(a+h) - f(a)}{h}(x - a)$$

となる. 点 B が点 A に限りなく近づいたと
き, つまり, 上の方程式で $h \to 0$ の極限を
考えたとき, 直線 m は,

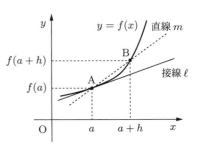

図 4.1　微分係数と接線

$$y - f(a) = f'(a)(x - a)$$

で表される直線に近づくであろう. これが接線 ℓ の方程式である.

注意 4.1.2 (Remark 4.1.2)　微分係数が存在するためには, (∗∗) の分子について,

$$\lim_{h \to 0}(f(a+h) - f(a)) = 0 \iff \lim_{h \to 0} f(a+h) = f(a)$$

が成り立つ必要がある. これから,

$$f(x) \text{ が } x = a \text{ で微分可能} \implies f(x) \text{ が } x = a \text{ で連続}$$

がいえる. (逆は成り立たない. 下の例題 4.1.1(2) を参照.)

例題 4.1.1 (Example 4.1.1)

次の各問に答えよ.

(1)　関数 $y = \sqrt{x}$ は $x = 1$ で微分可能かどうか調べよ.

(2)　関数 $y = |x|$ は $x = 0$ で微分可能かどうか調べよ.

解答 Solution (1)　定義 4.1.1 に基づいて,

$$\lim_{h \to 0} \frac{\sqrt{1+h} - \sqrt{1}}{h} = \lim_{h \to 0} \frac{(1+h) - 1}{(\sqrt{1+h} + \sqrt{1})h}$$

$$= \lim_{h \to 0} \frac{1}{\sqrt{1+h} + \sqrt{1}}$$

$$= \frac{1}{2}$$

となって, 極限が存在する. ゆえに, $y = \sqrt{x}$ は $x = 1$ で微分可能である (図
4.2). $\cdots$(答)

(2) 定義 4.1.1 に基づいて, 極限

$$\lim_{h \to 0} \frac{|0+h|-|0|}{h} = \lim_{h \to 0} \frac{|h|}{h} \quad \cdots (*1)$$

が存在するかどうか調べる. $h > 0$ を保ったまま $h \to 0$ を考えると, $|h| = h$ に注意して,

$$\lim_{\substack{h \to 0 \\ h>0}} \frac{|h|}{h} = \lim_{\substack{h \to 0 \\ h>0}} \frac{h}{h} = \lim_{\substack{h \to 0 \\ h>0}} 1 = 1 \quad \cdots (*2)$$

となる. しかし, $h < 0$ を保ったまま $h \to 0$ を考えると, $|h| = -h$ に注意して,

$$\lim_{\substack{h \to 0 \\ h<0}} \frac{|h|}{h} = \lim_{\substack{h \to 0 \\ h<0}} \frac{-h}{h} = \lim_{\substack{h \to 0 \\ h<0}} (-1) = -1 \quad \cdots (*3)$$

となる. (*2) と (*3) は異なるので, 極限 (*1) は存在しない. ゆえに, 関数 $y = |x|$ は $x = 0$ で微分可能ではない (図 4.3). ···(答)

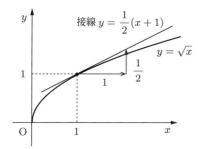

図 4.2 滑らかな部分では接線がある.

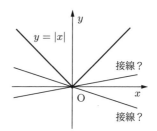

図 4.3 角では接線が決まらない.

定義 4.1.2 (導関数 Derivative)

関数 $y = f(x)$ が区間 I の各点 x で微分可能なとき, $f(x)$ は**区間 I で微分可能**という. x での微分係数を $\boldsymbol{f'(x)}$ または $\dfrac{d\boldsymbol{f}}{d\boldsymbol{x}}(\boldsymbol{x})$, $\dfrac{d}{d\boldsymbol{x}}\boldsymbol{f(x)}$ など と書く. つまり,

$$f'(x) = \lim_{h \to 0} \frac{f(x+h)-f(x)}{h}.$$

$f'(x)$ を $y = f(x)$ の**導関数** (*derivative*) という.

導関数 $f'(x)$ を求めることを関数 $y = f(x)$ を, **微分する** (*differentiate*) という.

定理 4.1.3 (微分の性質 Properties of Derivative)

関数 $f(x)$ と $g(x)$ は, 区間 I で微分可能とする. このとき,

(i) 定数 c について, $cf(x)$ も区間 I で微分可能で,
$$(cf(x))' = cf'(x)$$

(ii) $f(x) \pm g(x)$ も区間 I で微分可能で,
$$(f(x) \pm g(x))' = f'(x) \pm g'(x) \quad \text{(複合同順)}$$

(iii) $f(x)g(x)$ も区間 I で微分可能で,
$$\boldsymbol{(f(x)g(x))' = f'(x)g(x) + f(x)g'(x)}$$

(iv) $g(x) \neq 0$ ならば, $\dfrac{f(x)}{g(x)}$ も区間 I で微分可能で,
$$\boldsymbol{\left(\frac{f(x)}{g(x)}\right)' = \frac{f'(x)g(x) - f(x)g'(x)}{g(x)^2}}$$

証明 Proof　多くの学生が忘れやすい (iii) と (iv) だけ証明する.

(iii)　導関数の定義 (定義 4.1.2) に基づいて証明する. 定理 3.1.2(ii) より

$$(f(x)g(x))'$$

$$= \lim_{h \to 0} \frac{f(x+h)g(x+h) - f(x)g(x)}{h}$$

$$= \lim_{h \to 0} \frac{(f(x+h) - f(x))g(x+h) + f(x)(g(x+h) - g(x))}{h}$$

$$= \lim_{h \to 0} \frac{f(x+h) - f(x)}{h}g(x+h) + f(x)\lim_{h \to 0}\frac{g(x+h) - g(x)}{h}. \quad \cdots (*1)$$

ここで, 定義 4.1.1 の 注意 4.1.2 より, 関数 $g(x)$ は連続だから, $\lim\limits_{h \to 0} g(x+h) = g(x)$ となることに注意する. したがって,

$$(*1) = f'(x)g(x) + f(x)g'(x)$$

となる.

(iv)　導関数の定義 (定義 4.1.2) に基づいて証明する. 定理 3.1.2(ii),(iv) より

$$\left(\frac{f(x)}{g(x)}\right)' = \lim_{h \to 0} \frac{\dfrac{f(x+h)}{g(x+h)} - \dfrac{f(x)}{g(x)}}{h}$$

$$= \lim_{h \to 0} \frac{f(x+h)g(x) - f(x)g(x+h)}{g(x+h)g(x)h}$$

$$= \lim_{h \to 0} \frac{(f(x+h) - f(x))g(x) - f(x)(g(x+h) - g(x))}{g(x+h)g(x)h}$$

$$= \lim_{h \to 0} \frac{\dfrac{f(x+h) - f(x)}{h}g(x) - f(x)\dfrac{g(x+h) - g(x)}{h}}{g(x+h)g(x)}. \quad \cdots (*2)$$

ここで, 定義 4.1.1 の注意 4.1.2 より, 関数 $g(x)$ は連続だから, $\lim_{h \to 0} g(x+h) = g(x)$ に注意する. したがって,

$$(*2) = \frac{f'(x)g(x) - f(x)g'(x)}{g(x)^2}$$

となる. ∎

ここで, 基本的な関数の導関数を知っておこう.

定理 4.1.4 (初等関数の微分 Derivatives of Elementary Functions)

(i) 定数 c について, $\dfrac{dc}{dx} = 0$

(ii) 正の整数 n について, $\dfrac{dx^n}{dx} = nx^{n-1}$

(iii) $\dfrac{d\cos x}{dx} = -\sin x$

(iv) $\dfrac{d\sin x}{dx} = \cos x$

(v) $\dfrac{d\tan x}{dx} = \dfrac{1}{\cos^2 x}$

(vi) $\dfrac{d}{dx}\dfrac{1}{\tan x} = -\dfrac{1}{\sin^2 x}$

(vii) $x > 0$ のとき, $\dfrac{d\log x}{dx} = \dfrac{1}{x}$

(viii) $\dfrac{de^x}{dx} = e^x$

証明 Proof (i) 定数関数の場合, $x+h$ や x に対して, c という値を取り続けることに注意する. 導関数の定義 (定義 4.1.2) より,

$$\frac{dc}{dx} = \lim_{h \to 0} \frac{c - c}{h} = \lim_{h \to 0} 0 = 0.$$

(ii) 二項展開より,

$$\frac{dx^n}{dx} = \lim_{h \to 0} \frac{(x+h)^n - x^n}{h}$$

$$= \lim_{h \to 0} \frac{nx^{n-1}h + \dfrac{n(n-1)}{2}x^{n-2}h^2 + \cdots + h^n}{h}$$

$$= \lim_{h \to 0} \left(nx^{n-1} + \frac{n(n-1)}{2}x^{n-2}h + \cdots + h^{n-1} \right)$$

$$= nx^{n-1}.$$

(iii) 三角関数の差と積の公式 $\cos\alpha - \cos\beta = -2\sin\dfrac{\alpha+\beta}{2}\sin\dfrac{\alpha-\beta}{2}$ を用いて,

$$\frac{d\cos x}{dx} = \lim_{h \to 0} \frac{\cos(x+h) - \cos x}{h}$$

$$= \lim_{h \to 0} \frac{-2\sin\left(x + \dfrac{h}{2}\right)\sin\dfrac{h}{2}}{h}. \quad \cdots (*1)$$

ここで $\dfrac{h}{2} = k$ とおくと, $h \to 0$ のとき, $k \to 0$ に注意して, 命題 3.1.3 より

$$(*1) = -\lim_{k \to 0}\sin(x+k)\frac{\sin k}{k}$$

$$= -\sin x.$$

(iv) (iii) と同様にして示すことができる.

(v)(vi) $\tan x = \dfrac{\sin x}{\cos x}$ に定理 4.1.3(iv) を適用すると証明できる.

(vii) 対数関数のいろいろな公式を用いると,

$$\frac{d\log x}{dx} = \lim_{h \to 0} \frac{\log(x+h) - \log x}{h}$$

$$= \lim_{h \to 0} \frac{1}{h}\log\frac{x+h}{x}$$

$$= \lim_{h \to 0} \frac{1}{h}\log\left(1 + \frac{h}{x}\right). \quad \cdots (*2)$$

ここで $\dfrac{h}{x} = k$ とおくと，$h \to 0$ のとき，$k \to 0$ に注意して，

$$(*2) = \lim_{k \to 0} \frac{1}{xk} \log(1 + k)$$

$$= \frac{1}{x} \lim_{k \to 0} \log(1 + k)^{\frac{1}{k}}. \quad \cdots (*3)$$

命題 3.1.6(ii) と定理 3.2.2 の注意 3.2.2 より，

$$(*3) = \frac{1}{x} \log \left\{ \lim_{k \to 0} (1 + k)^{\frac{1}{k}} \right\} = \frac{1}{x} \log e = \frac{1}{x}.$$

(viii)　指数法則を利用すると，

$$\frac{de^x}{dx} = \lim_{h \to 0} \frac{e^{x+h} - e^x}{h}$$

$$= \lim_{h \to 0} \frac{e^x e^h - e^x}{h}$$

$$= e^x \lim_{h \to 0} \frac{e^h - 1}{h}. \quad \cdots (*4)$$

ここで，$k = e^h - 1$ とおくと，$h = \log(1 + k)$ になる．$h \to 0$ のとき，$k \to 0$ に注意して，

$$(*4) = e^x \lim_{k \to 0} \frac{k}{\log(1 + k)}$$

$$= e^x \lim_{k \to 0} \frac{1}{\frac{1}{k} \log(1 + k)}$$

$$= e^x \lim_{k \to 0} \frac{1}{\log(1 + k)^{\frac{1}{k}}}. \quad \cdots (*5)$$

命題 3.1.6(ii) と定理 3.2.2 の注意 3.2.2 より，

$$(*5) = e^x \frac{1}{\log e} = e^x. \qquad \blacksquare$$

練習問題 4.1 (Exercise 4.1)

問 1　定理 4.1.3(i), (ii) を証明せよ．

問 2　導関数の定義 (定義 4.1.2) に基づいて，$\dfrac{d\sqrt{x}}{dx} = \dfrac{1}{2\sqrt{x}}$ を示せ．

問 3　定理 4.1.4(v), (vi) を示せ．

問 4 導関数の定義 (定義 4.1.2) に基づいて, $\dfrac{d\log(-x)}{dx} = \dfrac{1}{x}$ を示せ. ただし, $x < 0$ とする.

問 5 底の変換公式 $\log_a x = \dfrac{\log x}{\log a}$ を利用して, $\dfrac{d\log_a x}{dx}$ を求めよ.

4.2 合成関数の微分 (Chain Rule)

例えば, 関数 $(2 + \cos x)^3$ は, $f(u) = u^3$ と $g(x) = 2 + \cos x$ の合成と見ることができる. つまり,

$$(2 + \cos x)^3 = f(g(x)).$$

このように, 一見複雑な関数であっても, 簡単な関数の合成と見ることで, 微分計算ができることが多い.

定理 4.2.1 (合成関数の微分 Chain Rule)

$f(u)$, $g(x)$ がそれぞれ変数 u, x について微分可能であるとき, 合成関数 $f(g(x))$ は変数 x について微分可能となり,

$$\frac{df(g(x))}{dx} = \frac{df(u)}{du}\frac{dg(x)}{dx}$$

が成り立つ. ただし, 右辺の $\dfrac{df(u)}{du}$ は関数 f の導関数 $f'(u)$ に対して $u = g(x)$ を代入した x の関数である.

注意 4.2.1 (Remark 4.2.1) 定理 4.2.1 の公式を「分数式の計算のように」覚えるとよい. つまり,

$$\frac{df(g(x))}{dx} = \frac{df(g(x))}{\Box}\frac{\Box}{dx}$$

と書きかえて, $\Box$ に $dg(x)$ をあてはめる.

証明 Proof 導関数の定義 (定義 4.1.2) より,

$$\frac{df(g(x))}{dx} = \lim_{h \to 0} \frac{f(g(x+h)) - f(g(x))}{h} \quad \cdots (*1)$$

がどうなるのか考察していく. 定義 4.1.1 の注意 4.1.2 より, 関数 $g(x)$ は連続だから, $g(x+h) = g(x) + k$ とおくと, $h \to 0$ のとき, $k \to 0$ になることに注

意する. したがって,

$$
\begin{aligned}
(*1) &= \lim_{h \to 0} \frac{f(g(x) + k) - f(g(x))}{k} \frac{g(x + h) - g(x)}{h} \\
&= \lim_{k \to 0} \frac{f(g(x) + k) - f(g(x))}{k} \lim_{h \to 0} \frac{g(x + h) - g(x)}{h} \\
&= \frac{df}{dg}(g(x)) \frac{dg(x)}{dx}.
\end{aligned}
$$

$h \to 0$ のとき, $g(x + h) - g(x) = k \neq 0$ と仮定して示した. しかし, ある h で $k = 0$ となる可能性は否定できないが, 変形を工夫することで, 定理を証明することができる.

例題 4.2.1 を通して, 合成関数の微分計算に慣れていこう.

例題 4.2.1 (Example 4.2.1)

次の各問に答えよ.

(1) $\dfrac{d}{dx}(2 + \cos x)^3$ を計算せよ.

(2) $\dfrac{d \log |x|}{dx}$ を計算せよ ($x > 0$ と $x < 0$ に分けて計算するとよい).

(3) 実数の定数 a について, $\dfrac{dx^a}{dx}$ を計算せよ ($x^a = e^{a \log x}$ を利用する).

解答 Solution (1)　$f(u) = u^3$, $g(x) = 2 + \cos x$ とおくと, $(2 + \cos x)^3 = f(g(x))$ となる. 合成関数の微分 (定理 4.2.1) より,

$$
\begin{aligned}
\frac{d}{dx}(2 + \cos x)^3 &= \frac{df(g(x))}{dx} \\
&= \frac{df(u)}{du} \times \frac{dg(x)}{dx} \\
&= \frac{du^3}{du} \times \frac{d(2 + \cos x)}{dx} \\
&= 3u^2 \times (-\sin x). \quad \cdots (*1)
\end{aligned}
$$

最後に, $u = 2 + \cos x$ を代入して,

$$
(*1) = -3(2 + \cos x)^2 \sin x. \quad \cdots (答)
$$

(2)　$x > 0$ のとき, $|x| = x$ に注意する.

$$\frac{d\log|x|}{dx} = \frac{d\log x}{dx}$$

$$= \frac{1}{x}. \quad (\because \text{定理 } 4.1.4\text{(vii)} \text{ より}) \quad \cdots(*2)$$

$x < 0$ のとき, $|x| = -x$ に注意する. $f(u) = \log u$, $g(x) = -x$ とおくと,

$$\frac{d\log|x|}{dx} = \frac{d\log(-x)}{dx}$$

$$= \frac{df(g(x))}{dx}$$

$$= \frac{df(u)}{du} \times \frac{dg(x)}{dx} \quad (\because \text{定理 } 4.2.1 \text{ より})$$

$$= \frac{d\log u}{du} \times \frac{d(-x)}{dx}$$

$$= \frac{1}{u} \times (-1). \quad (\because \text{定理 } 4.1.4\text{(vii)} \text{ より}) \quad \cdots(*3)$$

最後に, $u = -x$ を代入して,

$$(*3) = \frac{1}{-x} \times (-1)$$

$$= \frac{1}{x}. \quad \cdots(*4)$$

$(*2)$ と $(*4)$ より, $\dfrac{d\log|x|}{dx} = \dfrac{1}{x}. \quad \cdots(\text{答})$

(定理 4.1.4(vii) から, $\dfrac{1}{|x|}$ という解答が予想されるが, それは間違い.)

(3)　$f(u) = e^u$, $g(x) = a\log x$ とおくと, $x^a = e^{a\log x} = f(g(x))$ となる. 合成関数の微分 (定理 4.2.1) より,

$$\frac{dx^a}{dx} = \frac{df(g(x))}{dx}$$

$$= \frac{df(u)}{du} \times \frac{dg(x)}{dx}$$

$$= \frac{de^u}{du} \times \frac{d(a\log x)}{dx}$$

$$= e^u \times \frac{a}{x}. \quad (\text{定理 } 4.1.4\text{(vii)(viii)} \text{ より}) \quad \cdots(*5)$$

最後に, $u = a \log x$ を代入して,

$$(*5) = e^{a \log x} \times \frac{a}{x}$$

$$= x^a \times \frac{a}{x}$$

$$= ax^{a-1}. \quad \cdots (答)$$

●**対数微分法** 関数 $y = x^x$ のように, 指数部分に変数が含まれる場合の微分方法を紹介する. 以下の例題を解いて, 結果を例題 4.2.1(3) と比較してもらいたい.

例題 4.2.2 (Example 4.2.2)

次の各問に答えよ.

(1) 関数 $y = x^x$ を微分せよ.

(2) a を正定数とするとき, 関数 $y = a^x$ を微分せよ.

解答 Solution (1) 両辺の対数を考えると,

$$\log y = x \log x$$

となる. 両辺を変数 x で微分すると,

$$\frac{d \log y}{dx} = \frac{d(x \log x)}{dx}.$$

ここで, 左辺には合成関数の微分 (定理 4.2.1) を適用し, 右辺には積の微分公式 (定理 4.1.3(iii)) を適用する. すると,

$$\frac{d \log y}{dy} \frac{dy}{dx} = \frac{dx}{dx} \log x + x \frac{d \log x}{dx} \quad \Longleftrightarrow \quad \frac{1}{y} \frac{dy}{dx} = \log x + 1$$

$$\Longleftrightarrow \quad \frac{dy}{dx} = (\log x + 1)y.$$

最後に, $y = x^x$ を代入して,

$$\frac{dy}{dx} = (\log x + 1)x^x. \quad \cdots (答)$$

注意 4.2.2 (Remark 4.2.2) x^a の微分公式を真似て, x^x の微分を $x \cdot x^{x-1}$ と予想してしまいがちである. 指数部分が定数 a と変数 x になっている点で, 違いが大きいこ

とに注意する.

(2)　両辺の対数を考えると,

$$\log y = x \log a$$

となる. 両辺を変数 x で微分すると,

$$\frac{d \log y}{dx} = \frac{d(x \log a)}{dx}.$$

ここで, 左辺に合成関数の微分 (定理 4.2.1) を適用し, 右辺の $\log a$ は定数であることに注意すると,

$$\frac{d \log y}{dy} \frac{dy}{dx} = \log a \quad \Longleftrightarrow \quad \frac{1}{y} \frac{dy}{dx} = \log a$$

$$\Longleftrightarrow \quad \frac{dy}{dx} = (\log a)y.$$

最後に, $y = a^x$ を代入して,

$$\frac{dy}{dx} = (\log a)a^x. \quad \cdots (答)$$

練習問題 4.2 (Exercise 4.2)

問 1　次の関数を微分せよ.

(1)　$(3 + x^2)^4$　　　(2)　$\log \cos x$　　　(3)　$e^{2 \sin x}$

(4)　$\tan \dfrac{1}{x}$　　　(5)　$\cos^5 x$　　　(6)　$x \sin^3 x$

(7)　$\dfrac{\sin x}{\cos^3 x}$　　　(8)　$e^{-x} \sin 3x$　　　(9)　$\log \dfrac{1 + e^{2x}}{1 + e^x}$

問 2　次の関数を微分せよ.

(1)　$x^{\frac{5}{4}}$　　　(2)　$\sqrt{x}$　　　(3)　$\dfrac{1 + x^{\frac{1}{3}}}{x}$

(4)　3^x　　　(5)　$\dfrac{3^x}{1 + 2^x}$　　　(6)　$\log(x + \sqrt{1 + x^2})$

(7)　x^{2x}　　　(8)　$x^{\sin x}$　　　(9)　$x^{\log x}$

問 3　$(\log |f(x)|)' = \dfrac{f'(x)}{f(x)}$ が成り立つことを示せ.

4.3 逆関数の微分 (Derivative of Inverse Functions)

例えば, 関数 $y = \mathrm{Cos}^{-1}x$ (逆三角関数の主値 Cos^{-1} については, 定義 2.3.1 を参照) の微分を計算するとき,

$$y = \mathrm{Cos}^{-1}x \quad \Longleftrightarrow \quad \cos y = x$$

に気づくことが大切であり, 後は両辺を変数 x で微分して $\dfrac{dy}{dx}$ を求める.

定理 4.3.1 (逆三角関数の微分 Derivatives of Inverse Trigonometric Functions)

(i) $\dfrac{d\,\mathrm{Cos}^{-1}x}{dx} = \dfrac{-1}{\sqrt{1-x^2}}$

(ii) $\dfrac{d\,\mathrm{Sin}^{-1}x}{dx} = \dfrac{1}{\sqrt{1-x^2}}$

(iii) $\dfrac{d\,\mathrm{Tan}^{-1}x}{dx} = \dfrac{1}{1+x^2}$

証明 Proof (i) $y = \mathrm{Cos}^{-1}x$ とおくと, $\cos y = x$ が成り立つ. この等式の両辺を変数 x で微分すると,

$$\frac{d\cos y}{dx} = 1 \quad \Longleftrightarrow \quad \frac{d\cos y}{dy} \times \frac{dy}{dx} = 1$$

$$\Longleftrightarrow \quad -\sin y \frac{dy}{dx} = 1$$

$$\Longleftrightarrow \quad \frac{dy}{dx} = \frac{-1}{\sin y}. \quad \cdots (*1)$$

ここで, Cos^{-1} の主値の取り決め (定義 2.3.1(i)) より, y は $0 \le y \le \pi$ の範囲にあるので, $\sin y = \sqrt{1 - \cos^2 y} = \sqrt{1-x^2}$ となる. ゆえに, $(*1)$ より,

$$\frac{dy}{dx} = \frac{-1}{\sqrt{1-x^2}}.$$

(ii) 読者の練習問題とする (例題 2.3.1(2) を用いてもよい).

(iii) $y = \mathrm{Tan}^{-1}x$ とおくと, $\tan y = x$ が成り立つ. この等式の両辺を変数 x

で微分すると,

$$\frac{d \tan y}{dx} = 1 \iff \frac{\tan y}{dy} \times \frac{dy}{dx} = 1$$

$$\iff \frac{1}{\cos^2 y} \frac{dy}{dx} = 1$$

$$\iff \frac{dy}{dx} = \cos^2 y. \quad \cdots (*2)$$

ここで, 三角関数の公式 $\cos^2 y = \dfrac{1}{1 + \tan^2 y} = \dfrac{1}{1 + x^2}$ となる. これを $(*2)$ に代入すると,

$$\frac{dy}{dx} = \frac{1}{1 + x^2}.$$

一般の逆関数についての微分を考える.

定理 4.3.2 (逆関数の微分 Derivatives of Inverse Functions)

関数 $y = f(x)$ は 1 対 1 対応で, 微分可能そして $f'(x) \neq 0$ とする. このとき, 逆関数 $x = f^{-1}(y)$ は微分可能であり,

$$\frac{df^{-1}(y)}{dy} = \frac{1}{\dfrac{df}{dx}(f^{-1}(y))}$$

が成り立つ.

簡単に $\dfrac{dx}{dy} = \dfrac{1}{\dfrac{dy}{dx}}$ と表すこともできる.

注意 4.3.1 (Remark 4.3.1) $\dfrac{df}{dx}\left(f^{-1}(y)\right)$ は合成関数を表している. つまり, 導関数 $\dfrac{df}{dx}(x)$ の変数 x に $f^{-1}(y)$ を代入したものである.

証明 Proof $f^{-1}(y) = x, f^{-1}(y + h) = f^{-1}(y) + k$ とする. f^{-1} は連続であるから, $\lim\limits_{h \to 0} k = 0$ となる. 一方, $f(x) = y, f(x + k) = y + h$ である.

$$\lim_{h \to 0} \frac{f^{-1}(y + h) - f^{-1}(y)}{h} = \lim_{h \to 0} \frac{k}{y + h - y}$$

$$= \lim_{k \to 0} \frac{k}{f(x + k) - f(x)}$$

$$= \frac{1}{\dfrac{df}{dx}}.$$

したがって, f^{-1} は微分可能であり $\dfrac{df^{-1}(y)}{dy} = \dfrac{1}{\dfrac{df}{dx}(f^{-1}(y))}.$ ▮

もちろん, この定理を用いて逆三角関数の微分公式を求めることができる. 例えば,

$$\frac{d}{dy}\mathrm{Cos}^{-1}y = \frac{1}{\dfrac{d}{dx}\cos(\mathrm{Cos}^{-1}y)} = \frac{1}{-\sin(\mathrm{Cos}^{-1}y)}$$

$$= -\frac{1}{\sqrt{1-\cos^2(\mathrm{Cos}^{-1}y)}} = \frac{-1}{\sqrt{1-y^2}}.$$

例題 4.3.1 (Example 4.3.1)

関数 $f(x) = \dfrac{e^x - e^{-x}}{2}$ $(x \geq 0)$ の逆関数を微分せよ.

解答 Solution 関係式 $x = \dfrac{e^y - e^{-y}}{2}$ のとき, $y = f^{-1}(x)$ である.

$$\frac{df^{-1}(x)}{dx} = \frac{1}{\dfrac{df(y)}{dy}}$$

$$= \frac{1}{\dfrac{d}{dy}\left(\dfrac{e^y - e^{-y}}{2}\right)}$$

$$= \frac{2}{e^y + e^{-y}}.$$

ここで, $x^2 = \dfrac{e^{2y} - 2 + e^{-2y}}{4}$ より

$$x^2 + 1 = \frac{e^{2y} + 2 + e^{-2y}}{4}$$

$$= \left(\frac{e^y + e^{-y}}{2}\right)^2$$

より

$$\frac{df^{-1}(x)}{dx} = \frac{1}{\sqrt{x^2+1}}.$$

練習問題 4.3 (Exercise 4.3)

問 1 定理 4.3.1(ii) を示せ.

問 2 次の関数を微分せよ.

(1) $\mathrm{Sin}^{-1}(2x)$ (2) $\mathrm{Tan}^{-1}\dfrac{x}{3}$ (3) $\mathrm{Cos}^{-1}e^x + \mathrm{Sin}^{-1}e^x$

4.4 媒介変数表示の微分 (Parametric Derivatives)

座標平面上を粒子が運動している状況を想定しよう. このとき, 粒子の位置 (x,y) は時刻 t とともに変化する. つまり, $x = \varphi(t)$, $y = \psi(t)$ と書くことができるので, x と y は t を介して関係をもつことになる. そこで, 変数 t を**媒介変数** (*parameter*) という. ここでは, 粒子が描く軌跡の接線の傾きを求めたい.

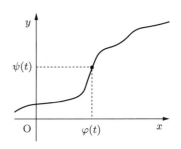

図 4.4 粒子の軌跡

定理 4.4.1 (媒介変数表示の微分 Parametric Derivatives)

$x = \varphi(t)$, $y = \psi(t)$ がともに t に関して微分可能であり, $x = \varphi(t)$ は 1 対 1 対応で $\varphi'(t) \neq 0$ を満たすとき,

$$\frac{dy}{dx} = \frac{\dfrac{d\psi(t)}{dt}}{\dfrac{d\varphi(t)}{dt}}.$$

注意 4.4.1 (Remark 4.4.1) この微分公式も分数式の計算のように, $\dfrac{dy}{dx}$ を分数とみ

て分子分母に $\dfrac{1}{dt}$ を掛ける感覚で覚えればよい. つまり,

$$\frac{dy}{dx} = \frac{\square \times dy}{\square \times dx}$$

と心の中で想像して, $\square$ に $\dfrac{1}{dt}$ を代入する.

証明 Proof $x = \varphi(t)$ は 1 対 1 対応であるから, 逆関数 φ^{-1} が存在する. $\varphi^{-1}(x) = t$ より, $y = \psi(\varphi^{-1}(x))$ となる. 合成関数の微分 (定理 4.2.1) より,

$$\frac{dy}{dx} = \frac{d\psi(\varphi^{-1}(x))}{dx} = \frac{d\psi(t)}{dt}\frac{d\varphi^{-1}(x)}{dx}. \quad \cdots (*1)$$

ここで, $t = \varphi^{-1}(x)$ より $\varphi(t) = x$ となるので, この両辺を変数 x で微分すると,

$$\frac{d\varphi(t)}{dx} = 1 \iff \frac{d\varphi(t)}{dt}\frac{dt}{dx} = 1 \iff \frac{dt}{dx} = \frac{1}{\dfrac{d\varphi(t)}{dt}}.$$

ゆえに,

$$\frac{d\varphi^{-1}(x)}{dx} = \frac{1}{\dfrac{d\varphi(t)}{dt}}. \quad \cdots (*2)$$

$(*2)$ を $(*1)$ に代入して,

$$\frac{dy}{dx} = \frac{\dfrac{d\psi(t)}{dt}}{\dfrac{d\varphi(t)}{dt}}.$$

例題 4.4.1 を解いて, 媒介変数表示の微分に慣れよう.

例題 4.4.1 (Example 4.4.1)

媒介変数表示 $x = \dfrac{6t}{1+t^3}$, $y = \dfrac{6t^2}{1+t^3}$ で表される座標平面上の曲線を C とする. $t = 1$ に対する曲線 C 上の点を A とするとき, 次の各問に答えよ.

(1) $\dfrac{dy}{dx}$ を t の式で表せ.

(2) 点 A における曲線 C の接線の方程式を求めよ.

解答 Solution (1) 定理 4.4.1 より,

$$\frac{dy}{dx} = \frac{\dfrac{dy}{dt}}{\dfrac{dx}{dt}}. \quad \cdots (*1)$$

ここで,

$$\frac{dx}{dt} = \frac{6 \times (1+t^3) - 6t \times 3t^2}{(1+t^3)^2} = \frac{6 - 12t^3}{(1+t^3)^2},$$

$$\frac{dy}{dt} = \frac{12t \times (1+t^3) - 6t^2 \times 3t^2}{(1+t^3)^2} = \frac{12t - 6t^4}{(1+t^3)^2}$$

を (*1) に代入すると,

$$\frac{dy}{dx} = \frac{2t - t^4}{1 - 2t^3}. \quad \cdots (答)$$

(2) 接線の傾きは, (1) の結果に $t = 1$ を代入して, -1 となる. この接線は点 A $(3, 3)$ を通るので, 方程式は,

$$y = (-1)(x - 3) + 3$$

$$\Longleftrightarrow \quad y = -x + 6. \quad \cdots (答)$$

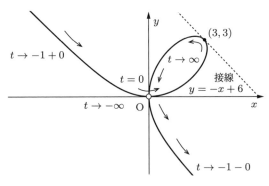

図 4.5　例題 4.4.1 の曲線と接線

練習問題 4.4 (Exercise 4.4)

問 1 媒介変数表示 $x = t^2 + 2$, $y = t^3 + 3t$ で表される座標平面上の曲線を C とする. $t = -1$ に対する曲線 C 上の点を A とするとき, 次の各問に答えよ.

(1) $\dfrac{dy}{dx}$ を t の式で表せ.

(2) 点 A における曲線 C の接線の方程式を求めよ.

問 2 媒介変数表示 $x = \cos^3 t$, $y = \sin^3 t$ で表される座標平面上の曲線を C とする. $t = \dfrac{\pi}{4}$ に対する曲線 C 上の点を A とするとき, 次の各問に答えよ.

(1) $\dfrac{dy}{dx}$ を t の式で表せ.

(2) 点 A における曲線 C の接線の方程式を求めよ.

第 5 章

高次導関数

HIGHER ORDER DERIVATIVES

関数 $y = f(x)$ の導関数 $f'(x)$ をさらに微分することがある. この計算は, 後で紹介するロピタルの定理やテイラーの定理で必要になるほか, 物理学では運動する物体の加速度を求めるときに利用される.

5.1 n 次導関数 (The n–th Order Derivative)

関数 $y = f(x)$ の導関数 $f'(x)$ が存在し, さらに $f'(x)$ の導関数, つまり,

$$\lim_{h \to 0} \frac{f'(x + h) - f'(x)}{h} \quad \cdots (*)$$

も存在するとき, $y = f(x)$ は **2 回微分可能** (*2 times differentiable*) であるという. また, 極限 $(*)$ を $f(x)$ の **2 次導関数** (*2nd order derivative*) といい,

$$f''(x), \quad \frac{d^2 f}{dx^2}(x), \quad \frac{d^2 f(x)}{dx^2}, \quad \frac{d^2}{dx^2} f(x)$$

などと表す.

注意 5.1.1 (Remark 5.1.1) 2 次導関数は, 導関数を微分して得られるので丁寧に書くと $\dfrac{d}{dx}\left(\dfrac{df(x)}{dx}\right)$ になるが, 分数式の感覚でこの書き方を略記したものが $\dfrac{d^2 f(x)}{dx^2}$ である. つまり, 分子に d が 2 個あり, 分母に dx が 2 個あるので, 2 次導関数を $\dfrac{d^2 f(x)}{dx^2}$ と表現する (分母の dx^2 は, $(dx)^2$ と見るのが正しく, $d(x^2)$ と見るのは間違い).

一般に, 関数 $y = f(x)$ が n 回微分できるとき, $y = f(x)$ は **n 回微分可能**

(n *times differentiable*) という. n 回目の微分で得られた関数を $f(x)$ の
n 次導関数 (*n–th order derivative*) といい,

$$f^{(n)}(x), \quad \frac{d^n f}{dx^n}(x), \quad \frac{d^n f(x)}{dx^n}, \quad \frac{d^n}{dx^n} f(x)$$

などと表す.

x^a, $\cos x$, $\sin x$, $\log |x|$, e^x のような基本的な関数については, 3, 4 回ほど
微分した後で, n 次導関数がどうなるのか正しく予想できることが望ましい.

定理 5.1.1 (初等関数の n 次導関数 The n–th Derivatives of Elementary Functions)

n は正の整数とする. このとき,

(i)　$(x^a)^{(n)} = a(a-1)\cdots(a-n+1)x^{a-n}$　　(a は定数)

(ii)　$(\cos x)^{(n)} = \cos\left(x + \frac{\pi n}{2}\right)$

(iii)　$(\sin x)^{(n)} = \sin\left(x + \frac{\pi n}{2}\right)$

(iv)　$(\log |x|)^{(n)} = (-1)^{n-1}(n-1)!\, x^{-n}$

(v)　$(e^x)^{(n)} = e^x$

証明 Proof　　厳密には数学的帰納法を使う (読者の練習問題).

練習問題 5.1 (Exercise 5.1)

問 1　定理 5.1.1(i)〜(v) を, 数学的帰納法を用いて証明せよ.

問 2　関数 $f(x) = e^{3x}$ について, 次の各問に答えよ.

(1)　$f'(x)$, $f''(x)$, $f^{(3)}(x)$, $f^{(4)}(x)$ をそれぞれ求めよ.

(2)　(1) の結果から $f^{(n)}(x)$ の関数形を予想せよ.

問 3　関数 $f(x) = \log(1-x)$ について, 次の各問に答えよ.

(1)　$f'(x)$, $f''(x)$, $f^{(3)}(x)$, $f^{(4)}(x)$ をそれぞれ求めよ.

(2)　(1) の結果から $f^{(n)}(x)$ の関数形を予想せよ.

5.2 媒介変数表示の高次導関数 (Higher Order Parametric Derivatives)

媒介変数表示 $x = \varphi(t)$, $y = \psi(t)$ によって x と y の関係が与えられているとき, 2 次導関数 $\dfrac{d^2y}{dx^2}$ の計算法を紹介する. この計算を間違える学生が非常に多いので, 注意深く読み進めて欲しい. 計算手順は, 次のとおりである.

(i) まず, 定理 4.4.1 を適用して, $\dfrac{dy}{dx} = \dfrac{\dfrac{d\psi(t)}{dt}}{\dfrac{d\varphi(t)}{dt}}$ を計算する.

(ii) 次に, $\dfrac{d^2y}{dx^2} = \dfrac{d}{dx}\left(\dfrac{dy}{dx}\right)$ に注意して, 定理 4.3.1 を再び適用して,

$$\frac{d^2y}{dx^2} = \frac{\dfrac{d}{dt}\left(\dfrac{dy}{dx}\right)}{\dfrac{d\varphi(t)}{dt}} \quad \cdots (*)$$

を計算する. $\left(\dfrac{dy}{dx}$ に (i) の結果を代入する.$\right)$

例題 5.2.1 を通して, 2 次導関数の計算法に慣れよう.

┌─ **例題 5.2.1 (Example 5.2.1)** ─────────────

　媒介変数表示 $x = t + e^t$, $y = t^2 + 1$ について, 次の各問に答えよ.

(1) $\dfrac{dy}{dx}$ を t の式で表せ.

(2) $\dfrac{d^2y}{dx^2}$ を t の式で表せ.

└──────────────────────────────

解答 Solution (1) 定理 4.3.1 より,

$$\frac{dy}{dx} = \frac{\dfrac{dy}{dt}}{\dfrac{dx}{dt}} = \frac{\dfrac{d(t^2+1)}{dt}}{\dfrac{d(t+e^t)}{dt}} = \frac{2t}{1+e^t}. \quad \cdots (\text{答})$$

(2)　(1) の結果を $\dfrac{dy}{dx}$ に代入すると, (∗) より

$$\dfrac{d^2y}{dx^2} = \dfrac{\dfrac{d}{dt}\left(\dfrac{2t}{1+e^t}\right)}{\dfrac{d(t+e^t)}{dt}}$$

$$= \dfrac{\dfrac{2\times(1+e^t)-2t\times e^t}{(1+e^t)^2}}{1+e^t}$$

$$= \dfrac{2+(2-2t)e^t}{(1+e^t)^3}. \quad \cdots(答)$$

練習問題 5.2 (Exercise 5.2)

問 1　媒介変数表示 $x = t + \cos t,\ y = t + \sin t$ について, 次の各問に答えよ.

(1)　$\dfrac{dy}{dx}$ を t の式で表せ.

(2)　$\dfrac{d^2y}{dx^2}$ を t の式で表せ.

問 2　媒介変数表示 $x = \cos 2t,\ y = \sin 3t$ について, 次の各問に答えよ.

(1)　$\dfrac{dy}{dx}$ を t の式で表せ.

(2)　$\dfrac{d^2y}{dx^2}$ を t の式で表せ.

第 6 章

微分と速度・加速度

DERIVATIVES & VELOCITY · ACCELERATION

　この章は物理学に適用して書かれたものである. 微分計算は力学と深い関わりがあるので, 数学の講義で速度と加速度を取り扱って欲しいという要望が強い. 数学的な知識のみ習得したい読者はこの章を読み飛ばしてもよい.

6.1　微分と速度 (Derivatives & Velocity)

　時刻ごとに速度を変化させる物体について, ある時刻の**瞬間の速度** (*instantaneous velocity*) を求めたい. 等速運動ではないので, もはや小学校算数で学んだ「(道のり) ÷ (時間)」では正しい結果を得ることができない. 微分の考え方が必要になる. 次の例題 6.1.1 を通して, 瞬間の速度は微分で求められることを理解しよう.

例題 6.1.1 (Example 6.1.1)

　x 軸上を物体が運動している. 時刻 t [s] のとき, この物体は $x(t) = t^2 + 3t$ [m] の位置にいることがわかった. 時刻 $t = 4$ [s] の**瞬間における**物体の速度は何 [m/s] か.

【ヒント (Hint)】　物体の進み方が一定ではないので, 時刻 $t = 4$ [s] での物体の位置と, そこから微小時間だけずらしたときの物体の位置を想像してみる.

解答 Solution　図 6.1 のように，時刻 $t = 4$ [s] のとき，物体の位置は $x(4) = 4^2 + 3 \times 4$ [m]．微小時間 h [s] だけ時刻をずらして，時刻 $t = 4 + h$ [s] のとき，物体の位置は $x(4+h) = (4+h)^2 + 3(4+h)$ [m]．ゆえに，物体の位置の増加分は，

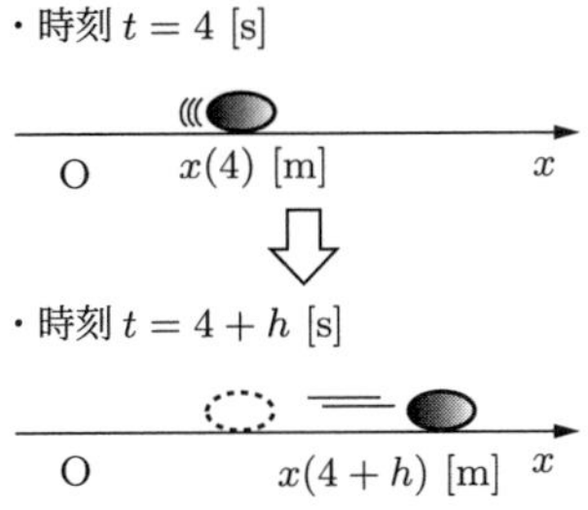

図 6.1　物体の瞬間の速度

$$x(4+h) - x(4)$$
$$= \{(4+h)^2 + 3(4+h)\} - \{4^2 + 3 \times 4\}$$
$$= 11h + h^2 \text{ [m]}$$

となる．時間 h は **微小なので**，$t = 4$ [s] から $t = 4 + h$ [s] の間で，物体の進む勢いはほぼ一定と思ってよい．したがって，この微小時間中に物体が移動する (平均的な) 速度は，

$$\frac{x(4+h) - x(4)}{h} = \frac{11h + h^2}{h}$$
$$= 11 + h \text{ [m/s]}$$

である．いま，時刻 $t = 4$ [s] の **瞬間の** 速度を知りたいので，微小時間幅 h を 0 に近づければよい．ゆえに，

$$\lim_{h \to 0} \frac{x(4+h) - x(4)}{h} = \lim_{h \to 0}(11 + h) = 11 \text{ [m/s]}. \quad \cdots (\text{答})$$

注意 6.1.1 (Remark 6.1.1)　上の例題の解答を読むと，$t = 4$ [s] の瞬間における物体の速度は，$\displaystyle \lim_{h \to 0} \frac{x(4+h) - x(4)}{h}$ [m/s] になることがわかる．定義 4.1.1 から，これは微分係数 $x'(4)$ の値に等しい．だから，まず $x(t) = t^2 + 3t$ を微分して，

$$x'(t) = 2t + 3$$

と計算した後で，$t = 4$ を代入し，

$$x'(4) = 11 \text{ [m/s]}$$

と答えてもよい．

例題 6.1.1 の内容を一般化して，公式としてまとめておく．

公式 6.1.1 (瞬間の速度 Instantaneous Velocity)

x 軸上を運動する物体が, 時刻 t [s] のとき, 位置 $x = x(t)$ [m] のところに
いる. このとき, 時刻 t [s] の**瞬間における**物体の速度 $v(t)$ は,

$$\lim_{\Delta t \to 0} \frac{x(t + \Delta t) - x(t)}{\Delta t} = \frac{dx}{dt} \text{ [m/s]}$$

で計算できる. Δt は微小時間を表す記号として用いられる.

練習問題 6.1 (Exercise 6.1)

問 1　x 軸上を運動する物体が, 時刻 t [s] において, 位置 $x(t) = t^2 - 4t$ [m]
　　のところにいるとする. このとき, 次の各問に求めよ.

　　(1)　時刻 t [s] の瞬間における物体の速度を答えよ.

　　(2)　時刻 $t = 5$ [s] の瞬間における物体の速度を求めよ.

　　(3)　(2) のとき, 物体の状況について説明した以下の文章のうち正しい
　　　　ものを選び, 記号で答えよ.

　　　　(a)　物体は x 軸正方向に運動している.

　　　　(b)　物体は x 軸負方向に運動している.

問 2　x 軸上を運動する物体が, 時刻 t [s] において, 位置 $x(t) = t \sin 3t$ [m]
　　のところにいるとする. このとき, 次の各問に答えよ.

　　(1)　時刻 t [s] の瞬間における物体の速度を求めよ.

　　(2)　時刻 $t = \pi$ [s] の瞬間における物体の速度を求めよ.

　　(3)　(2) のとき, 物体の状況について説明した以下の文章のうち正しい
　　　　ものを選び, 記号で答えよ.

　　　　(a)　物体は x 軸正方向に運動している.

　　　　(b)　物体は x 軸負方向に運動している.

6.2　微分と加速度 (Derivatives & Acceleration)

力学では, 速度が変化する勢い (1 秒あたりに変化する速度の増加量) も重要
なものになる. これを物体の**加速度** (*acceleration*) という. 加速度の絶対値が
大きいほど, 物体の速度は急激に変化する.

─── **例題 6.2.1 (Example 6.2.1)** ───

x 軸上を物体が運動している. 時刻 t [s] のとき, この物体の速度は $v(t) = 6\sqrt{t}$ [m/s] であることがわかった. このとき, 時刻 $t = 9$ [s] の **瞬間における**物体の加速度は何 [m/s^2] か.

解答 Solution 　図 6.2 のように, 時刻 $t = 9$ [s] のとき, 物体の速度は $v(9) = 6\sqrt{9}\,(= 18)$ [m/s]. 微小時間 h [s] だけ時刻をずらして, 時刻 $t = 9 + h$ [s] のとき, 物体の速度は $v(9 + h) = 6\sqrt{9 + h}$ [m/s]. ゆえに, 物体の速度の増加分は,

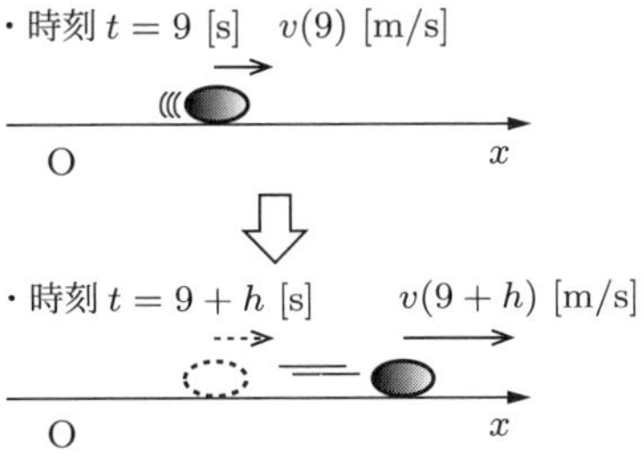

・時刻 $t = 9$ [s]　$v(9)$ [m/s]

・時刻 $t = 9 + h$ [s]　$v(9 + h)$ [m/s]

図 6.2　物体の瞬間の加速度

$$v(9 + h) - v(9) = 6\sqrt{9 + h} - 6\sqrt{9}$$

$$= \frac{6(\sqrt{9 + h} - \sqrt{9})(\sqrt{9 + h} + \sqrt{9})}{\sqrt{9 + h} + \sqrt{9}}$$

$$= \frac{6h}{\sqrt{9 + h} + \sqrt{9}}\ [\mathrm{m/s}]$$

となる. 時間 h は**微小なので**, $t = 9$ [s] から $t = 9 + h$ [s] の間で, 物体の速度が変化する勢いはほぼ一定と思ってよい. したがって, この微小時間中に物体の速度が単位時間あたりに増加する勢いは,

$$\frac{v(9 + h) - v(9)}{h} = \frac{1}{h} \times \frac{6h}{\sqrt{9 + h} + \sqrt{9}}$$

$$= \frac{6}{\sqrt{9 + h} + \sqrt{9}}\ [\mathrm{m/s^2}]$$

である. いま, 時刻 $t = 9$ [s] の**瞬間の**加速度を知りたいので, 微小時間幅 h を 0 に近づければよい. ゆえに,

$$\lim_{h \to 0} \frac{v(9 + h) - v(9)}{h} = \lim_{h \to 0} \frac{6}{\sqrt{9 + h} + \sqrt{9}}$$

$$= \frac{6}{6}$$

$$= 1\ [\mathrm{m/s^2}]. \quad \cdots (\text{答})$$

注意 6.2.1 (Remark 6.2.1)　例題 6.2.1 で加速度が $1\ (> 0)$ なので, $t = 9$ [s] から少し時間が経過すると, 物体の速度は x 軸正方向に増える.

注意 6.2.2 (Remark 6.2.2)　例題 6.2.1 の解答を読むと, $t = 9$ [s] の瞬間における物体の加速度は, $\displaystyle\lim_{h \to 0} \frac{v(9 + h) - v(9)}{h}$ [m/s^2] になることがわかる. 定義 4.1.1 から, これは微分係数 $v'(9)$ の値に等しい. だから, まず $v(t) = 6\sqrt{t}$ を微分して,

$$v'(t) = 6 \times \frac{1}{2}t^{-\frac{1}{2}}$$

と計算した後で, $t = 9$ を代入し,

$$v'(9) = 1\ [\mathrm{m/s^2}]$$

と答えてもよい.

　例題 6.2.1 の内容を一般化して, 公式としてまとめておく.

公式 6.2.1 (瞬間の加速度 Instantaneous Acceleration)

　x 軸上を運動する物体が, 時刻 t [s] のとき, 速度 $v(t)$ [m/s] であることがわかってる. このとき, 時刻 t [s] の**瞬間における**物体の加速度 $a(t)$ は,

$$\lim_{\Delta t \to 0} \frac{v(t + \Delta t) - v(t)}{\Delta t} = \frac{dv}{dt}\ [\mathrm{m/s^2}]$$

で計算できる.

注意 6.2.3 (Remark 6.2.3)　物体の時刻 t [s] における位置を $x(t)$ [m] とすると, 公式 6.1.1 より, 速度は $v(t) = x'(t)$ [m/s] となる. したがって, 加速度 $a(t)$ は,

$$a(t) = v'(t) = x''(t)\ [\mathrm{m/s^2}]$$

となる. つまり, 位置を**時刻で 2 回微分した**ものが**加速度**になる. 微分する回数と単位の表示の関係に注意してほしい.

注意 6.2.4 (Remark 6.2.4)　加速度 $a(t)$ が正のとき, 速度 $v(t)$ に x 軸正方向の成分が加わることを意味する. 逆に, $a(t)$ が負のとき, 速度 $v(t)$ に x 軸負方向の成分が加わることを意味する.

練習問題 6.2 (Exercise 6.2)

問1 x 軸上を運動する物体が, 時刻 t [s] のとき, 速度 $v(t) = 2t^3 - 4t^2$ [m/s] であることがわかった. 次の各問に答えよ.

(1) 時刻 t [s] の瞬間における物体の加速度 $a(t)$ [m/s^2] を求めよ.

(2) 時刻 $t = 1$ [s] の瞬間における物体の加速度 $a(1)$ [m/s^2] の値を求めよ.

(3) (2) のとき, 物体の状況について説明した以下の文章のうち正しいものを選び, 記号で答えよ.

    (a) 物体は x 軸正方向に運動していて, 速さ $(= |v(1)|$ [m/s]$)$ が増えつつある.

    (b) 物体は x 軸正方向に運動していて, 速さ $(= |v(1)|$ [m/s]$)$ が減りつつある.

    (c) 物体は x 軸負方向に運動していて, 速さ $(= |v(1)|$ [m/s]$)$ が増えつつある.

    (d) 物体は x 軸負方向に運動していて, 速さ $(= |v(1)|$ [m/s]$)$ が減りつつある.

問2 x 軸上を運動する物体が, 時刻 t [s] において, 位置 $x(t) = te^{-t}$ [m] のところにいるとする. このとき, 次の各問に答えよ.

(1) 時刻 t [s] の瞬間における物体の速度 $v(t)$ [m/s] を求めよ.

(2) 時刻 t [s] の瞬間における物体の加速度 $a(t)$ [m/s^2] を求めよ.

(3) 時刻 $t = 3$ [s] の瞬間における物体の速度 $v(3)$ [m/s] と加速度 $a(3)$ [m/s^2] を求めよ.

(4) (3) のとき, 物体の状況について説明した以下の文章のうち正しいものを選び, 記号で答えよ.

    (a) 物体は x 軸正方向に運動していて, 速さ $(= |v(3)|$ [m/s]$)$ が増えつつある.

    (b) 物体は x 軸正方向に運動していて, 速さ $(= |v(3)|$ [m/s]$)$ が減りつつある.

(c) 物体は x 軸負方向に運動していて，速さ $(= |v(3)|\ [\mathrm{m/s}])$ が
   増えつつある．

(d) 物体は x 軸負方向に運動していて，速さ $(= |v(3)|\ [\mathrm{m/s}])$ が
   減りつつある．

第 7 章

平均値の定理

MEAN VALUE THEOREM

この章では, 後に「ロピタルの定理」や「テイラーの定理」を証明する際に必要な理論を学ぶ.

7.1 ロルの定理と平均値の定理 (Rolle's Theorem & Mean Value Theorem)

次の定理は, グラフを描いてみると当たり前とも思える内容に見えるかもしれない. しかし, その証明では, 閉区間で定義された連続関数が必ず最大値・最小値をもつという性質 (定理 3.2.4) が適用される.

定理 7.1.1 (ロルの定理 Rolle's Theorem)

関数 $y = f(x)$ が閉区間 $[a, b]$ で連続, 開区間 (a, b) で微分可能で, $f(a) = f(b)$ を満たすとする (図 7.1). このとき,

$$f'(c) = 0 \quad (a < c < b)$$

を満たす c が少なくとも 1 つ存在する.

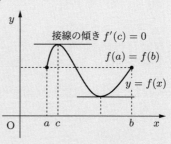

図 7.1　ロルの定理

証明 Proof　　$f(x)$ が $[a,b]$ で定数関数のとき, すべての x について $f'(x) = 0$ となるので, 明らかにこの定理が成り立つ.

次に, $f(x)$ が定数関数ではないとき, 連続関数の性質 (定理 3.2.4) より, $f(x)$ は $[a,b]$ で最大値および最小値を取る.

(Step 1)　開区間 (a,b) 内の $x = c$ で $f(x)$ が最大値を取る場合. どんな $x \in [a,b]$ に対しても, 不等式 $f(c) \geq f(x)$ が成り立つので, 十分小さい h について

$$h > 0 \quad \longrightarrow \quad \frac{f(c+h) - f(c)}{h} \leq 0, \quad \cdots (*1)$$

$$h < 0 \quad \longrightarrow \quad \frac{f(c+h) - f(c)}{h} \geq 0 \quad \cdots (*2)$$

となる. $(*1)$, $(*2)$ の各々の場合で, $h \to 0$ とすると, $f(x)$ は微分可能なので,

$$f'(c) \leq 0 \quad \text{かつ} \quad f'(c) \geq 0$$

がいえる. ゆえに, $f'(c) = 0$ となる.

(Step 2)　端点 $x = a$ または $x = b$ で $f(x)$ が最大値を取る場合. 定理の仮定から $f(a) = f(b)$ としたので, 結局, 両端点 $x = a$ と $x = b$ で $f(x)$ は最大値を取ることになる. もし, 区間 $[a,b]$ の端点で $f(x)$ が最小値を取ると最大値と最小値が一致するので, $f(x)$ は定数関数になってしまう. したがって, 開区間 (a,b) 内の $x = d$ で $f(x)$ は最小値を取る. このとき, どんな $x \in [a,b]$ に対しても, 不等式 $f(d) \leq f(x)$ が成り立つので,

$$h > 0 \quad \longrightarrow \quad \frac{f(d+h) - f(d)}{h} \geq 0, \quad \cdots (*3)$$

$$h < 0 \quad \longrightarrow \quad \frac{f(d+h) - f(d)}{h} \leq 0 \quad \cdots (*4)$$

となる. $(*3)$, $(*4)$ の各々の場合で, $h \to 0$ とすると, $f(x)$ は微分可能なので,

$$f'(d) \geq 0 \quad \text{かつ} \quad f'(d) \leq 0$$

がいえる. ゆえに, $f'(d) = 0$ となる.　　∎

ロルの定理 (定理 7.1.1) で, $f(a) = f(b)$ の仮定を外すと, 次の平均値の定理になる.

定理 7.1.2 (平均値の定理 Mean Value Theorem)

関数 $y = f(x)$ は閉区間 $[a, b]$ で連続, 開区間 (a, b) で微分可能とする. このとき,

$$\frac{f(b) - f(a)}{b - a} = f'(c) \quad (a < c < b)$$

を満たす c が少なくとも 1 つ存在する.

注意 7.1.1 (Remark 7.1.1)　(平均値の定理の幾何学的意味) 2 点 A $(a, f(a))$, B $(b, f(b))$ を通る直線の傾きと等しい傾きをもつ接線が, 弧 AB 上に存在する (図 7.2).

注意 7.1.2 (Remark 7.1.2) $a < c < b$ を満たす c は, $0 < \theta < 1$ の範囲にある θ を用いて,

$$c = a + \theta(b - a) = (1 - \theta)a + \theta b$$

と書くことができる. だから, 定理 7.1.2 の結論を

$$\frac{f(b) - f(a)}{b - a} = f'((1 - \theta)a + \theta b) \quad (0 < \theta < 1)$$

を満たす θ が存在すると表現してもよい.

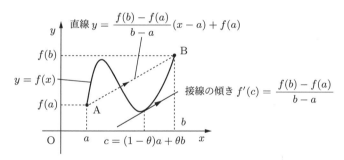

図 7.2　平均値の定理

証明 Proof　新しい関数 $F(x)$ を

$$F(x) = f(x) - \left\{ \frac{f(b) - f(a)}{b - a}(x - a) + f(a) \right\}$$

とおく. $F(x)$ は閉区間 $[a, b]$ で連続で, 開区間 (a, b) で微分可能であり,

$$F(a) = 0, \quad F(b) = 0$$

を満たす. したがって, ロルの定理 (定理 7.1.1) より, $F'(c) = 0$ $(a < c < b)$ を満たす c が存在する. いま,

$$F'(x) = f'(x) - \frac{f(b) - f(a)}{b - a}$$

なので,

$$F'(c) = f'(c) - \frac{f(b) - f(a)}{b - a} = 0 \quad \Longleftrightarrow \quad \frac{f(b) - f(a)}{b - a} = f'(c). \quad \blacksquare$$

平均値の定理は, 複雑な関数と 1 次式との大小比較でよく利用される. 例題 7.1.1 を通して, 平均値の定理の使い方に慣れよう.

例題 7.1.1 (Example 7.1.1)

$0 < x \leq 2\pi$ のとき, 不等式 $\sin x < x$ が成り立つことを示せ.

解答 Solution　　関数 $\sin x$ は閉区間 $[0, x]$ で連続, 開区間 $(0, x)$ で微分可能である. 平均値の定理 (定理 7.1.2) より,

$$\frac{\sin x}{x} = \frac{\sin x - \sin 0}{x - 0} = \cos c \quad (0 < c < x \leq 2\pi)$$

を満たす c が存在する. いま, $c \neq 0, 2\pi$ なので, $\cos c < 1$ となる. ゆえに,

$$\frac{\sin x}{x} < 1 \quad \Longleftrightarrow \quad \sin x < x. \quad \cdots (答) \quad \blacksquare$$

練習問題 7.1 (Exercise 7.1)

問 1　$1 < x$ のとき, 不等式 $\log x < x - 1$ が成り立つことを示せ.

問 2　$0 < x < \dfrac{\pi}{2}$ のとき, 不等式 $\tan x > x$ が成り立つことを示せ.

7.2　コーシーの平均値の定理 (Cauchy's Mean Value Theorem)

前節の平均値の定理を一般化する. 媒介変数表示 $x = f(t)$, $y = g(t)$ で表される x と y の関係についても, 平均値の定理に相当するものが成り立つ.

定理 7.2.1 (コーシーの平均値の定理 Cauchy's Mean Value Theorem)
　関数 $f(t)$ と $g(t)$ は閉区間 $[a, b]$ で連続, 開区間 (a, b) で微分可能とする. また, $f(a) \neq f(b)$ かつ $f'(t) = g'(t) = 0$ を満たす t は存在しないとする. このとき,

$$\frac{g(b) - g(a)}{f(b) - f(a)} = \frac{g'(c)}{f'(c)} \quad (a < c < b)$$

を満たす c が少なくとも 1 つ存在する.

注意 7.2.1 (Remark 7.2.1)　(定理 7.2.1 の幾何学的意味) 媒介変数表示された曲線 $(f(t), g(t))$ 上にある 2 点 A $(f(a), g(a))$, B $(f(b), g(b))$ を通る直線を ℓ とする. 直線 ℓ の傾きと等しい傾きをもつ接線が弧 AB 上に存在する (図 7.3).

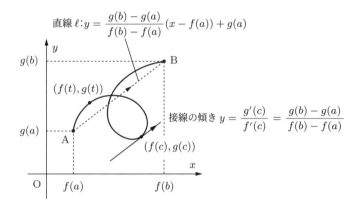

直線 ℓ:$y = \dfrac{g(b) - g(a)}{f(b) - f(a)} (x - f(a)) + g(a)$

接線の傾き $y = \dfrac{g'(c)}{f'(c)} = \dfrac{g(b) - g(a)}{f(b) - f(a)}$

図 7.3　定理 7.2.1 の幾何学的な意味

注意 7.2.2 (Remark 7.2.2) $f(t) = t$ のとき, 定理 7.2.1 は平均値の定理 (定理 7.1.2) と同じである.

証明 Proof　$F(t) = (f(b) - f(a)) g(t) - (g(b) - g(a)) f(t)$

とおく. $F(t)$ は閉区間 $[a, b]$ で連続で, 開区間 (a, b) で微分可能. さらに,

$$F(a) = F(b) = f(b)g(a) - f(a)g(b)$$

となる. ロルの定理 (定理 7.1.1) より,

$$F'(c) = 0 \quad (a < c < b) \quad \cdots (*2)$$

を満たす c が存在する. いま,

$$F'(t) = (f(b) - f(a))g'(t) - (g(b) - g(a))f'(t)$$

なので, (∗2) より,

$$F'(c) = (f(b) - f(a))g'(c) - (g(b) - g(a))f'(c) = 0$$

$$\iff \quad (f(b) - f(a))g'(c) = (g(b) - g(a))f'(c).$$

$f'(c) = 0$ なら $f(a) \neq f(b)$ より $g'(c) = 0$ となり仮定に反する. $f'(c) \neq 0$ より $\dfrac{g(b) - g(a)}{f(b) - f(a)} = \dfrac{g'(c)}{f'(c)}$.

第 8 章

ロピタルの定理

L'Hôpital's Rule

$x \to a$ とする関数の極限で, 安直に $x = a$ を代入すると, $\dfrac{0}{0}$ や $\dfrac{\infty}{\infty}$ になることがある (この状態を**不定形** (*indeterminate form*) という). 不定形が現れたとき, 多くの学生は直感的に 0 や 1 と答えて間違えやすい. しかし,

$$\lim_{x \to 0} \frac{2x}{x} = 2, \quad \lim_{x \to \infty} \frac{-3x}{x + 1} = -3$$

などの具体例を考えれば, その直感の間違いに気づけるであろう. 不定形の極限では, 解答が煩雑になることが多い. だが, 本章の「ロピタルの定理」を用いると, 楽に不定形の極限を求められるようになる.

8.1　0/0 型の不定形 (0/0 Type)

代表的なロピタルの定理は, 次のとおり.

定理 8.1.1 (ロピタルの定理 L'Hôpital's Rule)

関数 $f(x)$, $g(x)$ は連続で, $x \neq a$ で微分可能とする. さらに,

(i)　$f(a) = 0$ かつ $g(a) = 0$

(ii)　$x \neq a$ かつ $x = a$ 付近で, $f(x) \neq 0$, $f'(x) \neq 0$

とする. このとき,

$$\lim_{x \to a} \frac{g'(x)}{f'(x)} = \alpha \quad \Longrightarrow \quad \lim_{x \to a} \frac{g(x)}{f(x)} = \alpha.$$

証明 Proof　$x \neq a$ に対して, $f(a) = g(a) = 0$ より,

$$\frac{g(x)}{f(x)} = \frac{g(x) - g(a)}{f(x) - f(a)}$$

と書くことができる. ここで, コーシーの平均値の定理 (定理 7.2.1) より,

$$\frac{g(x)}{f(x)} = \frac{g'(c)}{f'(c)} \quad (c \text{ は } a \text{ と } x \text{ の間にある数})$$

となる. $x \to a$ のとき, はさみうちの原理から $c \to a$ となるので,

$$\lim_{x \to a} \frac{g(x)}{f(x)} = \lim_{x \to a} \frac{g'(c)}{f'(c)}$$

$$= \lim_{c \to a} \frac{g'(c)}{f'(c)}$$

$$= \alpha. \quad (\because \text{ 定理の仮定より})$$

例題 8.1.1 (Example 8.1.1)

次の極限が不定形かどうか確かめ, ロピタルの定理で極限値を求めよ.

(1)　$\displaystyle\lim_{x \to 1} \frac{\log x}{x - 1}$

(2)　$\displaystyle\lim_{x \to 0} \frac{1 - \cos 2x}{e^x - 1 - x}$

解答 Solution　(1)　関数の分子分母に $x = 1$ を代入すると, $\dfrac{0}{0}$ になるので, この極限は不定形である. ロピタルの定理 (定理 8.1.1) より,

$$\lim_{x \to 1} \frac{\log x}{x - 1} = \lim_{x \to 1} \frac{(\log x)'}{(x - 1)'} = \lim_{x \to 1} \frac{\frac{1}{x}}{1} = 1. \quad \cdots(\text{答})$$

(2)　関数の分子分母に $x = 0$ を代入すると, $\dfrac{0}{0}$ になるので, この極限は不定形である. ロピタルの定理 (定理 8.1.1) より,

$$\lim_{x \to 0} \frac{1 - \cos 2x}{e^x - 1 - x} = \lim_{x \to 0} \frac{(1 - \cos 2x)'}{(e^x - 1 - x)'}$$

$$= \lim_{x \to 0} \frac{2 \sin 2x}{e^x - 1}. \quad \cdots(*1)$$

この極限はまだ不定形なので, **さらにロピタルの定理を用いて,**

$$(*1) = \lim_{x \to 0} \frac{(2 \sin 2x)'}{(e^x - 1)'}$$

$$= \lim_{x \to 0} \frac{4 \cos 2x}{e^x}$$

$$= 4. \quad \cdots (答)$$

注意 8.1.1 (Remark 8.1.1) ロピタルの定理は, 不定形でない極限には適用できない. 実際,

$$\lim_{x \to 1} \frac{x^2 + 3}{2x + 1} = \frac{4}{3}$$

は不定形ではないが, 無理にロピタルの定理 (定理 8.1.1) を用いると,

$$\lim_{x \to 1} \frac{(x^2 + 3)'}{(2x + 1)'} = \lim_{x \to 1} \frac{2x}{2} = 1$$

となって, 間違った結果を得てしまう.

注意 8.1.2 (Remark 8.1.2) ロピタルの定理は, $x \to \pm\infty$ の極限でも成り立つ.

練習問題 8.1 (Exercise 8.1)

問 1 次の極限が不定形かどうか確かめ, ロピタルの定理 (定理 8.1.1) で極限
値を求めよ.

(1) $\displaystyle \lim_{x \to 0} \frac{\tan x}{\log(x + 1)}$ (2) $\displaystyle \lim_{x \to 0} \frac{1 - \cos x}{e^x - 1}$ (3) $\displaystyle \lim_{x \to 1} \frac{x - 1 - \log x}{(x - 1)^2}$

(4) $\displaystyle \lim_{x \to 0} \frac{x - x \cos x}{x - \sin x}$ (5) $\displaystyle \lim_{x \to 0} \frac{\mathrm{Sin}^{-1} x}{\sin x}$ (6) $\displaystyle \lim_{x \to \pi} \frac{\tan x}{\sin 2x}$

8.2 ∞/∞ 型の不定形 (∞/∞ Type)

$\dfrac{\infty}{\infty}$ 型の不定形は, 関数の右極限や左極限で登場することが多い. この場合
のロピタルの定理は, 次のとおり.

定理 8.2.1 (ロピタルの定理 L'Hôpital's Rule)

関数 $f(x), g(x)$ は $x \neq a$ で連続かつ微分可能とする. さらに,

(i) $\displaystyle \lim_{x \to a} f(x) = \infty,\ \lim_{x \to a} g(x) = \infty$ (一方, または, 両方が $-\infty$ でも可)

(ii) $f(x) \neq 0, f'(x) \neq 0$

とするとき,

$$\lim_{x \to a} \frac{g'(x)}{f'(x)} = \alpha \implies \lim_{x \to a} \frac{g(x)}{f(x)} = \alpha.$$

また, $x \to a$ の代わりに, 右および左極限 $x \to a+0$, $x \to a-0$ としても同じことが成り立つ.

証明 Proof $\lim_{x \to a} \dfrac{g'(x)}{f'(x)} = \alpha$ より, $\lim_{x \to a} \left| \dfrac{g'(x)}{f'(x)} - \alpha \right| = 0$ に注意. $\varepsilon > 0$ を任意に選ぶ. このとき, $k < a < \ell$ を満たす k, ℓ が存在して, $k < x < a$ または $a < x < \ell$ を満たすすべての x について,

$$\left| \frac{g'(x)}{f'(x)} - \alpha \right| < \varepsilon$$

となる.

次に, コーシーの平均値の定理 (定理 7.2.1) より, $k < p < x$ となる p が存在して,

$$\frac{g(x) - g(k)}{f(x) - f(k)} = \frac{g'(p)}{f'(p)},$$

$$\frac{g(x)}{f(x)} = \frac{g(x) - g(k)}{f(x) - f(k)} \frac{1 - \dfrac{f(k)}{f(x)}}{1 - \dfrac{g(k)}{g(x)}} = \frac{g'(p)}{f'(p)} \frac{1 - \dfrac{f(k)}{f(x)}}{1 - \dfrac{g(k)}{g(x)}}$$

となる. すると,

$$\left| \frac{g(x)}{f(x)} - \alpha \right| = \left| \frac{g'(p)}{f'(p)} \frac{1 - \dfrac{f(k)}{f(x)}}{1 - \dfrac{g(k)}{g(x)}} - \alpha \right|$$

$$= \left| \left(\frac{g'(p)}{f'(p)} - \alpha \right) \frac{1 - \dfrac{f(k)}{f(x)}}{1 - \dfrac{g(k)}{g(x)}} + \left(\frac{1 - \dfrac{f(k)}{f(x)}}{1 - \dfrac{g(k)}{g(x)}} - 1 \right) \alpha \right|.$$

ここで, 絶対値の性質 $|A + B| \le |A| + |B|$, $|AB| = |A||B|$ を用いて,

$$\left| \frac{g(x)}{f(x)} - \alpha \right| \le \left| \frac{g'(p)}{f'(p)} - \alpha \right| \left| \frac{1 - \dfrac{f(k)}{f(x)}}{1 - \dfrac{g(k)}{g(x)}} \right| + \left| \frac{1 - \dfrac{f(k)}{f(x)}}{1 - \dfrac{g(k)}{g(x)}} - 1 \right| |\alpha|. \quad \cdots (*1)$$

さて, $\varepsilon > 0$ とする. k を a に十分近く選ぶと, p が a に近いところにあるはずだから,

$$\left| \frac{g'(p)}{f'(p)} - \alpha \right| < \frac{\varepsilon}{4} \quad \cdots (*2)$$

とできる. そして, $\lim_{x \to a} f(x) = \infty$, $\lim_{x \to a} g(x) = \infty$ より, x を a にかなり近づけることで,

$$\left| \frac{1 - \dfrac{f(k)}{f(x)}}{1 - \dfrac{g(k)}{g(x)}} \right| < 2 \quad \cdots (*3), \qquad \left| \frac{1 - \dfrac{f(k)}{f(x)}}{1 - \dfrac{g(k)}{g(x)}} - 1 \right| |\alpha| < \frac{\varepsilon}{2} \quad \cdots (*4)$$

が成り立つ. $(*2)$–$(*4)$ を $(*1)$ に適用すると, x が a に近づくとき,

$$\left| \frac{g(x)}{f(x)} - \alpha \right| < \frac{\varepsilon}{4} \times 2 + \frac{\varepsilon}{2} = \varepsilon.$$

$\varepsilon > 0$ はいくらでも小さくできる (それに応じて, x を a に近づければよい). つまり,

$$\lim_{x \to a-0} \left| \frac{g(x)}{f(x)} - \alpha \right| = 0 \quad \Longleftrightarrow \quad \lim_{x \to a-0} \frac{g(x)}{f(x)} = \alpha.$$

$\lim_{x \to a+0} \dfrac{g(x)}{f(x)} = \alpha$ も同様に示すことができる. ゆえに, $\lim_{x \to a} \dfrac{g(x)}{f(x)} = \alpha$. ▮

注意 8.2.1 (Remark 8.2.1)　ロピタルの定理は, $x \to \pm\infty$ の極限でも成り立つ.

例題 8.2.1 (Example 8.2.1)

次の極限が不定形かどうか確かめ, ロピタルの定理で極限値を求めよ.

(1) $\displaystyle \lim_{x \to +0} x \log x$ 　　　　　 (2) $\displaystyle \lim_{x \to \infty} \frac{x}{e^x}$

解答 Solution (1) まず,

$$x \log x = \frac{\log x}{\dfrac{1}{x}}$$

と見ると, $x \to +0$ のとき, $\dfrac{-\infty}{\infty}$ 型の不定形である. ロピタルの定理 (定理 8.2.1) より,

$$\lim_{x \to +0} x \log x = \lim_{x \to +0} \frac{(\log x)'}{\left(\dfrac{1}{x}\right)'} = \lim_{x \to +0} \frac{\dfrac{1}{x}}{-\dfrac{1}{x^2}} = \lim_{x \to +0} (-x) = 0. \quad \cdots (答)$$

(2) $x \to \infty$ のとき, $\dfrac{\infty}{\infty}$ 型の不定形である. ロピタルの定理 (定理 8.2.1) より,

$$\lim_{x \to \infty} \frac{x}{e^x} = \lim_{x \to \infty} \frac{(x)'}{(e^x)'} = \lim_{x \to \infty} \frac{1}{e^x} = 0. \quad \cdots (答)$$

練習問題 8.2 (Exercise 8.2)

問 1 次の極限が不定形かどうか確かめ, ロピタルの定理 (定理 8.2.1) で極限値を求めよ.

(1) $\displaystyle \lim_{x \to +0} \sqrt{x} \log x$ (2) $\displaystyle \lim_{x \to \frac{\pi}{2} - 0} \frac{\log \cos x}{\tan x}$ (3) $\displaystyle \lim_{x \to +0} \sin x \log x$

(4) $\displaystyle \lim_{x \to \infty} \frac{\log x}{x}$ (5) $\displaystyle \lim_{x \to \infty} \frac{x^3}{e^x}$ (6) $\displaystyle \lim_{x \to \infty} x e^{-x}$

第 9 章

テイラー展開

TAYLOR EXPANSION

例えば, $f(x) = \sin x$ について, $f(0.3) = \sin 0.3$ の値を小数第 3 位まで正しく求めるにはどうすればよいだろうか？ 関数電卓を使えばよいと考えるかもしれないが, 諸君が発展途上国に派遣されたとき, 電子機器が使えない事態も起こりうる. しかし, この章で学ぶ「テイラーの定理」を利用すれば, 手計算で $\sin 0.3$ の値を望みの精度で求めることができるようになる.

9.1 テイラーの定理 (Taylor's Theorem)

テイラーの定理は, 関数 $f(b)$ の値を高次導関数の自明な値 $f^{(k)}(a)$ や $(b-a)^k$ $(k = 0, 1, \cdots)$ を用いて近似計算できることを主張する.

定理 9.1.1 (テイラーの定理 Taylor's Theorem)

関数 $y = f(x)$ が n 回微分可能であるとき, 次の書きかえができる.

$$f(b) = f(a) + \frac{f'(a)}{1!}(b - a) + \frac{f''(a)}{2!}(b - a)^2$$

$$+ \cdots + \frac{f^{(n-1)}(a)}{(n-1)!}(b - a)^{n-1} + R_n \quad \cdots (*)$$

ここで, **剰余項** (*remainder term*) R_n は,

$$R_n = \frac{f^{(n)}(c)}{n!}(b - a)^n. \quad (\text{ただし, } c \text{ は } a \text{ と } b \text{ の間の数})$$

注意 9.1.1 (Remark 9.1.1) $(*)$ の右辺の

$$f(a) + \frac{f'(a)}{1!}(b-a) + \frac{f''(a)}{2!}(b-a)^2 + \cdots + \frac{f^{(n-1)}(a)}{(n-1)!}(b-a)^{n-1}$$

を, $f(b)$ の a 付近における $n-1$ 次の**テイラー展開** (*Taylor expansion*) という. 特に, $a = 0$ のとき**マクローリン展開** (*Maclaurin expansion*) ということがある. 式 $(*)$ の剰余項を除くと $b = x$ とすれば, $n = 2$ のとき点 A $(a, f(a))$ での接線の式となる. また, $n = 3$ のとき点 A を通る 2 次関数である (図 9.1).

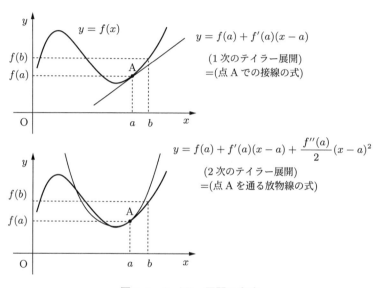

図 9.1 テイラー展開の意味

注意 9.1.2 (Remark 9.1.2) $|b-a| < 1$ のとき, $|b-a|^k > |b-a|^{k+1}$ $(k = 1, 2, \cdots)$ が成り立つことに注目しよう. すると, 定理 9.1.1 の剰余項について, $f^{(n)}(x)$ の有界性があれば $|R_n|$ はほかの項に比べて無視できるくらいに小さいことが期待できる. 実際 $f(x) = \sin x$ などは条件を満たしている.

証明 Proof ロルの定理 (定理 7.1.1) を利用する.

$$g(x) = f(b) - f(x) - \frac{f'(x)}{1!}(b-x) - \frac{f''(x)}{2!}(b-x)^2$$

$$- \cdots - \frac{f^{(n-1)}(x)}{(n-1)!}(b-x)^{n-1} - K(b-x)^n$$

とおく. ただし, K は x を含まない定数で,

$$K = \frac{1}{(b-a)^n}\left\{f(b) - f(a) - \frac{f'(a)}{1!}(b-a) - \cdots - \frac{f^{(n-1)}(a)}{(n-1)!}(b-a)^{n-1}\right\}$$

とする. すると,

$$g(a) = 0, \quad g(b) = 0$$

が成り立つので, ロルの定理 (定理 7.1.1) より,

$$g'(c) = 0 \iff (b-c)^{n-1}\left\{-\frac{f^{(n)}(c)}{(n-1)!} + nK\right\} = 0$$

を満たす c (a と b の間の数) が存在する. したがって,

$$K = \frac{f^{(n)}(c)}{n!}$$

となる. $g(a) = 0$ から, 定理を証明できる. ∎

定理 9.1.1 の別証明も紹介しておこう.

別証明 Alternative Proof　　コーシーの平均値の定理 (定理 7.2.1) を利用する. まず,

$$g(x) = f(x) - f(a) - \frac{f'(a)}{1!}(x-a) - \frac{f''(a)}{2!}(x-a)^2$$

$$- \cdots - \frac{f^{(n-1)}}{(n-1)!}(x-a)^{n-1}$$

$$h(x) = (x-a)^n$$

とおく. $g(a) = 0$, $h(a) = 0$ とコーシーの平均値の定理 (定理 7.2.1) より,

$$\frac{g(b)}{(b-a)^n} = \frac{g(b) - g(a)}{h(b) - h(a)} = \frac{g'(c_1)}{h'(c_1)} \quad \cdots (*1)$$

となる c_1 (a と b の間の数) が存在する. さらに, $g'(a) = 0$, $h'(a) = 0$ とコーシーの平均値の定理より,

$$(*1) = \frac{g'(c_1) - g'(a)}{h'(c_1) - h'(a)} = \frac{g''(c_2)}{h''(c_2)} \quad \cdots (*2)$$

となる c_2 (a と b の間の数) が存在する. さらに, $g''(a) = 0$, $h''(a) = 0$ と コーシーの平均値の定理を適用する操作を続けていくと, やがて,

$$(*2) = \frac{g^{(n)}(c_n)}{h^{(n)}(c_n)}$$

となる c_n (a と b の間の数) が存在することがわかる. $g^{(n)}(x) = f^{(n)}(x)$, $h^{(n)}(x) = n!$ であるから,

$$\frac{g(b)}{(b-a)^n} = \frac{f^{(n)}(c_n)}{n!}$$

となる. これを整理し, $c_n = c$ とおけば, 定理が得られる. ∎

9.2 関数の近似値 (Approximation of Functions)

テイラーの定理 (定理 9.1.1) は, 関数の近似値を求めるときに利用される.

例題 9.2.1 (Example 9.2.1)

$\sin 0.3$ の値を小数第 3 位まで正確に求めたい. $f(x) = \sin x$ とおくとき, 次の各問に答えよ.

(1) $f'(x)$, $f''(x)$, $f^{(3)}(x)$, $f^{(4)}(x)$ を計算せよ.

(2) $f(0)$, $f'(0)$, $f''(0)$, $f^{(3)}(0)$ の値を答えよ.

(3) $f(b)$ の 0 付近における 3 次のテイラー展開と剰余項 R_4 を答えよ (0 と b の間の数 c を用いてもよい).

(4) $b = 0.3$ のとき, $0 < R_4 < 0.0003375$ を示せ.

(5) (3) の結果に $b = 0.3$ を代入して, $\sin 0.3$ の値を小数第 3 位まで正確に求めよ.

解答 Solution (1) $f(x) = \sin x$, $f'(x) = \cos x$, $f''(x) = -\sin x$, $f^{(3)}(x) = -\cos x$, $f^{(4)}(x) = \sin x$. $\cdots$ (答)

(2) $f(0) = 0$, $f'(0) = 1$, $f''(0) = 0$, $f^{(3)}(0) = -1$. $\cdots$ (答)

(3) テイラーの定理 (定理 9.1.1) より, $a = 0$, $n = 4$ として,

$$f(b) = f(0) + \frac{f'(0)}{1!}(b-0) + \frac{f''(0)}{2!}(b-0)^2 + \frac{f^{(3)}(0)}{3!}(b-0)^3 + R_4$$

$$= b - \frac{b^3}{6} + R_4. \quad \cdots (\text{答})$$

ここで, R_4 は, 0 と b の間の数 c を用いて,

$$R_4 = \frac{f^{(4)}(c)}{4!}(b-0)^4$$

$$= \frac{\sin c}{24} b^4. \quad \cdots (\text{答})$$

(4)　$b = 0.3$ のとき, (3) で $0 < c < 0.3 \left(< \frac{\pi}{2} \right)$ となることに注意. すると,

$$0 < \sin c < 1$$

がわかる. (3) より, $R_4 = \dfrac{\sin c}{4!} \times 0.3^4$ となるので,

$$0 < R_4 < \frac{1}{24} \times 0.3^4 = \frac{0.0027}{8} = 0.0003375$$

となる. $\cdots (\text{答})$

(5)　(3) のテイラー展開に $b = 0.3$ を代入して,

$$f(0.3) = 0.3 - \frac{0.3^3}{6} + R_4$$

$$= 0.2955 + R_4 \quad \cdots (*1)$$

となる. (4) で $0 < R_4 < 0.0003375$ だったから, $(*1)$ より,

$$0.2955 < f(0.3) < 0.2955 + 0.0003375 = 0.2958375$$

となる. これから, $\sin 0.3 = 0.295\cdots$ がわかる. $\cdots(\text{答})$

練習問題 9.2 (Exercise 9.2)

問1　$\cos 0.3$ の値を小数第 4 位まで正確に求めたい. $f(x) = \cos x$ とおくとき, 次の各問に答えよ.

(1)　$f'(x), f''(x), f^{(3)}(x), f^{(4)}(x), f^{(5)}(x)$ を計算せよ.

(2)　$f(0), f'(0), f''(0), f^{(3)}(0), f^{(4)}(0)$ の値を答えよ.

(3)　$f(b)$ の 0 付近における 4 次のテイラー展開と剰余項 R_5 を答えよ (0 と b の間の数 c を用いてもよい).

(4)　$b = 0.3$ のとき, $-0.00002025 < R_5 < 0$ を示せ.

(5)　(3) の結果に $b = 0.3$ を代入して, $\cos 0.3$ の値を小数第 4 位まで求めよ.

問 2　$\log 1.3$ の値を小数第 2 位まで正確に求めたい. $f(x) = \log x$ とおくとき, 次の各問に答えよ.

(1)　$f'(x), f''(x), f^{(3)}(x), f^{(4)}(x)$ を計算せよ.

(2)　$f(1), f'(1), f''(1), f^{(3)}(1)$ の値を答えよ.

(3)　$f(b)$ の 1 付近における 3 次のテイラー展開と剰余項 R_4 を答えよ (1 と b の間の数 c を用いてもよい).

(4)　$b = 1.3$ のとき, $-0.002025 < R_4 < 0$ を示せ.

(5)　(3) の結果に $b = 1.3$ を代入して, $\log 1.3$ の値を小数第 2 位まで求めよ.

9.3　関数の極値 (Local Extrema)

この節ではテイラーの定理 (定理 9.1.1) の応用として関数の極大値や極小値を求める方法を紹介する.

定義 9.3.1 (極値 Local Extrema)

関数 $f(x)$ について, $x = c$ を含む開区間 (a, b) が存在し, ここで $f(x)$ が定数でなく,

(i)　すべての $x \in (a, b)$ に対して, $f(c) \geq f(x)$ となるとき, $f(x)$ は $x = c$ において**極大**になるという. このとき, $f(c)$ を $f(x)$ の**極大値** (*local maximum*) といい, 点 c を**極大点** (*point of local maximum*) という.

(ii)　すべての $x \in (a, b)$ に対して, $f(c) \leq f(x)$ となるとき, $f(x)$ は $x = c$ において**極小**になるという. このとき, $f(c)$ を $f(x)$ の**極小値** (*local minimum*) といい, 点 c を**極小点** (*point of local minimum*) という.

また, 極大値あるいは極小値をまとめて**極値** (*local extrema*) という. さらに, 極値を与える点を**極値点** (*point of local extrema*) という.

定理 9.3.2 (極値の必要条件 The First Derivative Test)

関数 $f(x)$ が x に関して微分可能とする. このとき, $f(x)$ が点 c で極値を取るならば, $f'(c) = 0$ となる.

証明 Proof　$f(c)$ が極大となる場合のみ示す (極小となる場合も同様に証明することができる). このとき, $x = c$ の近くでは $f(c)$ が最大値となる. したがって, ロルの定理 (定理 7.1.1) の証明の中の (Step 1) を使うことで $f'(c) = 0$ を示すことができる. ∎

注意 9.3.1 (Remark 9.3.1)　定理の逆は必ずしも正しくはない. 例えば, $f(x) = x^3$ について, $f'(0) = 0$ であるが, $x = 0$ は極大点でも極小点でもない.

この注意から, $f(c)$ が極値であるためには $f'(c) = 0$ だけでは不十分である. そこで次の定理を利用する.

定理 9.3.3 (極値の判定 The Second Derivative Test)

関数 $f(x)$ が必要な回数だけ微分可能であるとして,

(1)　$0 = f'(c) = \cdots = f^{(2n-1)}(c)$, $f^{(2n)}(c) \neq 0$ のとき,

　(i)　$f^{(2n)}(c) < 0$ ならば, $f(c)$ は極大値,

　(ii)　$f^{(2n)}(c) > 0$ ならば, $f(c)$ は極小値,

(2)　$0 = f'(c) = \cdots = f^{(2n)}(c) = 0$, $f^{(2n+1)}(c) \neq 0$ のとき, $f(c)$ は極値ではない.

証明 Proof　(1) を示す. テイラーの定理 (定理 9.1.1) より $a = c, b = x$ とする. $2n - 1$ 次のテイラー展開より,

$$f(x) = f(c) + \frac{f^{(2n)}(d)}{(2n)!}(x - c)^{2n} \quad (ただし, d は c と x の間の数)$$

$\lim_{x \to c} f^{(2n)}(d) = f^{(2n)}(c) < 0$ と $(x - c)^{2n} > 0$ を用いて, x が c に十分近いとき, $f(c) > f(x)$ となる. したがって, $f(c)$ は極大値である. 同様に極小値についても証明できる.

(2) を示す. 条件より

$$f(x) = f(c) + \frac{f^{(2n+1)}(d)}{(2n+1)!}(x-c)^{2n+1} \quad (\text{ただし}, \ d \ \text{は} \ c \ \text{と} \ x \ \text{の間の数})$$

$x > c$ のとき $(x-c)^{2n+1} > 0$, そして $x < c$ のとき $(x-c)^{2n+1} < 0$. $\lim_{x \to c} f^{(2n+1)}(d) = f^{(2n+1)}(c) \neq 0$ から, $f(x) - f(c)$ の符号は x の値により正負両方の値を取る. したがって, $f(c)$ は極値ではないことが示される.

例題 9.3.1 (Example 9.3.1)

関数 $f(x) = xe^{-x^2}$ について, その極値を求めよ.

解答 Solution　$f'(x) = (1 - 2x^2)e^{-x^2}$, $f''(x) = 2x(2x^2 - 3)e^{-x^2}$ である. $f'(x) = 0$ となるのは, $x = \pm\frac{1}{\sqrt{2}}$ であり, これらは極値の候補である. $f''\left(-\frac{1}{\sqrt{2}}\right) = 2\sqrt{2}e^{-\frac{1}{2}} > 0$ より, $x = -\frac{1}{\sqrt{2}}$ は極小点であり, $f\left(-\frac{1}{\sqrt{2}}\right) = -\frac{1}{\sqrt{2}}e^{-\frac{1}{2}}$ が極小値となる. また, $f''\left(\frac{1}{\sqrt{2}}\right) = -2\sqrt{2}e^{-\frac{1}{2}} < 0$ より, $x = \frac{1}{\sqrt{2}}$ は極大点であり, $f\left(\frac{1}{\sqrt{2}}\right) = \frac{1}{\sqrt{2}}e^{-\frac{1}{2}}$ が極大値となる.

練習問題 9.3 (Exercise 9.3)

問 1　関数 $f(x) = \dfrac{x}{1 + x^2}$ の極値を求めよ.

問 2　関数 $f(x) = ax^3 - 6x + b$ が極小値 1 と極大値 5 を取るように, 定数 $a, \ b$ の値を定めよ.

第 10 章

原始関数と不定積分

PRIMITIVE FUNCTION & INDEFINITE INTEGRAL

ここまで, 関数 $F(x)$ の導関数 $F'(x) = f(x)$ を計算してきた. 逆の計算, つまり, 関数 $f(x)$ の方を先に与えて, $F(x)$ を見定める計算も重要である. これは次章で述べる定積分の計算に役立つ.

10.1 原始関数と不定積分 (Primitive Function & Indefinite Integral)

まず, 原始関数の定義を紹介しよう.

定義 10.1.1 (原始関数 Primitive Function)
2 つの関数 $F(x)$ と $f(x)$ が関係式
$$\frac{dF(x)}{dx} = f(x)$$
を満たすとき, $F(x)$ を $f(x)$ の**原始関数** (*primitive function*) という.

注意 10.1.1 (Remark 10.1.1) 例えば, $\dfrac{d\sin x}{dx} = \cos x$ なので, $\sin x$ は $\cos x$ の原始関数になる. また, 定数 $r \, (\neq -1)$ について,

$$\frac{dx^{r+1}}{dx} = (r+1)x^r \quad \Longleftrightarrow \quad \frac{d}{dx}\left(\frac{x^{r+1}}{r+1}\right) = x^r$$

なので, $\dfrac{x^{r+1}}{r+1}$ は x^r の原始関数である.

$F(x)$ が $f(x)$ の原始関数であるとき, 任意の定数 C に対して, $F(x) + C$ も

また $f(x)$ の原始関数になる. つまり, 原始関数は 1 つに定まらない. そこで,

$$\frac{dF(x)}{dx} = f(x)$$

を満たす原始関数のすべてを**不定積分** (*indefinite integral*) といい,

$$\int f(x)\, dx$$

と書く. この記号の意味は, 後の定積分のところで説明する. $F(x)$ を $f(x)$ の 1 つの原始関数とすれば, 任意定数 C を用いて, 不定積分を

$$\int f(x)\, dx = F(x) + C$$

と記述できる. ここで, 左辺の $f(x)$ を**被積分関数** (*integrand*) といい, 右辺の任意定数 C を**積分定数** (*integral constant*) という. また, 不定積分を求めることを**積分する** (*integrate*) という. 以後, ことわらない限り, 記号 C は積分定数を表す.

次に, 定理 4.1.3 (微分の公式) を用いた不定積分の計算公式を紹介する.

定理 10.1.2 (不定積分の計算公式 Fundamental Formulas)

(i)　$\dfrac{d}{dx}\displaystyle\int f(x)\, dx = f(x)$　（$f(x)$ は連続であるとき）

(ii)　定数 k に対して, $\displaystyle\int k f(x)\, dx = k \int f(x)\, dx$

(iii)　$\displaystyle\int (f(x) \pm g(x))\, dx = \int f(x)\, dx \pm \int g(x)\, dx$　（複号同順）

(iv)　$\displaystyle\int \dfrac{dF(x)}{dx}\, dx = F(x) + C$

証明 Proof　(i)　原始関数の定義 (定義 10.1.1) より明らか.

(ii)　(i) より, $k \displaystyle\int f(x)\, dx$ を微分すると,

$$\frac{d}{dx}\left(k \int f(x)\, dx \right) = k \frac{d}{dx}\left(\int f(x)\, dx \right)$$
$$= k f(x)$$

となる. これは, $k \displaystyle\int f(x)\, dx$ が $k f(x)$ の原始関数 $\displaystyle\int k f(x)\, dx$ になっている

ことを意味する. ゆえに,

$$\int k f(x) \, dx = k \int f(x) \, dx.$$

(iii) $\int f(x) \, dx \pm \int g(x) \, dx$ を微分すると,

$$\frac{d}{dx} \left(\int f(x) \, dx \pm \int g(x) \, dx \right) = \frac{d}{dx} \left(\int f(x) \, dx \right) \pm \frac{d}{dx} \left(\int g(x) \, dx \right)$$

$$= f(x) \pm g(x)$$

となる. これは, $\int f(x) \, dx \pm \int g(x) \, dx$ が $f(x) \pm g(x)$ の原始関数 $\int (f(x) \pm g(x)) \, dx$ になっていることを意味する. ゆえに,

$$\int (f(x) \pm g(x)) \, dx = \int f(x) \, dx \pm \int g(x) \, dx.$$

(iv) $\dfrac{dF(x)}{dx} = f(x)$ とおく. これから $f(x)$ の不定積分は $F(x) + C$ なので,

$$\int f(x) \, dx = F(x) + C$$

となる. $f(x)$ に $\dfrac{dF(x)}{dx}$ を代入すれば, (iv) の結果が得られる. ∎

これまでに学んできた初等的な関数の微分公式 (定理 4.1.4, 4.3.1 等) から, 初等的な関数の不定積分は次のようになる. 公式を丸暗記するよりも, 右辺を微分して左辺の被積分関数に戻ることを常にチェックしながら, 原始関数を求める姿勢が大切である.

定理 10.1.3 (初等関数の不定積分 Indefinite Integrals of Elementary Functions))

 r, a, b は定数とするとき, 次のことが成り立つ.

 (i) $\displaystyle\int x^r \, dx = \frac{1}{r+1} x^{r+1} + C$ (ただし, $r \neq -1$)

 (ii) $\displaystyle\int \frac{1}{x} \, dx = \log |x| + C$

(iii) $\displaystyle\int \cos x\ dx = \sin x + C$

(iv) $\displaystyle\int \sin x\ dx = -\cos x + C$

(v) $\displaystyle\int \frac{1}{\cos^2 x}\ dx = \tan x + C$

(vi) $\displaystyle\int \frac{1}{\sin^2 x}\ dx = -\frac{1}{\tan x} + C$

(vii) $\displaystyle\int e^x\ dx = e^x + C$

(viii) $\displaystyle\int a^x\ dx = \frac{a^x}{\log a} + C \quad (\text{ただし},\ a > 0)$

(ix) $\displaystyle\int \frac{1}{\sqrt{1-x^2}}\ dx = \text{Sin}^{-1}x + C$

(x) $\displaystyle\int \frac{-1}{\sqrt{1-x^2}}\ dx = \text{Cos}^{-1}x + C$

(xi) $\displaystyle\int \frac{1}{1+x^2}\ dx = \text{Tan}^{-1}x + C$

(xii) $\displaystyle\int \frac{1}{x^2-b^2}\ dx = \frac{1}{2b}\log\left|\frac{x-b}{x+b}\right| + C \quad (\text{ただし},\ b \neq 0)$

(xiii) $\displaystyle\int \frac{f'(x)}{f(x)}\ dx = \log|f(x)| + C$

例題 10.1.1 (Example 10.1.1)

$\displaystyle\int \frac{3x+1}{\sqrt{x}}\ dx$ を求めよ.

解答 Solution　$\dfrac{3x+1}{\sqrt{x}} = 3\sqrt{x} + \dfrac{1}{\sqrt{x}} = 3x^{\frac{1}{2}} + x^{-\frac{1}{2}}$ に注意する. すると,

$$\int \frac{3x+1}{\sqrt{x}}\ dx = \int \left(3x^{\frac{1}{2}} + x^{-\frac{1}{2}}\right)\ dx$$

$$= 3\int x^{\frac{1}{2}}\ dx + \int x^{-\frac{1}{2}}\ dx$$

$$= 2x^{\frac{3}{2}} + 2x^{\frac{1}{2}} + C. \quad \cdots (\text{答})$$

練習問題 10.1 (Exercise 10.1)

問 1 次の不定積分を求めよ.

(1) $\displaystyle\int 2\cos x\,dx$

(2) $\displaystyle\int 3^x\,dx$

(3) $\displaystyle\int (1+\tan^2 x)\,dx$

(4) $\displaystyle\int \frac{1+\cos 2x}{\sin^2 x}\,dx$

(5) $\displaystyle\int \left(x-\frac{1}{x}\right)^2\,dx$

(6) $\displaystyle\int \left(\sqrt{x}+\frac{1}{\sqrt{x}}\right)^2\,dx$

問 2 次の各問に答えよ.

(1) $\dfrac{d\cos 2x}{dx}$ を計算せよ.

(2) (1) の結果から, $\dfrac{d\boxed{\text{(a)}}}{dx}=\sin 2x$ の空欄 (a) に入る関数を 1 つ答えよ.

(3) (2) の結果から, $\displaystyle\int \sin 2x\,dx$ を求めよ.

問 3 次の各問に答えよ.

(1) $\dfrac{de^{-x^2}}{dx}$ を計算せよ.

(2) (1) の結果から, $\dfrac{d\boxed{\text{(a)}}}{dx}=xe^{-x^2}$ の空欄 (a) に入る関数を 1 つ答えよ.

(3) (2) の結果から, $\displaystyle\int xe^{-x^2}\,dx$ を求めよ.

問 4 $f(x)$ の原始関数を $F(x)$, a, b を定数とするとき

$$\int f(ax+b)\,dx = \frac{1}{a}F(ax+b)+C$$

が成り立つことを示せ.

10.2 置換積分による不定積分の計算 (Integration by Substitution)

例えば, 不定積分 $\displaystyle\int \frac{1}{4+x^2}\,dx$ は定理 10.1.3 の公式には含まれていない. このような不定積分を計算するには, 積分変数 x に別の関数を代入して, 定理

10.1.3 の公式が利用できるようにしたい. この思いに応える計算法が, 次の
置換積分 (*integration by substitution*) である.

定理 10.2.1 (置換積分 Integration by Substitution))

関数 $y = f(x)$ と $x = \varphi(t)$ について, $\varphi(t)$ が変数 t に関して微分可能であるとき,

$$\int f(x)\, dx = \int f(\varphi(t)) \frac{d\varphi(t)}{dt}\, dt$$

が成り立つ.

注意 10.2.1 (Remark 10.2.1) **(公式の覚え方)** x に $\varphi(t)$ を代入して,

$$\int f(x)\, dx = \int f(\varphi(t))\, d\varphi(t)$$

$$= \int f(\varphi(t)) \frac{d\varphi(t)}{dt}\, dt.$$

ただし, 最後の等式は, 分数計算の感覚で, $d\varphi(t) = \dfrac{d\varphi(t)}{dt} dt$ と書きかえた.

証明 Proof $f(x)$ の原始関数を $F(x)$ とする $\left(\dfrac{dF(x)}{dx} = f(x)$ に注意 $\right)$.

合成関数 $F(\varphi(t))$ を変数 t について微分する. 合成関数の微分公式 (定理 4.2.1)
より,

$$\frac{d}{dt} F(\varphi(t)) = \frac{dF(\varphi)}{d\varphi} \frac{d\varphi(t)}{dt}$$

$$= f(\varphi(t)) \frac{d\varphi(t)}{dt}.$$

定義 10.1.1 より, この関係式は, $f(\varphi(t)) \dfrac{d\varphi(t)}{dt}$ の原始関数が $F(\varphi(t))$ である
ことを意味している. ゆえに,

$$\int f(\varphi(t)) \frac{d\varphi(t)}{dt}\, dt = F(\varphi(t)) + C$$

$$= F(x) + C$$

$$= \int f(x)\, dx$$

となって, 定理が示された.

例題 10.2.1 を解いて, 置換積分の計算に慣れよう.

例題 10.2.1 (Example 10.2.1)

次の不定積分を求めよ.

(1) $\displaystyle \int \frac{1}{4+x^2}\, dx$ (2) $\displaystyle \int \frac{\sin x}{2+\cos x}\, dx$

解答 Solution (1) $x = 2t$ を代入すると, 置換積分 (定理 10.2.1) より,

$$\int \frac{1}{4+x^2}\, dx = \int \frac{1}{4+(2t)^2}\frac{d(2t)}{dt}\, dt$$

$$= \frac{1}{2}\int \frac{1}{1+t^2}\, dt$$

$$= \frac{1}{2}\operatorname{Tan}^{-1} t + C.$$

最後に, $x = 2t \iff t = \dfrac{x}{2}$ を戻して,

$$\int \frac{1}{4+x^2}\, dx = \frac{1}{2}\operatorname{Tan}^{-1}\frac{x}{2} + C. \quad \cdots(答)$$

(読者は, 答の右辺を微分して, 左辺の被積分関数になることを確かめること.)

(2) $2+\cos x = t$ とおく. 置換積分 (定理 10.2.1) より,

$$\int \frac{\sin x}{2+\cos x}\, dx = \int \frac{\sin x}{t}\frac{dx}{dt}\, dt. \quad \cdots(*1)$$

ここで, $2+\cos x = t$ の両辺を変数 x で微分すると, 逆関数の微分 (定理 4.3.2) より,

$$-\sin x = \frac{dt}{dx} \iff \frac{dx}{dt} = -\frac{1}{\sin x}. \quad (分数計算の感覚で)$$

これを $(*1)$ に代入すると,

$$(*1) = \int \frac{\sin x}{t} \times \left(-\frac{1}{\sin x}\right)\, dt$$

$$= -\int \frac{1}{t}\, dt$$

$$= -\log|t| + C.$$

最後に, $t = 2 + \cos x$ を戻して,

$$\int \frac{\sin x}{2 + \cos x} \, dx = -\log(2 + \cos x) + C. \quad \cdots (\text{答})$$

別解として, $f(x) = 2 + \cos x$ とおいて定理 10.1.3 (xiii) を用いてもよい.

置換積分を適用するときに, x にどんな関数を代入すべきか迷うことがある. 当てずっぽうではなかなか答えが得られないので, 最終的に既存の積分公式を使えるように先を読む必要がある.

次の例題 10.2.2 のように, 特殊な操作を施して 2 つの不定積分に分けた後に, 別々の変数変換をする計算もある.

例題 10.2.2 (Example 10.2.2)

不定積分 $\displaystyle \int \frac{3x + 7}{(2x + 3)(1 - x)} \, dx$ を求めるために, 次の各問に答えよ.

(1) 被積分関数を

$$\frac{3x + 7}{(2x + 3)(1 - x)} = \frac{a}{2x + 3} + \frac{b}{1 - x}$$

と書くとき, 定数 a, b の値を求めよ (この操作を**部分分数分解** (*partial fraction decomposition*) という).

(2) 不定積分 $\displaystyle \int \frac{3x + 7}{(2x + 3)(1 - x)} \, dx$ を求めよ.

解答 Solution (1) 右辺を通分すると,

$$(\text{右辺}) = \frac{a(1 - x) + b(2x + 3)}{(2x + 3)(1 - x)}$$

$$= \frac{(-a + 2b)x + (a + 3b)}{(2x + 3)(1 - x)}$$

となる. 分子が $3x + 7$ になればよいので, 係数を比較して,

$$\begin{cases} -a + 2b = 3 \\ a + 3b = 7 \end{cases}$$

を得る. この連立方程式を解くと, $a = 1$, $b = 2$ となる. $\cdots$ (答)

(2) (1) の結果を利用して,

$$\int \frac{3x+7}{(2x+3)(1-x)} \, dx = \int \frac{1}{2x+3} \, dx + \int \frac{2}{1-x} \, dx \quad \cdots (*1)$$

となる. ここで, 分母を 1 つの文字で置きかえるために

$$2x+3 = t \iff x = \frac{t-3}{2},$$

$$1-x = u \iff x = 1-u$$

とおく. 置換積分の公式 (定理 10.2.1) より,

$$(*1) = \int \frac{1}{t} \times \frac{dx}{dt} \, dt + \int \frac{2}{u} \times \frac{dx}{du} \, du$$

$$= \int \frac{1}{t} \times \frac{d}{dt} \frac{t-3}{2} \, dt + \int \frac{2}{u} \times \frac{d(1-u)}{du} \, du$$

$$= \frac{1}{2} \int \frac{1}{t} \, dt - 2 \int \frac{1}{u} \, du$$

$$= \frac{1}{2} \log |t| - 2 \log |u| + C \quad \cdots (*2)$$

となる. $t = 2x+3,\ u = 1-x$ を戻して,

$$(*2) = \frac{1}{2} \log |2x+3| - 2 \log |1-x| + C. \quad \cdots (答)$$

練習問題 10.2 (Exercise 10.2)

問 1 次の不定積分を求めよ.

(1) $\displaystyle \int \frac{1}{\sqrt{4-x^2}} \, dx$
(2) $\displaystyle \int (2+3x)^{\frac{2}{3}} \, dx$
(3) $\displaystyle \int \frac{\log x}{x} \, dx$

(4) $\displaystyle \int \frac{\cos x}{1-2\sin x} \, dx$
(5) $\displaystyle \int e^{3\cos x} \sin x \, dx$
(6) $\displaystyle \int \frac{\sqrt{\tan x}}{\cos^2 x} \, dx$

問 2 不定積分 $\displaystyle \int \frac{x+5}{1-x^2} \, dx$ を求めるために, 次の各問に答えよ.

(1) $\log |1-x^2| + C$ は答えになって**いない**ことを確かめよ.

(2) 被積分関数を

$$\frac{x+5}{1-x^2} = \frac{a}{1+x} + \frac{b}{1-x}$$

と書くとき, 定数 a, b の値を求めよ.

(3) 不定積分 $\displaystyle\int \frac{x+5}{1-x^2}\,dx$ を求めよ.

問 3 不定積分 $I = \displaystyle\int \frac{1}{x^2 - 2x + 10}\,dx$ を求めるために, 次の各問に答えよ.

(1) 被積分関数の分母を $x^2 - 2x + 10 = (x - \boxed{\text{(a)}})^2 + \boxed{\text{(b)}}$ と書きかえるとき, 空欄に当てはまる数値を答えよ.

(2) $x - \boxed{\text{(a)}} = \sqrt{\boxed{\text{(b)}}}\,t$ と置きかえて, 置換積分を適用し, 不定積分 I を求めよ.

10.3　三角関数と無理関数の不定積分 (Integration of Trigonometric and Irrational Functions)

三角関数の不定積分

三角関数の積分を有理関数の積分に変形することを考える. よく使われる変換公式を紹介する.

公式 10.3.1

$t = \tan\dfrac{x}{2}$ とするとき, 次の関係式が成り立つ.
$$\sin x = \frac{2t}{1+t^2},\ \cos x = \frac{1-t^2}{1+t^2},\ \frac{dx}{dt} = \frac{2}{1+t^2}.$$

これらは, 三角関数の倍角の公式と $1 + \tan^2\alpha = \dfrac{1}{\cos^2\alpha}$ を用いて示すことができる.

$$\begin{aligned}
\sin x &= \sin 2\frac{x}{2} \\
&= 2\cos\frac{x}{2}\sin\frac{x}{2} \\
&= 2\left(\cos\frac{x}{2}\right)^2 \tan\frac{x}{2} \\
&= \frac{2\tan\frac{x}{2}}{1 + \tan^2\frac{x}{2}} \\
&= \frac{2t}{1+t^2}.
\end{aligned}$$

$$\cos x = \cos 2\frac{x}{2}$$

$$= \cos^2 \frac{x}{2} - \sin^2 \frac{x}{2}$$

$$= \cos^2 \frac{x}{2} \left(1 - \tan^2 \frac{x}{2}\right)$$

$$= \frac{1 - t^2}{1 + t^2}.$$

合成関数の微分より $u = \dfrac{x}{2}$ とすれば, 次の計算から $\dfrac{dx}{dt} = \dfrac{2}{1 + t^2}$ が得られる.

$$1 = \frac{dt}{dt}$$

$$= \frac{d}{dt} \tan \frac{x}{2}$$

$$= \frac{dx}{dt} \frac{du}{dx} \frac{d}{du} \tan u$$

$$= \frac{dx}{dt} \frac{1}{2} \sec^2 u$$

$$= \frac{1}{2} \frac{1}{\cos^2 \frac{x}{2}} \frac{dx}{dt}$$

$$= \frac{1 + t^2}{2} \frac{dx}{dt}.$$

--- **例題 10.3.1 (Example 10.3.1)** ---

$\displaystyle\int \frac{1}{\sin x} \, dx$ を求めよ.

解答 Solution $t = \tan \dfrac{x}{2}$ とおく.

$$\int \frac{1}{\sin x} \, dx = \int \frac{1}{\frac{2t}{1+t^2}} \frac{2}{1 + t^2} \, dt$$

$$= \int \frac{1}{t} \, dt$$

$$= \log |t| + C$$

$$= \log \left| \tan \frac{x}{2} \right| + C. \quad \cdots (\text{答})$$

注意 10.3.1 (Remark 10.3.1) $\displaystyle\int \frac{1}{\tan x}\, dx$ は $u = \sin x$ とすれば, 置換積分 (定理 10.2.1) より

$$\int \frac{1}{\tan x}\, dx = \int \frac{1}{u}\, du = \log|u| + C = \log|\tan x| + C$$

と簡単に求めることができる. しかし, $t = \tan \dfrac{x}{2}$ とすれば $\displaystyle\int \frac{1}{\tan x}\, dx = \int \frac{1 - t^2}{t(1 + t^2)}\, dt$ となり少し複雑な式になる. このように, 必ずしも変換 $t = \tan \dfrac{x}{2}$ が良いとは限らない.

無理関数の不定積分

無理関数を含む特別な 3 つの形の被積分関数について, 置換積分で不定積分を計算する考え方を紹介する.

● (i) $\displaystyle\int f\left(x, \sqrt[n]{\frac{ax + b}{cx + d}}\, \right) dx \quad (ad \neq bc)$ の型

$t = \sqrt[n]{\dfrac{ax + b}{cx + d}}$ とおく. $x = \dfrac{dt^n - b}{a - ct^n}$, $\dfrac{dx}{dt} = \dfrac{n(ad - bc)t^{n-1}}{(a - ct^n)^2}$ となる.

例題 10.3.2 (Example 10.3.2)

$\displaystyle\int \frac{x}{\sqrt{1 - x}}\, dx$ を求めよ.

解答 Solution $t = \sqrt{1 - x}$ とおく. $x = 1 - t^2$, $\dfrac{dx}{dt} = -2t$ より

$$\int \frac{x}{\sqrt{1 - x}}\, dx = \int \frac{1 - t^2}{t}\, \frac{dx}{dt}\, dt$$

$$= -2 \int (1 - t^2)\, dt$$

$$= 2\left(\frac{1}{3}t^3 - t \right) + C$$

$$= -\frac{2}{3}(x + 2)\sqrt{1 - x} + C. \quad \cdots (\text{答})$$

● (ii) $\displaystyle\int f(x, \sqrt{ax^2 + bx + c})\, dx$　$(a > 0)$ の型

$t = \sqrt{ax^2 + bx + c} - \sqrt{a}x$ とおく.

$$x = \frac{t^2 - c}{b - 2\sqrt{a}t},\ \frac{dx}{dt} = \frac{-2(\sqrt{a}t^2 - bt + \sqrt{a}c)}{(b - 2\sqrt{a}t)^2}.$$

注意 10.3.2 (Remark 10.3.2)　(i) と同様に $t = \sqrt{ax^2 + bx + c}$ とおけば,

$$x = \frac{-b \pm \sqrt{b^2 - 4a(c - t^2)}}{2a}$$

となり, 変数変換しても平方根を消すことができない.

例題 10.3.3 (Example 10.3.3)

$\displaystyle\int \sqrt{1 + x^2}\, dx$ を求めよ.

解答 Solution　$t = \sqrt{1 + x^2} - x$ とおく. $x = \dfrac{1 - t^2}{2t}, \dfrac{dx}{dt} = -\dfrac{1 + t^2}{2t^2}$
より

$$\begin{aligned}
\int \sqrt{1 + x^2}\, dx &= \int \left(t + \frac{1 - t^2}{2t} \right) \frac{dx}{dt}\, dt \\
&= -\int \frac{1 + 2t^2 + t^4}{4t^3}\, dt \\
&= \frac{1}{2} \left(\frac{1}{4t^2} - \log|t| - \frac{t^2}{4} \right) + C \\
&= \frac{1}{2} \left(x\sqrt{1 + x^2} + \log\left| x + \sqrt{1 + x^2} \right| \right) + C. \quad \cdots (\text{答})
\end{aligned}$$

● (iii) $\displaystyle\int f(x, \sqrt{ax^2 + bx + c})\, dx$　$(a < 0,\ b^2 - 4ac > 0)$ の型

判別式の条件から, $ax^2 + bx + c = a(x - \alpha)(x - \beta)$ と因数分解できる. α と β は異なる実数であるので, $\alpha < \beta$ としてもよい.

$$\begin{aligned}
\sqrt{ax^2 + bx + c} &= \sqrt{-a(x - \alpha)^2 \frac{\beta - x}{x - \alpha}} \\
&= \sqrt{-a}(x - \alpha)\sqrt{\frac{\beta - x}{x - \alpha}}
\end{aligned}$$

となり, (i) の場合に帰着される. $t = \sqrt{\dfrac{\beta - x}{x - \alpha}}$　$(\alpha < x < \beta)$ とおく.

$$x = \frac{\alpha t^2 + \beta}{t^2 + 1}, \ \frac{dx}{dt} = \frac{2(\alpha - \beta)t}{(t^2 + 1)^2} \ \text{となる}.$$

例題 10.3.4 (Example 10.3.4)

$\displaystyle\int \frac{x}{\sqrt{2 - x - x^2}} \, dx$ を求めよ.

解答 Solution $-x^2 - x + 2 = -(x - 1)(x + 2)$ より, $\alpha = -2$, $\beta = 1$ とする

る. $t = \sqrt{\dfrac{1 - x}{x + 2}}$ とおく. $x = \dfrac{1 - 2t^2}{1 + t^2}$, $\dfrac{dx}{dt} = \dfrac{-6t}{(1 + t^2)^2}$.

一方, $\sqrt{2 - x - x^2} = \sqrt{(1 - x)(x + 2)} = t(x + 2) = \dfrac{3t}{1 + t^2}$ から

$$\begin{aligned}
\int \frac{x}{\sqrt{2 - x - x^2}} \, dx &= \int \frac{\frac{1 - 2t^2}{1 + t^2}}{\frac{3t}{1 + t^2}} \frac{-6t}{(1 + t^2)^2} \, dt \\
&= 2 \int \frac{2t^2 - 1}{(1 + t^2)^2} \, dt \\
&= 4 \int \frac{1}{1 + t^2} \, dt - 6 \int \frac{1}{(1 + t^2)^2} \, dt \\
&= 4 \tan^{-1} t - 6 \left\{ \frac{1}{2} \tan^{-1} t + \frac{t}{2} \frac{1}{t^2 + 1} \right\} + C \\
&= \tan^{-1} \sqrt{\frac{1 - x}{x + 2}} - \sqrt{2 - x - x^2} + C. \quad \cdots \text{(答)} \ \blacksquare
\end{aligned}$$

最後に残った $a < 0$, $b^2 - 4ac \leq 0$ の場合, すべての x について $ax^2 + bx + c \leq 0$ となるので, 実数の範囲では積分を考えることができない.

練習問題 10.3 (Exercise 10.3)

問 1　不定積分 $\displaystyle\int \frac{1}{1 + \sin x + \cos x} \, dx$ を求めよ.

問 2　次の不定積分を求めよ.

(1) $\displaystyle\int \frac{x}{\sqrt{x + 1} + 1} \, dx$　　　　(2) $\displaystyle\int \frac{x - 3}{\sqrt{x^2 + 2x + 3}} \, dx$

(3) $\displaystyle\int \frac{1}{(1 + x)\sqrt{2 + x - x^2}} \, dx$

10.4　部分積分による不定積分の計算 (Integration by Parts)

例えば, $\displaystyle\int x\sin x\ dx$ のように, 被積分関数が 2 つの関数の積で与えられているとき, 次の**部分積分** (*integration by parts*) を適用することが多い.

定理 10.4.1 (部分積分 Integration by Parts)

$$\int f(x)\frac{dg(x)}{dx}\ dx = \boldsymbol{f(x)g(x)} - \int \frac{\boldsymbol{df(x)}}{\boldsymbol{dx}}\boldsymbol{g(x)}\ \boldsymbol{dx} \quad \cdots (*)$$

注意 10.4.1 (Remark 10.4.1)　以下の証明を注意深く読むとわかるように, 部分積分の公式で,

$$\int f(x)\frac{dg(x)}{dx}\ dx = f(x)g(x) + C - \int \frac{df(x)}{dx}g(x)\ dx \quad \cdots (**)$$

のように積分定数 C を残す場合もある. $(**)$ は, $\displaystyle\int e^x\cos x\ dx$ のような不定積分を求めるときに, 自然に積分定数が現れるので便利.

証明 Proof　積の微分公式 (定理 4.1.3 (iii)) より,

$$\frac{d}{dx}(f(x)g(x)) = \frac{df(x)}{dx}g(x) + f(x)\frac{dg(x)}{dx}$$

となる. 定義 10.1.1 に従うと, これは $\dfrac{df(x)}{dx}g(x) + f(x)\dfrac{dg(x)}{dx}$ の原始関数 (の 1 つ) が $f(x)g(x)$ であることを意味する. したがって,

$$\int \left\{ \frac{df(x)}{dx}g(x) + f(x)\frac{dg(x)}{dx} \right\}\ dx = f(x)g(x) \quad (+\ C)$$

$$\Longleftrightarrow \quad \int \frac{df(x)}{dx}g(x)\ dx + \int f(x)\frac{dg(x)}{dx}\ dx = f(x)g(x) \quad (+\ C)$$

となる. 後は, 左辺の $\displaystyle\int \frac{df(x)}{dx}g(x)\ dx$ を右辺に移項すればよい. ∎

部分積分は, 符号間違いや微分・積分の混同をしやすいので, 学生が苦手意識を感じるものである. 例題 10.4.1 を解いて, 部分積分の使い方に細心の注意を払おう.

例題 10.4.1 (Example 10.4.1)

次の不定積分を求めよ.

(1) $\displaystyle\int x\sin x\ dx$ 　　　　　　(2) $\displaystyle\int x^2\cos 2x\ dx$

解答 Solution (1) $\sin x = \dfrac{d(-\cos x)}{dx}$ に注意して, 部分積分の公式 (定理 10.4.1) を適用すると,

$$\int x\sin x\ dx = \int x\frac{d(-\cos x)}{dx}\ dx$$
$$= x\times(-\cos x) - \int \frac{dx}{dx}\times(-\cos x)\ dx$$
$$= -x\cos x + \int \cos x\ dx$$
$$= -x\cos x + \sin x + C. \quad\cdots(答)$$

(2) $\cos 2x = \dfrac{d}{dx}\left(\dfrac{1}{2}\sin 2x\right)$ に注意して, 部分積分の公式 (定理 10.4.1) を適用すると,

$$\int x^2\cos 2x\ dx = \int x^2\frac{d}{dx}\left(\frac{1}{2}\sin 2x\right)\ dx$$
$$= x^2\times\left(\frac{1}{2}\sin 2x\right) - \int \frac{dx^2}{dx}\times\left(\frac{1}{2}\sin 2x\right)\ dx$$
$$= \frac{1}{2}x^2\sin 2x - \int x\sin 2x\ dx \quad\cdots(*1)$$

となる. ここで, $\sin 2x = \dfrac{d}{dx}\left(-\dfrac{1}{2}\cos 2x\right)$ に注意して, 部分積分の公式 (定理 10.4.1) を再び適用すると,

$$(*1) = \frac{1}{2}x^2\sin 2x - \int x\frac{d}{dx}\left(-\frac{1}{2}\cos 2x\right)\ dx$$
$$= \frac{1}{2}x^2\sin 2x - \left\{x\times\left(-\frac{1}{2}\cos 2x\right) - \int \frac{dx}{dx}\times\left(-\frac{1}{2}\cos 2x\right)\ dx\right\}$$
$$= \frac{1}{2}x^2\sin 2x + \frac{1}{2}x\cos 2x - \frac{1}{2}\int \cos 2x\ dx$$
$$= \frac{1}{2}x^2\sin 2x + \frac{1}{2}x\cos 2x - \frac{1}{4}\sin 2x + C. \quad\cdots(答)$$

　部分積分を何度か繰り返すと, もとの不定積分と同じものが出てくる場合がある. このようなときには, 注意 10.4.1 で示したタイプの部分積分の公式を用いると自然に積分定数が出てくる.

例題 10.4.2 (Example 10.4.2)

不定積分 $\displaystyle\int e^x \cos x \ dx$ を求めよ.

解答 Solution　　$I = \displaystyle\int e^x \cos x \ dx$ とおく.

　$\cos x = \dfrac{d \sin x}{dx}$ に注意して, 部分積分の公式 (注意 10.4.1(**)) を適用すると,

$$I = \int e^x \frac{d \sin x}{dx} \ dx$$

$$= e^x \sin x + C - \int \frac{de^x}{dx} \sin x \ dx$$

$$= e^x \sin x + C - \int e^x \sin x \ dx$$

となる. ここで, $\sin x = \dfrac{d(-\cos x)}{dx}$ に注意して, 部分積分の公式 (定理 10.4.1) を適用すると,

$$I = e^x \sin x + C - \int e^x \frac{d(-\cos x)}{dx} \ dx$$

$$= e^x \sin x + C - \left\{ e^x \times (-\cos x) - \int \frac{de^x}{dx} \times (-\cos x) \ dx \right\}$$

$$= e^x \sin x + C + e^x \cos x - \int e^x \cos x \ dx$$

$$= e^x \sin x + e^x \cos x + C - I.$$

右辺の I を移項すると,

$$2I = e^x \sin x + e^x \cos x + C$$

$$\Longleftrightarrow \quad I = \frac{e^x \sin x + e^x \cos x + C}{2}. \quad \cdots (\text{答})$$

最後に, 定理 10.2.1 と定理 10.4.1 の証明から, 置換積分と部分積分の公式が関数の積の微分と合成関数の微分の公式の書き換えであることを再確認してもらいたい.

練習問題 10.4 (Exercise 10.4)

問 1　次の不定積分を求めよ.

$$(1)\ \int xe^x\,dx \qquad (2)\ \int x\cos x\,dx \qquad (3)\ \int x\sin 3x\,dx$$

$$(4)\ \int x^2 e^x\,dx \qquad (5)\ \int x\log x\,dx \qquad (6)\ \int \log x\,dx$$

問 2　不定積分 $\displaystyle\int e^x \sin x\,dx$ を求めよ.

問 3　不定積分 $\displaystyle I = \int e^{2x}\sin 3x\,dx$ を求めるために, 次の各問に答えよ.

(1)　$\sin 3x = \dfrac{d\,\boxed{\text{(a)}}}{dx}$ と $\cos 3x = \dfrac{d\,\boxed{\text{(b)}}}{dx}$ の空欄に入る関数を答えよ.

(2)　$\dfrac{de^{2x}}{dx}$ を答えよ.

(3)　部分積分を 2 回することで, I を求めよ.

問 4　不定積分 $\displaystyle\int \mathrm{Sin}^{-1}x\,dx$ を求めよ. ただし, Sin^{-1} は sin の逆関数である.

第 11 章

定積分

DEFINITE INTEGRAL

直感的に, 定積分とは座標平面上の曲線 $y = f(x)$, x 軸と 2 直線 $x = a$, $x = b$ $(a < b)$ で囲まれる図形 F の (± 符号付き) 面積である. 曲線がすべて x 軸より上にあれば面積の符号は正になり, 下にあれば面積の符号は負となる.

11.1 定積分の定義 (Definition of Definite Integral)

話を簡単にするため, 関数 $f(x)$ は $f(x) \geq 0$ を満たすと仮定する. 図形 F の面積を求めるために, 図形 F を複数の長方形 (棒グラフと見てもよい) で近似して, 長方形の集まりの総面積を求め, 次に長方形の幅を小さくする極限を取る.

より数学的に図形 F の面積を数式化しよう. x 軸上の区間 $[a, b]$ を

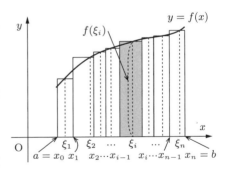

図 11.1　定積分の考え方

n 個の微小区間 $[x_{i-1}, x_i]$ $(i = 1, 2, \cdots, n)$ に分割し, それぞれを各長方形の横の長さ (幅) とする. そして, $y = f(\xi_i)$ $(x_{i-1} \leq \xi_i \leq x_i)$ を長方形の高さとする (図 11.1). すると, この長方形の面積は $f(\xi_i)(x_i - x_{i-1})$ となる. 区間 $[a, b]$

上にある長方形の総面積は,

$$\sum_{i=1}^{n} f(\xi_i)(x_i - x_{i-1}) \quad \cdots (*)$$

となる. (*) を, 関数 $f(x)$ の区間 $[a, b]$ 上における**リーマン和** (*Riemann sum*) という.

　長方形の幅を小さくする極限を数学的に表現するために,

$$\Delta = \max_{1 \leq i \leq n} (x_i - x_{i-1})$$

という量を導入する. これを**分割の幅** (*width of partition*) といい, 長方形の幅のうちで最も大きいものを表す. 区間 $[a, b]$ の分割を細かくすることは, $\Delta \to 0$ の極限を取ることと同じである. この場合, $n \to \infty$ となることに注意する. したがって, 図形 F の面積は,

$$\lim_{\Delta \to 0} (*) = \lim_{\Delta \to 0} \left\{ \sum_{i=1}^{n} f(\xi_i)(x_i - x_{i-1}) \right\}$$

という計算で与えられるであろう. この極限は $f(x) \geq 0$ と仮定する必要はないが, 図形の面積と関係付けて説明した. ここまでの考察を定義の形でまとめよう.

> ### 定義 11.1.1 (定積分 Definite Integral)
>
> 　$f(x)$ は区間 $[a, b]$ で定義された関数とする. 区間 $[a, b]$ を分割 (等間隔とは限らない) し, その分点を $a = x_0 < x_1 < \cdots < x_{n-1} < x_n = b$ とする. 分割の幅を $\Delta = \max_{1 \leq i \leq n} (x_i - x_{i-1})$ とおく. さらに, 微小区間 $[x_{i-1}, x_i]$ から ξ_i を選ぶ. ここで, 極限
>
> $$\lim_{\Delta \to 0} \left\{ \sum_{i=1}^{n} f(\xi_i)(x_i - x_{i-1}) \right\} \quad \cdots (*)$$
>
> が存在し, その値が, 区間 $[a, b]$ の分割方法や $\xi_i \in [x_{i-1}, x_i]$ の選び方によらず一定になるとき, 関数 $f(x)$ は区間 $[a, b]$ 上で**リーマン積分可能** (*Riemann integrable*), または**定積分可能** (*definite integrable*) という. このとき, 極限 (*) を関数 $f(x)$ の区間 $[a, b]$ における**定積分** (*definite integral*), または

リーマン積分 (*Riemann integral*) といい,

$$\int_a^b f(x)\ dx \quad \cdots (**)$$

と書く.

注意 11.1.1 (Remark 11.1.1) 記号 $\int$ を**インテグラル** (*integral*) という. integral は integrate の派生語で, 「寄せ集める」という意味がある. (**) は, 位置 x 付近にある細長い長方形の面積 $f(x)\ dx$ を寄せ集めることを意味している.

注意 11.1.2 (Remark 11.1.2) 関数 $f(x)$ が閉区間 $[a,b]$ で連続ならば, 定積分可能であることが知られている.

定積分の定義 (定義 11.1.1) から, ただちに次の定理を導くことができる.

定理 11.1.2 (定積分の性質 Properties of Definite Integral)
$f(x),\ g(x)$ は区間 $[a,b]$ 上で定積分可能とする. このとき,

(i) 定数 k に対して, $kf(x)$ も区間 $[a,b]$ 上で定積分可能で,

$$\int_a^b kf(x)\ dx = k\int_a^b f(x)\ dx.$$

(ii) $f(x) \pm g(x)$ も区間 $[a,b]$ 上で定積分可能で,

$$\int_a^b \{f(x) \pm g(x)\}\ dx = \int_a^b f(x)\ dx \pm \int_a^b g(x)\ dx. \quad (複号同順)$$

(iii) $a < c < b$ を満たす c に対して,

$$\int_a^b f(x)\ dx = \int_a^c f(x)\ dx + \int_c^b f(x)\ dx.$$

(iv) $f(x) \leq g(x)$ ならば,

$$\int_a^b f(x)\ dx \leq \int_a^b g(x)\ dx.$$

注意 11.1.3 (Remark 11.1.3) 定義 11.1.1 で区間 $[a,b]$ の分割を等間隔にしなかったのは, 定理 11.1.2(iii) を証明しやすくするためである.

注意 11.1.4 (Remark 11.1.4) $a < b$ のとき,

$$\int_b^a f(x)\, dx = -\int_a^b f(x)\, dx$$

と取り決める.

次に, 定積分と不定積分の関係を述べる.

定理 11.1.3 (解析学の基本定理 Fundamental Theorem of Calculus)
関数 $f(x)$ は区間 $[a, b]$ で連続とする. このとき, $a < x < b$ を満たす変数 x について,

$$\frac{d}{dx}\int_a^x f(t)\, dt = f(x).$$

証明 Proof $F(x) = \displaystyle\int_a^x f(t)\, dt$ とおく. 微小な $h > 0$ の場合に対してのみ示す (図 11.2).

$$\frac{F(x+h) - F(x)}{h} = \frac{1}{h}\left\{\int_a^{x+h} f(t)\, dt - \int_a^x f(t)\, dt\right\}$$

$$= \frac{1}{h}\int_x^{x+h} f(t)\, dt \quad \cdots (*1)$$

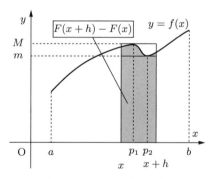

図 11.2 $F(x+h) - F(x)$

関数 $f(x)$ は連続だから, 区間 $[x, x+h]$ において, 最大値 M と最小値 m を取る (定理 3.2.4 を参照). $M = f(p_1)$, $m = f(p_2)$ $(x \le p_1, p_2 \le x+h)$ と

おく. すると, $x \le t \le x+h$ のとき,

$$m \le f(t) \le M$$

となるので, (∗1) と定理 11.1.2(iv) より,

$$\frac{1}{h}\int_x^{x+h} m\, dx \le \frac{F(x+h)-F(x)}{h} \le \frac{1}{h}\int_x^{x+h} M\, dx$$

$$\Longleftrightarrow \quad m = f(p_2) \le \frac{F(x+h)-F(x)}{h} \le f(p_1) = M \quad \cdots (\ast 2)$$

となる. $x \le p_1, p_2 \le x+h$ より, $h \to +0$ のとき, $p_1, p_2 \to x$ となることに注意する. したがって, (∗2) とはさみうちの原理から,

$$\lim_{h \to +0} \frac{F(x+h)-F(x)}{h} = f(x)$$

$h \to -0$ についても上と同じ結論を得るので, $F'(x) = f(x)$ となる. ▮

定理 11.1.3 より, $\displaystyle\int_a^x f(x)\, dx$ が $f(x)$ の原始関数の 1 つになることがわかる. ゆえに, $f(x)$ の原始関数を $F(x)$ とすると,

$$\int_a^x f(x)\, dx = F(x) + C$$

が成り立つ.

$$x = b \quad \Longrightarrow \quad \int_a^b f(x)\, dx = F(b) + C \quad \cdots (\ast 1)$$

$$x = a \quad \Longrightarrow \quad 0 = F(a) + C \quad \cdots (\ast 2)$$

なので, (∗1) − (∗2) より, 次の定理が得られる.

定理 11.1.4 (定積分と原始関数 Definite Integral & Primitive Function)
$f(x)$ の原始関数を $F(x)$ とするとき,

$$\int_a^b f(t)\, dt = F(b) - F(a).$$

注意 11.1.5 (Remark 11.1.5) 定理 11.1.4 の右辺にある $F(b) - F(a)$ を

$$\Big[F(x)\Big]_a^b, \quad \Big[F(x)\Big]_{x=a}^{x=b}, \quad F(x)\Big|_a^b, \quad F(x)\Big|_{x=a}^{x=b}$$

と書く. 日本では $\left[F(x)\right]_a^b$ を使うが, $F(x)\Big|_a^b$ を使う国もある.

例題 11.1.1 (Example 11.1.1)

定積分 $\displaystyle\int_{\frac{\pi}{4}}^{\frac{\pi}{3}} \frac{1}{\sin^2 x}\ dx$ を求めよ.

解答 Solution　$\dfrac{1}{\sin^2 x} = \dfrac{d}{dx}\left(-\dfrac{1}{\tan x}\right)$ より, $\dfrac{1}{\sin^2 x}$ の原始関数は,

$-\dfrac{1}{\tan x}$ である. したがって, 定理 11.1.4 より,

$$\int_{\frac{\pi}{4}}^{\frac{\pi}{3}} \frac{1}{\sin^2 x}\ dx = \left[-\frac{1}{\tan x}\right]_{\frac{\pi}{4}}^{\frac{\pi}{3}}$$

$$= 1 - \frac{1}{\sqrt{3}}. \quad \cdots (答)$$

練習問題 11.1 (Exercise 11.1)

問 1　次の定積分を求めよ.

(1) $\displaystyle\int_0^{\frac{\pi}{6}} \frac{1}{\cos^2 x}\ dx$

(2) $\displaystyle\int_0^1 \sqrt{x}\ dx$

(3) $\displaystyle\int_0^\pi \sin x\ dx$

(4) $\displaystyle\int_0^1 e^x(1 + e^{-x})\ dx$

(5) $\displaystyle\int_1^2 \frac{1+x}{x}\ dx$

(6) $\displaystyle\int_{\frac{\pi}{2}}^\pi \sqrt{1 + \cos 2x}\ dx$

問 2　次の各問に答えよ.

(1) $\dfrac{d\sin 3x}{dx}$ を計算せよ.

(2) (1) の結果から, $\dfrac{d\ \boxed{\text{(a)}}}{dx} = \cos 3x$ の空欄 $\boxed{\text{(a)}}$ に入る関数を 1 つ答えよ.

(3) (2) の結果から, 定積分 $\displaystyle\int_0^\pi \cos 3x\ dx$ を求めよ.

問 3 次の各問に答えよ.

(1) $\dfrac{de^{-x^2}}{dx}$ を計算せよ.

(2) (1) の結果から, $\dfrac{d\boxed{\text{(a)}}}{dx} = xe^{-x^2}$ の空欄 $\boxed{\text{(a)}}$ に入る関数を1つ答えよ.

(3) (2) の結果から, 定積分 $\displaystyle\int_0^1 xe^{-x^2}\,dx$ を求めよ.

11.2 置換積分による定積分の計算 (Integration by Substitution)

例えば, $\displaystyle\int_0^2 \dfrac{1}{4+x^2}\,dx$ のような定積分を計算するには, 積分変数 x に別の関数を代入して, 原始関数が容易にわかる形に帰着させたい. この思いに応える計算法が, 次の**置換積分** (*integration by substitution*) である.

定理 11.2.1 (置換積分 Integration by Substitution)
微分可能な関数 $x = \varphi(t)$ について, $a = \varphi(\alpha)$, $b = \varphi(\beta)$ のとき,

$$\int_a^b f(x)\,dx = \int_\alpha^\beta f(\varphi(t))\frac{d\varphi(t)}{dt}\,dt$$

が成り立つ.

注意 11.2.1 (Remark 11.2.1) 次の2点に注意.

- 被積分関数の中に $\dfrac{d\varphi(t)}{dt}$ が現れる.

- 積分範囲が $a \to b$ から $\alpha \to \beta$ に変わる.

証明 Proof $\dfrac{dF(x)}{dx} = f(x)$ とする. 合成関数の微分 (定理 4.2.1) より,

$$\frac{d}{dt}F(\varphi(t)) = f(\varphi(t))\frac{d\varphi(t)}{dt}$$

となるので,

$$\int_a^b f(x)\,dx = F(b) - F(a)$$

$$= F(\varphi(\beta)) - F(\varphi(\alpha))$$

$$= \int_{\alpha}^{\beta} \frac{d}{dt} F(\varphi(t)) \, dt$$

$$= \int_{\alpha}^{\beta} f(\varphi(t)) \frac{d\varphi(t)}{dt} \, dt.$$

例題 11.2.1 を通して, 定理 11.2.1 の使い方に慣れよう.

例題 11.2.1 (Example 11.2.1)

次の定積分を求めよ.

(1) $\displaystyle\int_{0}^{2} \frac{1}{4+x^2} \, dx$　　　　(2) $\displaystyle\int_{0}^{\frac{\pi}{2}} \sqrt{2 + \cos x} \, \sin x \, dx$

解答 Solution (1)　$x = 2t$ とおくと, 変数 t の範囲は,

x	0	$\rightarrow$	2
t	0	$\rightarrow$	1

となる. これに注意して, 置換積分の公式 (定理 11.2.1) を適用すると,

$$\int_{0}^{2} \frac{1}{4+x^2} \, dx = \int_{0}^{1} \frac{1}{4+(2t)^2} \frac{d(2t)}{dt} \, dt$$

$$= \frac{1}{2} \int_{0}^{1} \frac{1}{1+t^2} \, dt$$

$$= \frac{1}{2} \Big[\mathrm{Tan}^{-1} t \Big]_{0}^{1}$$

$$= \frac{1}{2} \left(\frac{\pi}{4} - 0 \right)$$

$$= \frac{\pi}{8}. \quad \cdots (答)$$

(2)　$t = 2 + \cos x$ とおくと, 変数 t の範囲は,

x	0	$\rightarrow$	$\dfrac{\pi}{2}$
t	3	$\rightarrow$	2

となる. これに注意して, 置換積分の公式 (定理 11.2.1) を適用すると,

$$\int_0^{\frac{\pi}{2}} \sqrt{2 + \cos x}\ \sin x\ dx = \int_3^2 \sqrt{t}\ \sin x \times \frac{dx}{dt}\ dt. \quad \cdots (*1)$$

$$(t\ \text{の値は減るが, この順番で書く.})$$

ここで, $\dfrac{dx}{dt}$ を求めるために, $t = 2 + \cos x$ の両辺を変数 x で微分すると,

$$\frac{dt}{dx} = -\sin x \iff \frac{dx}{dt} = -\frac{1}{\sin x}$$

となることに注意して, (*1) にこれを代入する.

$$(*1) = \int_3^2 \sqrt{t}\ \sin x \times \left(-\frac{1}{\sin x}\right)\ dt$$

$$= -\int_3^2 t^{\frac{1}{2}}\ dt$$

$$= -\left[\frac{2}{3} t^{\frac{3}{2}}\right]_3^2$$

$$= -\left(\frac{4\sqrt{2}}{3} - \frac{6\sqrt{3}}{3}\right)$$

$$= \frac{6\sqrt{3} - 4\sqrt{2}}{3}. \quad \cdots (答)$$

練習問題 11.2 (Exercise 11.2)

問 1 次の定積分を求めよ.

(1) $\displaystyle\int_0^1 \frac{1}{\sqrt{4 - x^2}}\ dx$ (2) $\displaystyle\int_0^1 \frac{1}{3x + 1}\ dx$

(3) $\displaystyle\int_0^1 x \sin \pi x^2\ dx$ (4) $\displaystyle\int_0^3 \sqrt{9 - x^2}\ dx$

(5) $\displaystyle\int_0^\pi \frac{\sin x}{2 - \cos x}\ dx$ (6) $\displaystyle\int_0^{\frac{\pi}{4}} \tan x\ dx$

問 2 定積分 $\displaystyle\int_0^1 \frac{x + 4}{x^2 + 3x + 2}\ dx$ を求めるために, 次の各問に答えよ.

(1) $\log|x^2 + 3x + 2|$ は被積分関数の原始関数では**ない**ことを確かめよ.

(2) $\dfrac{x + 4}{x^2 + 3x + 2} = \dfrac{a}{x + 1} + \dfrac{b}{x + 2}$ が成り立つように, 定数 a, b を

定めよ.

(3) 定積分 $\displaystyle\int_0^1 \dfrac{x+4}{x^2+3x+2}\ dx$ を求めよ.

問3 (分母が実数の世界で因数分解できない場合) 定積分 $\displaystyle\int_{-1}^1 \dfrac{6x+2}{x^2+2x+5}\ dx$ を求めるために, 次の各問に答えよ.

(1) $\log|x^2+2x+5|$ は被積分関数の原始関数では**ない**ことを確かめよ.

(2) $\dfrac{6x+2}{x^2+2x+5} = \dfrac{a(x^2+2x+5)'}{x^2+2x+5} + \dfrac{b}{x^2+2x+5}$ が成り立つように, 定数 a, b を定めよ.

(3) $t=x^2+2x+5$, $2u=x+1$ とおいて, 定積分 $\displaystyle\int_{-1}^1 \dfrac{6x+2}{x^2+2x+5}\ dx$ を求めよ.

11.3　部分積分による定積分の計算 (Integration by Parts)

$\displaystyle\int_0^\pi x\sin x\ dx$ のように, 被積分関数が2つの関数の積で与えられているとき, 次の**部分積分** (*integration by parts*) を適用することが多い.

定理 11.3.1 (部分積分 Integration by Parts)

$$\int_a^b f(x)\frac{dg(x)}{dx}\ dx = \Big[f(x)g(x)\Big]_a^b - \int_a^b \frac{df(x)}{dx}g(x)\ dx$$

証明 Proof　積の微分公式 (定理 4.1.3(iii)) より,

$$\frac{d}{dx}\{f(x)g(x)\} = \frac{df(x)}{dx}g(x) + f(x)\frac{dg(x)}{dx}.$$

だから, $\dfrac{df(x)}{dx}g(x)+f(x)\dfrac{dg(x)}{dx}$ の原始関数は, $f(x)g(x)$ である. したがって,

$$\int_a^b \left\{\frac{df(x)}{dx}g(x) + f(x)\frac{dg(x)}{dx}\right\}\ dx = \Big[f(x)g(x)\Big]_a^b$$

$$\Longleftrightarrow\quad \int_a^b \frac{df(x)}{dx}g(x)\ dx + \int_a^b f(x)\frac{dg(x)}{dx}\ dx = \Big[f(x)g(x)\Big]_a^b$$

となる. 後は, 左辺第1項を右辺に移項すれば定理が得られる. ∎

例題 11.3.1 (Example 11.3.1)

次の定積分を求めよ.

(1) $\displaystyle\int_0^\pi x \sin x\, dx$

(2) $\displaystyle\int_0^\pi e^{3x} \sin 2x\, dx$

解答 Solution (1) $\sin x = \dfrac{d(-\cos x)}{dx}$ に注意して, 定理 11.3.1 より,

$$\int_0^\pi x \sin x\, dx = \int_0^\pi x \frac{d(-\cos x)}{dx}\, dx$$

$$= \Big[x \times (-\cos x)\Big]_0^\pi - \int_0^\pi \frac{dx}{dx} \times (-\cos x)\, dx$$

$$= \pi + \int_0^\pi \cos x\, dx$$

$$= \pi + \Big[\sin x\Big]_0^\pi$$

$$= \pi. \quad \cdots (答)$$

(2) $I = \displaystyle\int_0^\pi e^{3x} \sin 2x\, dx$ とおく. $\sin 2x = \dfrac{d}{dx}\left(-\dfrac{1}{2}\cos 2x\right)$ に注意して, 定理 11.3.1 より,

$$I = \int_0^\pi e^{3x} \frac{d}{dx}\left(-\frac{1}{2}\cos 2x\right)\, dx$$

$$= \left[e^{3x} \times \left(-\frac{1}{2}\cos 2x\right)\right]_0^\pi - \int_0^\pi \frac{de^{3x}}{dx} \times \left(-\frac{1}{2}\cos 2x\right)\, dx$$

$$= -\frac{1}{2}e^{3\pi} + \frac{1}{2} + \frac{3}{2}\int_0^\pi e^{3x}\cos 2x\, dx.$$

ここで, $\cos 2x = \dfrac{d}{dx}\left(\dfrac{1}{2}\sin 2x\right)$ に注意して, 再び定理 11.3.1 より,

$$I = -\frac{1}{2}e^{3\pi} + \frac{1}{2} + \frac{3}{2}\left\{\left[e^{3x} \times \frac{1}{2}\sin 2x\right]_0^\pi - \int_0^\pi \frac{de^{3x}}{dx} \times \frac{1}{2}\sin 2x\, dx\right\}$$

$$= -\frac{1}{2}e^{3\pi} + \frac{1}{2} - \frac{9}{4}I$$

となる. 右辺の $-\dfrac{9}{4}I$ を左辺に移項して, $I = \dfrac{2}{13}(1 - e^{3\pi}).$ $\cdots$ (答)

練習問題 11.3 (Exercise 11.3)

問 1　次の定積分を求めよ.

(1) $\displaystyle\int_0^\pi x\cos x\ dx$　　(2) $\displaystyle\int_0^1 x^2 e^x\ dx$　　(3) $\displaystyle\int_0^\pi e^x\cos x\ dx$

(4) $\displaystyle\int_1^e x^2\log x\ dx$　　(5) $\displaystyle\int_1^e \log x\ dx$　　(6) $\displaystyle\int_0^\pi e^{-x}\cos 2x\ dx$

問 2　定積分 $\displaystyle\int_0^{\frac{1}{2}} \mathrm{Cos}^{-1}x\ dx$ を求めよ. ただし, Cos^{-1} は cos の逆関数である.

問 3　定積分 $\displaystyle\int_0^1 \mathrm{Tan}^{-1}x\ dx$ を求めよ. ただし, Tan^{-1} は tan の逆関数である.

第 12 章

広義積分

IMPROPER INTEGRAL

　定積分の定義 (定義 11.1.1) の中で明言していないが, 関数 $y = f(x)$ が $\pm\infty$ に発散しないことと, 区間 $[a, b]$ の幅が有限であることを仮定していた. なぜなら, 定義では, (i) ξ_i の選び方に応じて, 長方形の面積 $f(\xi_i)(x_i - x_{i-1})$ がいくらでも大きくなるのは困るし, (ii) 区間の分割で小区間の幅 $x_i - x_{i-1}$ がいくらでも大きくなるのは困るからである. この章では, 定義 11.1.1 に基づく定積分ができない状況下で, 定積分 "もどき" の計算法を学ぶ.

12.1　被積分関数が発散する場合 (Case 1：Divergent Integrand)

　まず, 区間 $[a, b]$ の端点 $x = a$ で関数 $y = f(x)$ が発散する場合を考える (図 12.1). 小さな $\varepsilon > 0$ について,

$$\int_{a+\varepsilon}^{b} f(x)\,dx \quad \cdots (*)$$

は計算可能である (わずかながらも発散する位置を回避してるから). まず, $(*)$ を計算してから, $\varepsilon \to +0$ としたとき, 極限をもつなら, その極限値を $\int_{a}^{b} f(x)\,dx$ の値とする. 以上の内容を定義としてまとめておこう.

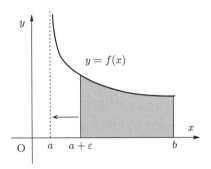

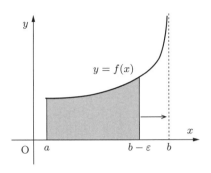

図 12.1　広義積分 ($x = a$ で発散する関数の場合)

図 12.2　広義積分 ($x = b$ で発散する関数の場合)

定義 12.1.1 (広義積分 1 Improper Integral 1)

(i) 区間 $(a, b]$ で定義された関数 $f(x)$ が $x \to a + 0$ のとき $\pm\infty$ に発散する場合,

$$\int_a^b f(x) \, dx = \lim_{\varepsilon \to +0} \int_{a+\varepsilon}^b f(x) \, dx \quad \cdots (*)$$

と定める (図 12.1).

(ii) 区間 $[a, b)$ で定義された関数 $f(x)$ が $x \to b - 0$ のとき $\pm\infty$ に発散する場合,

$$\int_a^b f(x) \, dx = \lim_{\varepsilon \to +0} \int_a^{b-\varepsilon} f(x) \, dx \quad \cdots (**)$$

と定める (図 12.2).

　極限 $(*)$ および $(**)$ を関数 $f(x)$ の区間 $[a, b]$ における**広義積分** (*improper integral*) という. 極限 $(*)$ または $(**)$ が実数の値で存在するとき, 広義積分は**収束する** (*converge*) といい, 存在しないとき, 広義積分は**発散する** (*diverge*) という.

例題 12.1.1 (Example 12.1.1)

次の広義積分の収束・発散を調べよ.

(1) $\displaystyle\int_0^1 \frac{1}{\sqrt{x}}\,dx$ (2) $\displaystyle\int_0^1 \frac{1}{x-1}\,dx$

解答 Solution (1) 被積分関数の分母が 0 になるところで発散する. つまり, $x=0$ で被積分関数は ∞ に発散している. ゆえに, 広義積分となり,

$$
\begin{aligned}
\int_0^1 \frac{1}{\sqrt{x}}\,dx &= \lim_{\varepsilon \to +0} \int_\varepsilon^1 x^{-\frac{1}{2}}\,dx \\
&= \lim_{\varepsilon \to +0} \left[2x^{\frac{1}{2}} \right]_\varepsilon^1 \\
&= \lim_{\varepsilon \to +0} (2 - 2\varepsilon^{\frac{1}{2}}) \\
&= 2 \ (\text{収束}). \quad \cdots (\text{答})
\end{aligned}
$$

(2) $x=1$ で被積分関数は $-\infty$ に発散している. ゆえに, 広義積分となり,

$$
\begin{aligned}
\int_0^1 \frac{1}{x-1}\,dx &= \lim_{\varepsilon \to +0} \int_0^{1-\varepsilon} \frac{1}{x-1}\,dx \\
&= \lim_{\varepsilon \to +0} \left[\log|x-1| \right]_0^{1-\varepsilon} \\
&= \lim_{\varepsilon \to +0} (\log\varepsilon - 0) \\
&= -\infty \ (\text{発散}). \quad \cdots (\text{答})
\end{aligned}
$$

広義積分の計算で, 最後に $\varepsilon \to +0$ の極限を取るときに, ロピタルの定理 (定理 8.1.1, 定理 8.2.1) を利用することもある.

例題 12.1.2 (Example 12.1.2)

広義積分 $\displaystyle\int_0^1 \log x\,dx$ の収束・発散を調べよ.

解答 Solution $x=0$ で被積分関数 $\log x$ は $-\infty$ に発散する. ゆえに, 広

義積分として,

$$\int_0^1 \log x \ dx = \lim_{\varepsilon \to +0} \int_\varepsilon^1 \log x \ dx \quad \cdots (*1)$$

を計算すればよい. $\log x = 1 \times \log x = \dfrac{dx}{dx} \log x$ と見て, 部分積分の公式 (定理 11.3.1) を用いると,

$$(*1) = \lim_{\varepsilon \to +0} \int_\varepsilon^1 \frac{dx}{dx} \log x \ dx$$

$$= \lim_{\varepsilon \to +0} \left\{ \Big[x \log x \Big]_\varepsilon^1 - \int_\varepsilon^1 x \frac{d \log x}{dx} \ dx \right\}$$

$$= \lim_{\varepsilon \to +0} \left\{ -\varepsilon \log \varepsilon - \int_\varepsilon^1 x \times \frac{1}{x} \ dx \right\}$$

$$= \lim_{\varepsilon \to +0} \left\{ -\varepsilon \log \varepsilon - \Big[x \Big]_\varepsilon^1 \right\}$$

$$= \lim_{\varepsilon \to +0} \left\{ -\varepsilon \log \varepsilon - (1 - \varepsilon) \right\} \quad \cdots (*2)$$

となる. ここで, ロピタルの定理 (定理 8.2.1) より, または例題 8.2.1(1) より

$$\lim_{\varepsilon \to +0} \varepsilon \log \varepsilon = \lim_{\varepsilon \to +0} \frac{\log \varepsilon}{\dfrac{1}{\varepsilon}}$$

$$= \lim_{\varepsilon \to +0} \frac{(\log \varepsilon)'}{\left(\dfrac{1}{\varepsilon} \right)'}$$

$$= \lim_{\varepsilon \to +0} \frac{\dfrac{1}{\varepsilon}}{-\dfrac{1}{\varepsilon^2}}$$

$$= - \lim_{\varepsilon \to +0} \varepsilon$$

$$= 0$$

に注意する. したがって,

$$(*2) = 0 - 1 = -1$$

となるので, この広義積分は収束する. $\cdots$(答)

練習問題 12.1 (Exercise 12.1)

問 1 次の広義積分の収束・発散を調べよ.

(1) $\displaystyle \int_1^2 \frac{1}{(x-1)^2}\,dx$
(2) $\displaystyle \int_0^1 \frac{1}{\sqrt[3]{1-x}}\,dx$

(3) $\displaystyle \int_0^1 \frac{x-1}{\sqrt{x}}\,dx$

問 2 広義積分 $\displaystyle \int_0^1 \frac{\log x}{\sqrt{x}}\,dx$ の収束・発散を調べよ.

問 3 広義積分 $\displaystyle \int_0^1 (\log x)^2\,dx$ の収束・発散を調べよ.

問 4 $\displaystyle B(a,b) = \int_0^1 x^{a-1}(1-x)^{b-1}\,dx$ を **β 関数** (*β-function*) という. $B\left(2, \dfrac{1}{4}\right)$ の値を求めよ (広義積分になっていることに注意).

12.2 積分範囲が無限に大きい場合 (Case 2:Infinite Interval)

無限に大きい区間 $[a,\infty)$ 上で関数 $f(x)$ を積分するときには, 一旦, 有限の区間 $[a,N]$ で積分計算した後で, $N \to \infty$ の極限を取る.

> **定義 12.2.1 (広義積分 2 Improper Integral 2)**
>
> (i) 区間 $[a,\infty)$ で定義された関数 $f(x)$ に対して,
> $$\int_a^\infty f(x)\,dx = \lim_{N\to\infty} \int_a^N f(x)\,dx \quad \cdots(*)$$
> と定める (図 12.3).
>
> (ii) 区間 $(-\infty,a]$ で定義された関数 $f(x)$ に対して,
> $$\int_{-\infty}^a f(x)dx = \lim_{N\to\infty} \int_{-N}^a f(x)\,dx \quad \cdots(**)$$
> と定める (図 12.4).
>
> 極限 $(*)$ (極限 $(**)$) を関数 $f(x)$ の区間 $[a,\infty)$ (区間 $(-\infty,a]$) における **広義積分** (*improper integral*) という. 極限 $(*)$ または $(**)$ が実数の値

で存在するとき, 広義積分は**収束する** (*converge*) といい, 存在しないとき,
広義積分は**発散する** (*diverge*) という.

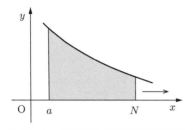

**図 12.3　広義積分 (積分区間が有界で
ない場合)**

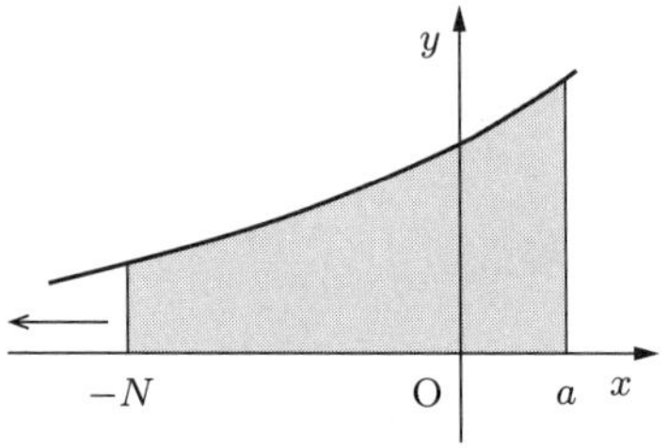

**図 12.4　広義積分 (積分区間が有界で
ない場合)**

例題 12.2.1 を通して, 広義積分の計算法を身につけよう.

例題 12.2.1 (Example 12.2.1)

次の広義積分の収束・発散を調べよ.

$(1)\quad \displaystyle\int_1^\infty \frac{1}{x^2}\,dx$
$\qquad\qquad\qquad$
$(2)\quad \displaystyle\int_{-\infty}^{-1} \frac{1}{x}\,dx$

---

(1)　まず, $\displaystyle\int_1^N \frac{1}{x^2}\,dx$ を計算する.

$$\int_1^N \frac{1}{x^2}\,dx = \left[-\frac{1}{x}\right]_1^N = -\frac{1}{N} - (-1).$$

次に, $N \to \infty$ の極限を取ると,

$$\int_1^\infty \frac{1}{x^2}\,dx = \lim_{N\to\infty}\left\{-\frac{1}{N} - (-1)\right\} = 1$$

となるので, この広義積分は収束する. $\cdots$ (答)

(2)　まず, $\displaystyle\int_{-N}^{-1} \frac{1}{x}\,dx$ を計算する.

$$\int_{-N}^{-1} \frac{1}{x}\,dx = \Big[\log|x|\Big]_{-N}^{-1} = 0 - \log N$$

次に, $N \to \infty$ の極限を取ると,

$$\int_{-\infty}^{-1} \frac{1}{x} \, dx = \lim_{N \to \infty} (-\log N) = -\infty$$

となるので, この広義積分は発散する. $\cdots$ (答)

広義積分の計算で, 最後に $N \to \infty$ の極限を取るときに, ロピタルの定理 (注意 8.1.1) を利用することもある.

例題 12.2.2 (Example 12.2.2)

広義積分 $\displaystyle \int_{1}^{\infty} \frac{\log x}{x^2} \, dx$ の収束・発散を調べよ.

解答 Solution　まず, $\displaystyle \int_{1}^{N} \frac{\log x}{x^2} \, dx$ を計算する. $\dfrac{1}{x^2} = \dfrac{d}{dx}\left(-\dfrac{1}{x}\right)$ に注意して, 部分積分 (定理 11.3.1) を適用すると,

$$
\begin{aligned}
\int_{1}^{N} \frac{\log x}{x^2} \, dx &= \int_{1}^{N} \log x \, \frac{d}{dx}\left(-\frac{1}{x}\right) \, dx \\
&= \left[\log x \times \left(-\frac{1}{x}\right)\right]_{1}^{N} - \int_{1}^{N} \frac{d\log x}{dx} \times \left(-\frac{1}{x}\right) \, dx \\
&= -\frac{\log N}{N} + \int_{1}^{N} \frac{1}{x^2} \, dx \\
&= -\frac{\log N}{N} + \left[-\frac{1}{x}\right]_{1}^{N} \\
&= -\frac{\log N}{N} - \frac{1}{N} + 1. \quad \cdots (*1)
\end{aligned}
$$

ここで, ロピタルの定理 (定理 8.2.1) より,

$$\lim_{N \to \infty} \frac{\log N}{N} = \lim_{N \to \infty} \frac{(\log N)'}{N'} = \lim_{N \to \infty} \frac{\frac{1}{N}}{1} = 0$$

となることに注意して, $(*1)$ で $N \to \infty$ の極限を取ると,

$$(*1) = \lim_{N \to \infty} \left\{-\frac{\log N}{N} - \frac{1}{N} + 1\right\} = 1$$

となって, この広義積分は収束する. $\cdots$ (答)

練習問題 12.2 (Exercise 12.2)

問 1 次の広義積分の収束・発散を調べ，収束する場合にはその値も答えよ．

(1) $\displaystyle\int_1^\infty \frac{1}{x^3}\,dx$

(2) $\displaystyle\int_0^\infty e^{-x}\,dx$

(3) $\displaystyle\int_{-\infty}^0 (1-x)^{-\frac{3}{2}}\,dx$

(4) $\displaystyle\int_1^\infty \frac{1}{x(x+1)}\,dx$

(5) $\displaystyle\int_0^\infty \frac{1}{e^x+1}\,dx$

(6) $\displaystyle\int_0^\infty xe^{-x}\,dx$

問 2 広義積分 $\displaystyle\int_0^\infty e^{-x}\cos x\,dx$ の収束・発散を調べよ．

問 3 $\displaystyle\Gamma(s) = \int_0^\infty x^{s-1}e^{-x}\,dx$ を Γ 関数 (Γ–*function*) という．ただし，$s>0$ とする．次の各問に答えよ．

(1) $\Gamma(s+1)$ を $\Gamma(s)$ で表せ．

(2) $\Gamma(5)$ の値を求めよ．

(3) 正の整数 n に対して，$\Gamma(n+1)$ の値を求めよ．

第 13 章
積分の応用

APPLICATION OF INTEGRAL

　積分には, 図形の面積を求めるほかに, 曲線の長さを求めたり, 回転体の体積を求めたりする応用がある. いずれの場合も, (積分) = (微小量の寄せ集め) という感覚が役立つ.

13.1　曲線の長さ (Length of Curves)

●グラフで表される曲線の長さ

　曲線 $y = f(x)$ 上の 2 点 A $(a, f(a))$,
B $(b, f(b))$ の間の弧の長さを求める.
区間 $[a, b]$ を細かく分割し, その分
点を $a = x_0 < x_1 < \cdots < x_{n-1} <$
$x_n = b$ とする. 図 13.1 のように,
曲線 $y = f(x)$ を折れ線で近似する.
隣り合う 2 点 $A_{i-1} (x_{i-1}, f(x_{i-1}))$,
$A_i (x_i, f(x_i))$ を結ぶ線分の長さは,

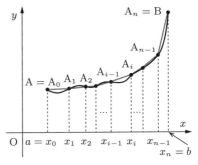

図 13.1　曲線を折れ線で近似

$$\overline{A_{i-1}A_i} = \sqrt{(x_i - x_{i-1})^2 + (f(x_i) - f(x_{i-1}))^2}$$
$$= \sqrt{1 + \left(\frac{f(x_i) - f(x_{i-1})}{x_i - x_{i-1}} \right)^2} (x_i - x_{i-1})$$

となる. ここで, 平均値の定理 (定理 7.1.2) を適用すると,

$$\overline{A_{i-1}A_i} = \sqrt{1 + f'(\xi_i)^2}(x_i - x_{i-1}) \quad (x_{i-1} < \xi_i < x_i)$$

となる ξ_i が存在する. 点 $A_0, A_1, \cdots, A_n$ を結ぶ折れ線の長さは,

$$\sum_{i=1}^{n} \overline{A_{i-1}A_i} = \sum_{i=1}^{n} \sqrt{1 + f'(\xi_i)^2}(x_i - x_{i-1}) \quad \cdots (*)$$

となる. 分割の幅を $\Delta = \max_{1 \leq i \leq n}(x_i - x_{i-1})$ として, 極限 $\Delta \to 0$ を $(*)$ につ
いて取れば, それが曲線の長さになるであろう. つまり, 定積分の定義 (定義
11.1.1) より,

$$(曲線\ y = f(x)\ (a \leq x \leq b)\ の長さ)$$

$$= \lim_{\Delta \to 0} \left\{ \sum_{i=1}^{n} \sqrt{1 + f'(\xi_i)^2}(x_i - x_{i-1}) \right\}$$

$$= \int_a^b \sqrt{1 + f'(x)^2}\ dx$$

となる. この結果を以下に公式の形でまとめよう.

公式 13.1.1 (グラフ表示の曲線の長さ Length of Graphs)

関数 $y = f(x)$ は区間 $[a, b]$ で微分可能で, 導関数 $f'(x)$ は連続とする. この
とき, 曲線 $y = f(x)$ の長さは, 次の定積分で計算できる.

$$\int_a^b \sqrt{1 + f'(x)^2}\ dx$$

例題 13.1.1 を解いて, 公式 13.1.1 の取り扱いに慣れよう.

例題 13.1.1 (Example 13.1.1)

曲線 $y = f(x) = \dfrac{e^x + e^{-x}}{2} = \cosh x \ (0 \leq x \leq 1)$ の長さを求めよ.

解答 Solution 公式 13.1.1 より,

$$\int_0^1 \sqrt{1 + \left\{\left(\frac{e^x + e^{-x}}{2}\right)'\right\}^2} \, dx = \int_0^1 \sqrt{1 + \left(\frac{e^x - e^{-x}}{2}\right)^2} \, dx$$

$$= \int_0^1 \sqrt{\frac{(e^x + e^{-x})^2}{4}} \, dx. \quad \cdots (*1)$$

ここで, 根号が外れるので,

$$(*1) = \int_0^1 \frac{e^x + e^{-x}}{2} \, dx$$

$$= \frac{1}{2}\left[e^x - e^{-x}\right]_0^1$$

$$= \frac{e - e^{-1}}{2}. \quad \cdots (答)$$

●媒介変数表示で表された曲線の長さ

曲線は媒介変数表示で,

$$x = x(t), \quad y = y(t) \quad (\alpha \le t \le \beta)$$

のように与えられることもある. 話を簡
単にするため, $x = x(t)$ は単調増加で
$x'(t) > 0$ を仮定しておく (図 13.2).
媒介変数表示の微分公式 (定理 4.4.1)
より,

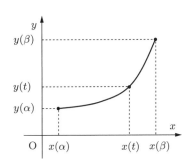

図 13.2 媒介変数表示された曲線

$$\frac{dy}{dx} = \frac{y'(t)}{x'(t)}$$

となるので, これを公式 13.1.1 の $f'(x)$ に代入し, $a = x(\alpha)$, $b = x(\beta)$ に注意
すると, この場合の曲線の長さは,

$$\int_{x(\alpha)}^{x(\beta)} \sqrt{1 + \left(\frac{y'(t)}{x'(t)}\right)^2} \, dx \quad \cdots (**)$$

となる. 置換積分の公式 (定理 11.2.1) より,

$$(**) = \int_{\alpha}^{\beta} \sqrt{1 + \frac{y'(t)^2}{x'(t)^2}} \, x'(t) \, dt$$

$$= \int_{\alpha}^{\beta} \sqrt{x'(t)^2 + y'(t)^2} \, dt$$

となる. この結果は, $x = x(t)$ が単調増加ではなくても使える. 以下に公式の形でまとめておく.

公式 13.1.2 (媒介変数表示の曲線の長さ Length of Parametrized Curves)

　関数 $x = x(t), y = y(t)$ は区間 $[\alpha, \beta]$ で微分可能で, 導関数 $x'(t), y'(t)$ は連続とする (図 13.3). このとき, 媒介変数表示 $x = x(t), y = y(t)$ で与えられる曲線の長さは, 次の定積分で計算できる.

$$\int_{\alpha}^{\beta} \sqrt{x'(t)^2 + y'(t)^2} \, dt$$

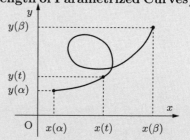

図 13.3　媒介変数表示された曲線

例題 13.1.2 (Example 13.1.2)

　曲線 $x = t - \sin t, y = 1 - \cos t \ (0 \le t \le 2\pi)$ の長さを求めよ.

解答 Solution　　公式 13.1.2 より,

$$\int_0^{2\pi} \sqrt{\{(t - \sin t)'\}^2 + \{(1 - \cos t)'\}^2} \, dt$$

$$= \int_0^{2\pi} \sqrt{(1 - \cos t)^2 + \sin^2 t} \, dt$$

$$= \int_0^{2\pi} \sqrt{2(1 - \cos t)} \, dt \quad \cdots (*1)$$

となる. ここで, $1 - \cos t = 2 \sin^2 \dfrac{t}{2}$ を用いる. ただし, $0 \le t \le 2\pi$ のとき,

$\sin\dfrac{t}{2} \geq 0$ に注意すると, 根号が外れて,

$$(*1) = \int_0^{2\pi} 2\sin\frac{t}{2}\,dt = \left[-4\cos\frac{t}{2}\right]_0^{2\pi} = 8. \quad \cdots (\text{答})$$

練習問題 13.1 (Exercise 13.1)

問1 座標平面上の曲線 $C: y = x\sqrt{x}$ $\left(\text{ただし}, 0 \leq x \leq \dfrac{4}{3}\right)$ について, 次の各問に答えよ.

(1) 導関数 y' を計算せよ.

(2) 曲線 C の長さは, 定積分

$$\int_{\boxed{(a)}}^{\boxed{(b)}} \boxed{(c)}\,dx$$

を計算すれば, 求められる. 空欄に入る数値や数式を答えよ.

(3) 曲線 C の長さを求めよ.

問2 座標平面上の放物線 $C: y = \dfrac{1}{2}x^2$ (ただし, $0 \leq x \leq 1$) について, 次の各問に答えよ.

(1) 曲線 C の長さは, 定積分

$$\int_{\boxed{(a)}}^{\boxed{(b)}} \boxed{(c)}\,dx$$

を計算すれば求められる. 空欄に入る数値や数式を答えよ.

(2) (1) の定積分の計算で, $x = \dfrac{1}{2}\left(t - \dfrac{1}{t}\right)$ (ただし, $t > 0$) とおくと,

$$1 + x^2 = \frac{\left(\boxed{(d)}\right)^2}{4}$$

となることに注意する. また, $x = 0$ のとき $t = \boxed{(e)}$ となり, $x = 1$ のとき $t = \boxed{(f)}$ となる. さらに, $\dfrac{dx}{dt} = \boxed{(g)}$ となるので,

置換積分の公式を用いて (1) の定積分を書きかえると，

$$\int_{\boxed{(e)}}^{\boxed{(f)}} \boxed{\text{(h)}} \, dt$$

となる．空欄に入る数値や数式を答えよ．

(3) 曲線 C の長さを求めよ．

問 3 媒介変数表示 $x = 3t^2$, $y = 3t - t^3$ (ただし，$0 \leq t \leq 3$) で表される曲線の長さを求めよ．

13.2 回転体の体積 (Volume of a Rotating Body)

関数 $y = f(x)$ $(a \leq x \leq b)$ のグラフを x 軸の周りに 1 回転して得られる図形を**回転体** (*rotating body*) という．この回転体の体積を計算するための基本的な考え方は次のとおり (図 13.4).

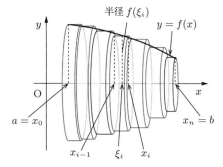

図 13.4 回転体を薄い円柱の集まりで近似

まず，区間 $[a, b]$ を分割して，その分点を $a = x_0 < x_1 < \cdots < x_{n-1} < x_n = b$ とする．各微小区間 $[x_{i-1}, x_i]$ で，曲線 $y = f(x)$ を回転した図形の体積を，定数関数 $y = f(\xi_i)$ (ただし，$x_{i-1} \leq \xi_i \leq x_i$) を回転した図形 (この場合，薄い円柱を横にしたもの) の体積で近似する．この円柱の体積は，

$$(\text{底面積}) \times (\text{高さ}) = \pi f(\xi_i)^2 \times (x_i - x_{i-1}) \quad \cdots (*)$$

である．$(*)$ を $i = 1$ から $i = n$ まで寄せ集めたもの：

$$\sum_{i=1}^{n} \pi f(\xi_i)^2 (x_i - x_{i-1})$$

について，分割の幅 $\Delta = \max_{1 \leq i \leq n} (x_i - x_{i-1})$ を 0 に近づける極限 (分割を細か

くする極限) を取れば, 回転体の体積になるであろう. つまり, 回転体の体積は,

$$\lim_{\Delta \to 0} \left\{ \sum_{i=1}^{n} \pi f(\xi_i)^2 (x_i - x_{i-1}) \right\} = \int_a^b \pi f(x)^2 \, dx$$

で与えられる.

公式 13.2.1 (回転体の体積 Volume of Rotating Body)

区間 $[a, b]$ で定義された連続関数 $y = f(x)$ のグラフと, 直線 $x = a$, $x = b$ および x 軸で囲まれる部分を S とする. 図形 S を x 軸の周りに 1 回転して得られる回転体の体積は, 次の定積分で計算できる.

$$\int_a^b \pi f(x)^2 \, dx$$

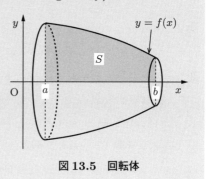

図 13.5　回転体

--- **例題 13.2.1 (Example 13.2.1)** ---

曲線 $y = 1 - x^2$ と x 軸で囲まれる部分を S とする. 図形 S を x 軸の周りに 1 回転して得られる回転体の体積を求めよ.

解答 Solution　曲線 $y = 1 - x^2$ と x 軸との交点の x 座標は $x = -1$, 1 である. したがって, 公式 13.2.1 より, 回転体の体積は,

$$\int_{-1}^1 \pi (1 - x^2)^2 \, dx = \pi \int_{-1}^1 (1 - 2x^2 + x^4) \, dx$$

$$= \pi \left[x - \frac{2}{3} x^3 + \frac{1}{5} x^5 \right]_{-1}^1$$

$$= \frac{16}{15} \pi. \quad \cdots (答)$$

練習問題 13.2 (Exercise 13.2)

問 1 曲線 $C : y = \sqrt{4 - x^2} - 1$ について, 次の各問に答えよ.

(1) 曲線 C と x 軸との交点の x 座標を求めよ.

(2) 曲線 C と x 軸で囲まれる部分を, x 軸の周りに 1 回転してできる回転体の体積を求めよ (【ヒント (Hint)】 $x = 2\cos\theta$ とおいて置換積分).

問 2 曲線 $y = \sin x$ (ただし, $0 \leq x \leq \pi$) と x 軸で囲まれる部分を S とする. 図形 S を x 軸の周りに 1 回転してできる回転体の体積を求めよ.

問 3 媒介変数表示 $x = t - \sin t, \ y = \sqrt{1 - \cos t}$ (ただし, $0 \leq t \leq 2\pi$) で表される曲線を C とする. 次の各問に答えよ.

(1) 曲線 C と x 軸との交点の x 座標を求めよ.

(2) 曲線 C と x 軸で囲まれる部分を S とする. 図形 S を x 軸の周りに 1 回転して得られる回転体の体積は,

$$\int_{\boxed{(a)}}^{\boxed{(b)}} \boxed{(c)}\, y^2 \, dx \quad \cdots (*1)$$

を計算すれば求められる. いま, $x = t - \sin t$ のとき, $y = \sqrt{1 - \cos t}$ であること, そして,

$$\frac{dx}{dt} = \boxed{\quad (d) \quad}$$

であること, さらに, $x = \boxed{(a)}$ のとき $t = \boxed{(e)}$, $x = \boxed{(b)}$ のとき $t = \boxed{(f)}$ であることに注意する. $(*1)$ に置換積分の公式を適用すると,

$$(*1) = \int_{\boxed{(e)}}^{\boxed{(f)}} \boxed{\quad (g) \quad} dt \quad \cdots (*2)$$

となる. 空欄に入る数値や数式を答えよ.

(3) 定積分 $(*2)$ を計算せよ.

第 14 章

積分と速度・加速度

INTEGRAL & VELOCITY · ACCELERATION

以前, 学んだように, 物体の位置を時刻で微分すると速度になり, 速度を時刻で微分すると加速度になる. この章では, 速度から物体の位置を計算する方法と加速度から物体の速度を計算する方法を学ぶ.

14.1 速度から位置を求める計算 (Computation of Position from Velocity)

物体の速度がわかっているとき, 物体の位置は次の計算で求めることができる.

公式 14.1.1 (速度→位置 Velocity → Position)

x 軸上を運動する物体について, 時刻 t [s] における速度 $v(t)$ [m/s] がわかった. また, 時刻 t_0 における物体の位置 x_0 [m] もわかっているとする. このとき,

$$(時刻 \ T \ [\text{s}] \ における物体の位置) = x_0 + \int_{t_0}^{T} v(t) \ dt \ [\text{m}].$$

証明 Proof　時間区間 $[t_0, T]$ を細かく分割して, その分点を

$$t_0 < t_1 < \cdots < t_{n-1} < t_n = T$$

とする. ここで, 微小区間 $[t_{i-1}, t_i]$ に属する時刻 ξ_i を選ぶ. 時間区間 $[t_{i-1}, t_i]$ は微小なので, 物体の速度はこの時間区間では $v(\xi_i)$ [m/s] でほぼ一定と思ってよい (図 14.1).

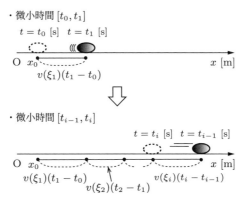

図 14.1　微小移動の寄せ集め

　この時間区間の間に物体が進む位置の微小増加分は, $v(\xi_i)(t_i - t_{i-1})$ [m] である. この微小増加分を $i = 1$ から $i = n$ まで加えたもの :

$$\sum_{i=1}^{n} v(\xi_i)(t_i - t_{i-1}) \text{ [m]} \quad \cdots (*)$$

は, 物体の位置の変化分を近似したものになる. $(*)$ について, 時間区間 $[t_0, T]$ の分割を細かくする極限, つまり, $\Delta = \max_{1 \le i \le n} (t_i - t_{i-1})$ を 0 にする極限を取ると, 物体の位置の精密な変化分になるであろう. したがって,

$$\lim_{\Delta \to 0} \left\{ \sum_{i=1}^{n} v(\xi_i)(t_i - t_{i-1}) \right\} = \int_{t_0}^{T} v(t) \, dt \text{ [m]}$$

が物体の位置の変化分になる. 後は, 最初の物体の位置 x_0 [m] にこれを加えれば, 時刻 T [s] における物体の位置になる.

例題 14.1.1 (Example 14.1.1)

x 軸上を運動する物体の速度が, 時刻 t [s] において $v(t) = \sin t$ [m/s] であることがわかった. この物体は $t = 0$ [s] のとき, $x = 3$ [m] の位置にいたこともわかっている. 時刻 $t = \pi$ [s] における物体の位置を求めよ.

解答 Solution　公式 14.1.1 より,

$$x(\pi) = 3 + \int_0^\pi \sin t \, dt$$

$$= 3 + \Big[-\cos t \Big]_0^\pi$$

$$= 3 + \{1 - (-1)\}$$

$$= 5 \ [\text{m}]. \quad \cdots (答)$$

練習問題 14.1 (Exercise 14.1)

問 1　x 軸上を運動する物体の速度が, 時刻 t [s] において $v(t) = 3\cos t$ [m/s] であることがわかった. この物体は $t = 0$ [s] のとき, $x = -2$ [m] の位置にいたこともわかっている. 時刻 $t = 3\pi$ [s] における物体の位置を求めよ.

問 2　x 軸上を運動する物体の速度が, 時刻 t [s] において, $v(t) = te^t$ [m/s] であることがわかった. この物体は $t = 0$ [s] のとき, $x = 0$ [m] の位置にいたこともわかっている. 時刻 $t = 4$ [s] における物体の位置を求めよ.

14.2　加速度から速度を求める計算 (Computation of Velocity from Acceleration)

物体の加速度がわかっているとき, 物体の速度は次の計算で求められる.

公式 14.2.1 (加速度 → 速度 Acceleration → Velocity)

x 軸上を運動する物体について, 時刻 t [s] における加速度 $a(t)$ [m/s^2] がわ

かっているとする. また, 時刻 t_0 における物体の速度 v_0 [m/s] もわかってい
るとする. このとき,

$$(\text{時刻 } T \text{ [s] における物体の速度}) = v_0 + \int_{t_0}^{T} a(t) \, dt \ [\text{m/s}].$$

証明 Proof　　時間区間 $[t_0, T]$ を細かく分割して, その分点を

$$t_0 < t_1 < \cdots < t_{n-1} < t_n = T$$

とする. ここで, 微小区間 $[t_{i-1}, t_i]$ に属する時刻 ξ_i を選ぶ. 時間区間 $[t_{i-1}, t_i]$
は微小なので, この区間での物体の加速度は, $a(\xi_i)$ [m/s^2] でほぼ一定と
思ってよい (図 14.2). この時間区間の間に物体が進む速度の微小増加分は,
$a(\xi_i)(t_i - t_{i-1})$ [m/s] である. この微小増加分を $i = 1$ から $i = n$ まで加えた
もの :

$$\sum_{i=1}^{n} a(\xi_i)(t_i - t_{i-1}) \ [\text{m}] \quad \cdots (*)$$

は, 物体の速度の変化分を近似したものになる. $(*)$ について, 時間区間 $[t_0, T]$
の分割を細かくする極限, つまり, $\Delta = \max_{1 \le i \le n} (t_i - t_{i-1})$ を 0 にする極限を取
ると, 物体の速度の精密な変化分になるであろう. したがって,

$$\lim_{\Delta \to 0} \left\{ \sum_{i=1}^{n} a(\xi_i)(t_i - t_{i-1}) \right\} = \int_{t_0}^{T} a(t) \, dt \ [\text{m/s}]$$

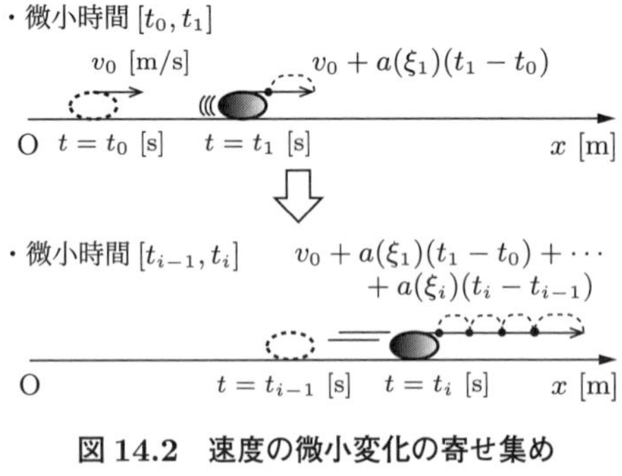

図 14.2　速度の微小変化の寄せ集め

が物体の速度の変化分になる. 後は, 最初の物体の速度 v_0 [m/s] にこれを加えれば, 時刻 T [s] における物体の速度になる.　$\cdots$(答)

例題 14.2.1 (Example 14.2.1)

x 軸上を運動する物体の加速度が, 時刻 t [s] において $a(t) = t^2$ [m/s^2] であった. この物体は $t = 0$ [s] のとき, $x = 4$ [m] の位置にいて, 速度が $v = 2$ [m/s] であったこともわかっている. 次の各問に答えよ.

(1)　時刻 t [s] における物体の速度を求めよ.

(2)　時刻 $t = 6$ [s] における物体の位置を求めよ.

解答 Solution (1)　公式 14.2.1 より,

$$v(t) = 2 + \int_0^t t^2 \, dt$$

$$= 2 + \left[\frac{1}{3} t^3 \right]_0^t$$

$$= 2 + \frac{1}{3} t^3 \ [\text{m/s}].$$

(2)　(1) より, 速度 $v(t) = 2 + \dfrac{1}{3} t^3$ [m/s] がわかったので, 公式 14.1.1 より,

$$x(6) = 4 + \int_0^6 \left(2 + \frac{1}{3} t^3 \right) dt$$

$$= 4 + \left[2t + \frac{1}{12} t^4 \right]_0^6$$

$$= 124 \ [\text{m}].　\cdots(答)$$

練習問題 14.2 (Exercise 14.2)

問 1　x 軸を運動する物体の加速度が, 時刻 t [s] において $a(t) = e^{-t}$ [m/s^2] であった. この物体は $t = 0$ [s] のとき, $x = 1$ [m] の位置にいて, 速度が $v = 2$ [m/s] であったこともわかっている. 次の各問に答えよ.

(1)　時刻 t [s] における物体の速度を求めよ.

(2)　時刻 $t = 2$ [s] における物体の位置を求めよ.

問 2 x 軸を運動する物体の加速度が, 時刻 t [s] において $a(t) = \alpha$ (定数) [m/s^2] であった. この物体は $t = 0$ [s] のとき, $x = x_0$ [m] の位置にいて, 速度が $v = v_0$ [m/s] であったこともわかっている. 次の各問に答えよ.

(1) 時刻 t [s] における物体の速度を求めよ. (等加速度運動の公式が導けているはず.)

(2) 時刻 t [s] における物体の位置を求めよ. (等加速度運動の公式が導けているはず.)

第 15 章
多変数関数とそのグラフ

MULTI–VARIABLE FUNCTIONS
& THEIR GRAPH

　世の中には，2つ以上の変数に値が入ってようやく結果が決まる事柄もある．この章から，独立変数が x, y の 2 つある関数について，その微分・積分を学ぶ．

15.1　多変数関数 (Multi–Variable Functions)

　平面内の曲線を表す一つの方法として，関数 $y = f(x)$ のグラフを用いた．一方，空間内の点は (x, y, z) で表されるので，曲面を同様の方法で表示するとき，関数 $z = f(x, y)$ を用いる．このとき，x, y が独立変数で，z が従属変数となる．$y = f(x)$ を 1 変数関数といい，$z = f(x, y)$ を **2 変数関数** (*2-variable function*) という．独立変数が 2 つ以上あるとき，一般に **多変数関数** (*multi-variable function*) という．

例題 15.1.1 (Example 15.1.1)

　多変数関数の例を見るために，次の各問に答えよ．

(1)　1 m あたり 100 円 の金属棒 x [m] と，1 [m] あたり 150 円 の金属棒 y [m] を購入したときの合計金額を z 円とする．z を変数 x, y で表せ．

(2)　水 x [g] の中に食塩 y [g] を溶かすとき，この食塩水の濃度を z [%] とする．z を変数 x, y で表せ．

解答 Solution (1) $z = 100x + 150y$ $\cdots$(答)

(2) 食塩水全体の質量は $x + y$ [g] なので,濃度を % 単位で表すと,

$$z = \frac{y}{x + y} \times 100$$

$$= \frac{100y}{x + y}. \quad \cdots \text{(答)}$$

多変数関数 $z = f(x, y)$ について,変数 x, y に制約が付くことがある.例えば,例題 15.1.1 (1) の場合,金属棒の長さに負の値はないので,$0 \le x, 0 \le y$ という制約が付く.このような制約が付いたときの変数の範囲を,2 変数関数 $z = f(x, y)$ の**定義域** (*domain*) という.定義域は,座標平面内の集合

$$\{(x, y) \mid x, y \text{ の制約条件の式}\}$$

のように表現されることが多い.例題 15.1.1(1) の場合,定義域は $\{(x, y) \mid x \ge 0, y \ge 0\}$ となる.

15.2 多変数関数のグラフ (Graphs of Multi–Variable Functions)

1 変数関数の増減や最大・最小を調べるときにわかりやすい方法は,そのグラフを描くことである.多変数関数 $f(x, y)$ の場合でも何らかの図形として表示できると,変数 x, y の変化に対して,増減や最大・最小を把握しやすくなる.

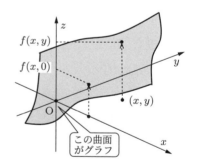

図 15.1 2 変数関数のグラフ

2 変数関数の場合,そのグラフを描くために xyz **座標空間** (*coordinate space*) を用意する (図 15.1).そして,x と y の値が決まるたびに座標空間内の位置 $(x, y, f(x, y))$ に点を描き込む.例えば,2 変数関数 $z = f(x, y) = x^2 + y$ の場合で説明すると,

- $x = 0, y = 0$ に対して,位置 $(0, 0, f(0, 0)) = (0, 0, 0)$ に点をうつ.

- $x = 1, y = 0$ に対して, 位置 $(1, 0, f(1, 0)) = (1, 0, 1)$ に点をうつ.
- $x = 1, y = 1$ に対して, 位置 $(1, 1, f(1, 1)) = (1, 1, 2)$ に点をうつ.
  ......

という具合に, 座標空間内に点を描き込んでいく. x, y の値をいろいろ変えて点をうつと, やがてこれらの点の集まりが空間内の曲面を形作る. この曲面が 2 変数関数 $z = f(x, y)$ の**グラフ** (*graph*) である. 数学的に厳密なグラフの定義は以下のとおり.

> **定義 15.2.1 (2 変数関数のグラフ Graph of a 2–Variable Function)**
>
> 定義域 D 上で定められた 2 変数関数 $z = f(x, y)$ について, 座標空間内の点の集合
>
> $$\{(x, y, f(x, y)) \mid (x, y) \in D\}$$
>
> を 2 変数関数 $z = f(x, y)$ の**グラフ** (*graph*) という. グラフを単に**曲面** (*surface*) $z = f(x, y)$ と呼ぶことがある.

●グラフの作図法 (断面の寄せ集め)

2 変数関数 $z = f(x, y)$ で, $f(x, y)$ が x, y の 2 次式程度であれば, 要領のよいグラフの作図法がある. それは, 断面の様子を調べて寄せ集める方法である. ここで注意すべきことは, 次の事実である. 座標空間において, 例えば $x = 2$ とは, x 座標が 2 である点の集合, つまり,

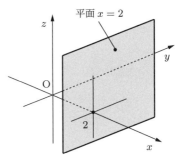

図 15.2　平面 $x = 2$

$$\{(2, y, z) \mid -\infty < y < \infty, \ -\infty < z < \infty\}$$

であり, これは点 $(2, 0, 0)$ を含み x 軸に垂直な平面を表す (図 15.2). 同様に, $y = -1$ は, 点 $(0, -1, 0)$ を含み y 軸に垂直な平面を表す. さらに, $z = 1$ は, 点 $(0, 0, 1)$ を含み z 軸に垂直な平面を表す. 例題 15.2.1 を解いて, グラフの描き方を把握しよう.

例題 15.2.1 (Example 15.2.1)

2 変数関数 $z = x + y^2$ のグラフを描くために, 次の各問に答えよ.

(1)　平面 $x = 0$ 上に放物線 $z = y^2$ のグラフを描け.

(2)　平面 $x = 1$ 上に放物線 $z = 1 + y^2$ のグラフを描け. ただし, 点 $(1, 0, 0)$ を原点と見なす.

(3)　平面 $x = 2$ 上に放物線 $z = 2 + y^2$ のグラフを描け. ただし, 点 $(2, 0, 0)$ を原点と見なす.

(4)　$\alpha = -2, \ -1$ の各々について, 平面 $x = \alpha$ 上に放物線 $z = \alpha + y^2$ のグラフを描け. ただし, 点 $(\alpha, 0, 0)$ を原点と見なす.

(5)　(1)〜(4) の結果から判断して, $z = x + y^2$ のグラフはどのような曲面になるか図示せよ.

解答 Solution　(1) 〜 (4) の解答は図 15.3 のとおり. (5) の解答は図 15.4 のとおり.

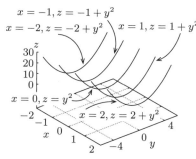

図 15.3　例題 15.2.1(1)〜(4) 解答

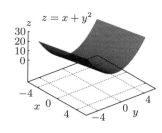

図 15.4　例題 15.2.1(5) 解答

··· (答)

ときには, z 軸に垂直な平面, つまり, $z = $ (定数) でグラフの断面を考える方がわかりやすいこともある.

— **例題 15.2.2 (Example 15.2.2)** —————————

2 変数関数 $z = x^2 + y^2$ のグラフを描くために, 次の各問に答えよ.

(1) 平面 $z = 1$ 上に円 $1 = x^2 + y^2$ を描け.

(2) 平面 $z = 4$ 上に円 $4 = x^2 + y^2$ を描け.

(3) 平面 $z = 9$ 上に円 $9 = x^2 + y^2$ を描け.

(4) 平面 $z = 0$ 上に $0 = x^2 + y^2$ を満たす点 (x, y) を図示せよ.

(5) (1)〜(4) の結果から判断して, $z = x^2 + y^2$ のグラフはどのような曲面になるか図示せよ.

解答 Solution　　解答は図 15.5 のとおり. 特に, (5) では放物面になる.

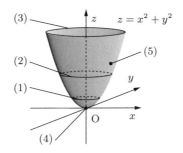

図 15.5　例題 15.2.2 の解答

· · · (答)

練習問題 15.2 (Exercise 15.2)

問 1　2 変数関数 $z = 2x - y^2$ のグラフを描くために, 次の各問に答えよ.

(1) 平面 $x = 0$ 上に放物線 $z = -y^2$ のグラフを描け.

(2) 平面 $x = 1$ 上に放物線 $z = 2 - y^2$ のグラフを描け. ただし, 点 $(1, 0, 0)$ を原点と見なす.

(3) 平面 $x = 2$ 上に放物線 $z = 4 - y^2$ のグラフを描け. ただし, 点 $(2, 0, 0)$ を原点と見なす.

(4) $\alpha = -2,\ -1$ の各々について, 平面 $x = \alpha$ 上に放物線 $z = 2\alpha - y^2$ のグラフを描け. ただし, 点 $(\alpha, 0, 0)$ を原点と見なす.

(5) (1)〜(4) の結果から判断して, $z = 2x - y^2$ のグラフはどのような曲面になるか図示せよ.

問 2　2 変数関数 $z = x^2 - y^2$ のグラフを描くために, 次の各問に答えよ.

(1)　平面 $x = 0$ 上に放物線 $z = -y^2$ のグラフを描け.

(2)　平面 $x = 1$ 上に放物線 $z = 1 - y^2$ のグラフを描け. ただし, 点 $(1, 0, 0)$ を原点と見なす.

(3)　平面 $x = 2$ 上に放物線 $z = 4 - y^2$ のグラフを描け. ただし, 点 $(2, 0, 0)$ を原点と見なす.

(4)　$\alpha = -2,\ -1$ の各々について, 平面 $x = \alpha$ 上に放物線 $z = \alpha^2 - y^2$ のグラフを描け. ただし, 点 $(\alpha, 0, 0)$ を原点と見なす.

(5)　(1)～(4) の結果から判断して, $z = x^2 - y^2$ のグラフはどのような曲面になるか図示せよ.

15.3　平面と球面の方程式 (Equations of Plane & Sphere)

　基本的な空間図形である平面と球面が, x, y, z のどのような関係式で表されるのか知っておくとよい.

●**平面の方程式**　まず, 平面の方程式は次のとおり.

公式 15.3.1 (平面の方程式 Equation of a Plane)

　座標空間内の点 A (a, b, c) を含み, ベクトル $\vec{n} = (p, q, r)$ に垂直な平面を P とする. 点 X (x, y, z) が平面 P 上にあることと, 点 X の成分が

$$p(x - a) + q(y - b) + r(z - c) = 0$$

を満たすことは同値である (図 15.6).

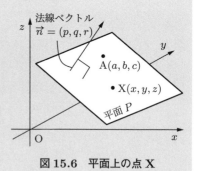

図 15.6　平面上の点 X

注意 15.3.1 (Remark 15.3.1)　公式 15.3.1 のベクトル $\vec{n}$ を平面 P の**法線ベクトル** (*normal vector*) という.

[証明 Proof] 平面 P 上の点 A (a, b, c) と点 X (x, y, z) を結ぶベクトルは,

$$\overrightarrow{AX} = (x, y, z) - (a, b, c) = (x - a, y - b, z - c)$$

となる. これがベクトル $\overrightarrow{n} = (p, q, r)$ と直交するので, **内積** (*inner product*) を取ると,

$$\overrightarrow{n} \cdot \overrightarrow{AX} = 0 \iff (p, q, r) \cdot (x - a, y - b, z - c) = 0$$

$$\iff p(x - a) + q(y - b) + r(z - c) = 0.$$

例題 15.3.1 (Example 15.3.1)

座標空間内の平面に関する次の各問に答えよ.

(1) 点 $(1, -2, 2)$ を含み, ベクトル $(2, 1, 1)$ に垂直な平面の方程式を求めよ.

(2) 方程式 $2x + 3y - z = 3$ が表す平面は, 点 $(1, 1, \boxed{(a)})$ を含む. また, この平面の法線ベクトルは, $(2, 3, \boxed{(b)})$ である. 空欄に入る数値を答えよ.

(3) 方程式 $z = 2x - 3y$ が表す平面は, 点 $(1, 1, \boxed{(c)})$ を含む. また, この平面の法線ベクトルは, $(2, \boxed{(d)}, \boxed{(e)})$ である. 空欄に入る数値を答えよ.

(4) 方程式 $z = 3x - 2$ が表す平面は, 点 $(1, 1, \boxed{(f)})$ を含む. また, この平面の法線ベクトルは, $(3, \boxed{(g)}, \boxed{(h)})$ である. 空欄に入る数値を答えよ.

[解答 Solution] (1) 公式 15.3.1 より,

$$2 \times (x - 1) + 1 \times (y - (-2)) + 1 \times (z - 2) = 0$$

$$\iff 2x + y + z = 2. \quad \cdots (答)$$

(2) 方程式に $x = 1, y = 1$ を代入して, $z = 2$ を得る. ゆえに, この平面は点 $(1, 1, \boxed{(a)\, 2})$ を含む. 法線ベクトルは, $2x + 3y - z = 3$ の x, y, z の各係数を並べたものなので, $(2, 3, \boxed{(b)\, -1})$ となる. $\cdots (答)$

(3) 方程式に $x = 1$, $y = 1$ を代入して, $z = -1$ を得る. ゆえに, この平面は
点 $(1, 1,$ (c) -1) を含む. 法線ベクトルは, 方程式を

$$z = 2x - 3y \iff 2x - 3y - z = 0$$

と書いたときに x, y, z の各係数を並べたものなので, $(2,$ (d) -3 , (e) -1)
となる. $\cdots$ (答)

(4) 方程式に変数 y が含まれていないので, $x = 1$ のみ代入して, $z = 1$ を得
る. ゆえに, この平面は点 $(1, 1,$ (c) 1) を含む. 法線ベクトルは, 方程式を

$$z = 3x - 2 \iff 3x + 0 \times y - z = 2$$

と書いたときに x, y, z の各係数を並べたものなので, $(3,$ (g) 0 , (h) -1) と
なる. $\cdots$ (答)

　上の例題 15.3.1 から次の事柄がわかる. 一般に, $z = ax + by + d$ (x, y の 1
次式) は座標空間内の平面を表す.

●**球面の方程式**　球面とは, ある点 A との距離が一定になる点の集合である.
この見方を使うと, 球面の方程式を得ることができる.

公式 15.3.2 (球面の方程式 Equation of a Sphere)

　座標空間内の点 A (a, b, c) を中心と
する半径 $r\,(> 0)$ の球面を S とする.
点 X (x, y, z) が球面 S 上にあることと,
点 X の成分が

$$(x - a)^2 + (y - b)^2 + (z - c)^2 = r^2$$

を満たすことは同値である (図 15.7).

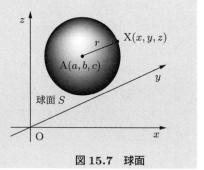

図 15.7　球面

証明 Proof　　2 点 A と X の間の距離は,

$$\sqrt{(x - a)^2 + (y - b)^2 + (z - c)^2}$$

となる. 点 X はこの距離が r になるものなので,

$$\sqrt{(x-a)^2 + (y-b)^2 + (z-c)^2} = r \quad (> 0)$$
$$\Longleftrightarrow \quad (x-a)^2 + (y-b)^2 + (z-c)^2 = r^2 \quad (r > 0)$$

となる. ∎

例題 15.3.2 (Example 15.3.2)

座標空間内の球面に関する次の各問に答えよ.

(1) 点 $(1, 1, -1)$ を中心とし, 半径 2 の球面の方程式を答えよ.

(2) 方程式 $x^2 + y^2 + z^2 - 2x + 4y + 2z = 3$ が表す球面の中心座標と半径を求めよ.

(3) 球面 $x^2 + y^2 + z^2 = 9$ 上の点 A $(1, -2, 2)$ で接する平面の方程式を求めよ.

(4) 球面 $(x-1)^2 + (y-3)^2 + z^2 = 9$ 上の点 A $(0, 1, 2)$ で接する平面の方程式を求めよ.

解答 Solution (1) 公式 15.3.2 より,

$$(x-1)^2 + (y-1)^2 + (z-(-1))^2 = 2^2$$
$$\Longleftrightarrow \quad (x-1)^2 + (y-1)^2 + (z+1)^2 = 4 \quad \cdots(\text{答})$$

(2) $x^2 - 2x = (x-1)^2 - 1$ のような式変形を利用して,

$$(x-1)^2 - 1 + (y+2)^2 - 4 + (z+1)^2 - 1 = 3$$
$$\Longleftrightarrow \quad (x-1)^2 + (y+2)^2 + (z+1)^2 = 3^2$$

これから, 中心座標は $(1, -2, -1)$, 半径 3 の球面である. $\cdots$ (答)

(3) この接平面は, 球面上の点 $(1, -2, 2)$ を含み, 球面の中心 $(0, 0, 0)$ と点 A $(1, -2, 2)$ を結ぶベクトル $(1, -2, 2)$ に直交するので, 公式 15.3.1 より,

$$1 \times (x-1) - 2(y-(-2)) + 2(z-2) = 0$$
$$\Longleftrightarrow \quad x - 2y + 2z = 9. \quad \cdots(\text{答})$$

(4) この接平面は, 球面上の点 $(0, 1, 2)$ を含み, 球面の中心 $(1, 3, 0)$ と点 A $(0, 1, 2)$ を結ぶベクトル $(-1, -2, 2)$ に直交するので, 公式 15.3.1 より,

$$(-1) \times (x - 0) + (-2) \times (y - 1) + 2(z - 2) = 0$$

$$\Longleftrightarrow \quad -x - 2y + 2z = 2. \quad \cdots (答)$$

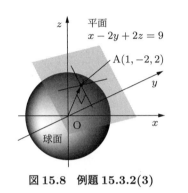

図 15.8 例題 15.3.2(3)

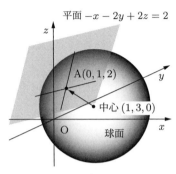

図 15.9 例題 15.3.2(4)

練習問題 15.3 (Exercise 15.3)

問 1 座標空間内の点 $(1, -2, 2)$ を含み, 法線ベクトル $(3, 3, -1)$ をもつ平面の方程式を求めよ.

問 2 $z = -2x + y + 3$ が表す平面の法線ベクトルを 1 つ答えよ.

問 3 座標空間内の点 $(-1, 2, 1)$ を中心とし, 半径 4 の球面の方程式を答えよ.

問 4 方程式 $x^2 + y^2 + z^2 - 4x + 2y - 2z = 10$ が表す球面の中心座標と半径を求めよ.

問 5 方程式 $x^2 + y^2 + z^2 + 4x - 2y - 4z = 0$ が表す球面上の点 $(-1, 3, 0)$ で接する平面の方程式を求めよ.

第 16 章

多変数関数の極限

LIMIT OF MULTI-VARIABLE FUNCTIONS

1 変数関数 $y = f(x)$ の場合, 点 x が点 a に近づく方法は, $x \to a + 0$ の右極限と, $x \to a - 0$ の左極限などがあり, その 2 つが一致するとき, $y = f(x)$ は $x = a$ で極限をもつことを示すことができた. しかし, 2 変数関数の場合, 点 (x, y) が点 (a, b) に近づく方法は無数にあることに注意しよう (図 16.1).

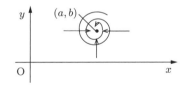

図 16.1　点への近づき方

16.1 2変数関数の極限 (Limit of 2–Variable Functions)

多変数関数について, 極限が存在することを次のように定義する.

> **定義 16.1.1 (2変数関数の極限 Limit of 2–Variable Functions)**
>
> 座標平面上の点 P (x, y) が点 A (a, b) に一致することなく近づくとき, その近づき方によらず関数 $f(x, y)$ が一定の値 c に限りなく近づくとする. このとき, 関数 $f(x, y)$ の**極限値** (*limit value*) は c **である**. または, 関数 $f(x, y)$ は c に**収束** (*converge*) するといい, 次のように書く.
>
> $$\lim_{(x,y) \to (a,b)} f(x, y) = c \quad \text{または,} \quad \lim_{P \to A} f(P) = c$$

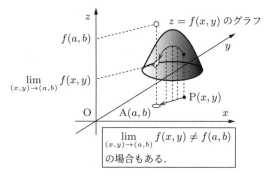

図 16.2　関数の値と極限値の違い

注意 16.1.1 (Remark 16.1.1) x, y にそれぞれ a, b を代入した $f(a, b)$ が極限値 $\displaystyle\lim_{(x,y) \to (a,b)} f(x, y)$ と一致するとは限らない. $f(a, b)$ と $\displaystyle\lim_{(x,y) \to (a,b)} f(x, y)$ の違いをグラフで表現したものが図 16.2 である.

多変数関数の極限について, 定数倍と加減乗除に関する次の定理が成り立つ.

> **定理 16.1.2 (極限の性質 Properties of Limit)**
>
> 2つの関数 $z = f(x, y)$ と $z = g(x, y)$ について,
>
> $$\lim_{(x,y) \to (a,b)} f(x, y) = c_1, \quad \lim_{(x,y) \to (a,b)} g(x, y) = c_2$$
>
> が存在するとき, 次のことが成り立つ.

(i)　定数 k に対して，$\displaystyle\lim_{(x,y)\to(a,b)} kf(x,y) = kc_1$

(ii)　$\displaystyle\lim_{(x,y)\to(a,b)} (f(x,y) \pm g(x,y)) = c_1 \pm c_2$　（複号同順）

(iii)　$\displaystyle\lim_{(x,y)\to(a,b)} f(x,y)g(x,y) = c_1 c_2$

(iv)　$c_2 \neq 0$ ならば，$\displaystyle\lim_{(x,y)\to(a,b)} \frac{f(x,y)}{g(x,y)} = \frac{c_1}{c_2}$

　定理 16.1.2 の結論はいずれも直感的に受け入れることができると思うので，証明は省略する．

例題 16.1.1 (Example 16.1.1)

　極限 $\displaystyle\lim_{(x,y)\to(0,0)} \frac{x^2}{\sqrt{x^2+y^2}}$ が存在するかどうか調べよ．

注意 16.1.2 (Remark 16.1.2)　安直に $(x,y) = (0,0)$ を $\dfrac{x^2}{\sqrt{x^2+y^2}}$ に代入してしまうと，$\dfrac{0}{0}$ となって不定形になる．そこで，**極座標表示** $(x,y) = (r\cos\theta, r\sin\theta)$ **を用いて**，$r \to +0$ の極限を考える．

解答 Solution　極座標表示 $(x,y) = (r\cos\theta, r\sin\theta)$ を用いると，

$$\frac{x^2}{\sqrt{x^2+y^2}} = \frac{r^2\cos^2\theta}{r} = r\cos^2\theta \quad \cdots ①$$

となる．$(x,y) \to (0,0)$ は $r \to +0$ と同じなので，① より，

$$\lim_{(x,y)\to(0,0)} \frac{x^2}{\sqrt{x^2+y^2}} = \lim_{r\to+0} r\cos^2\theta = 0.$$

したがって，極限は存在し，その極限値は 0 である．　　$\cdots$（答）

例題 16.1.2 (Example 16.1.2)

　極限 $\displaystyle\lim_{(x,y)\to(0,0)} \frac{x^2}{x^2+y^2}$ が存在するかどうか調べよ．

解答 Solution 極座標表示 $(x, y) = (r\cos\theta, r\sin\theta)$ を用いると,

$$\frac{x^2}{x^2 + y^2} = \frac{r^2 \cos^2 \theta}{r^2} = \cos^2 \theta \quad \cdots ①$$

となる. $(x, y) \to (0, 0)$ は $r \to +0$ と同じなので, ①より,

$$\lim_{(x,y)\to(0,0)} \frac{x^2}{x^2 + y^2} = \lim_{r\to+0} \cos^2 \theta = \cos^2 \theta.$$

したがって, 点 (x, y) が原点 $(0, 0)$ に近づく方向 (つまり, θ の固定方法) によって結果が異なるので, 極限は存在しない. $\cdots$ (答)

練習問題 16.1 (Exercise 16.1)

問 1 次の関数の極限が存在するか調べよ.

(1) $\displaystyle\lim_{(x,y)\to(2,1)} (x + 2y)$

(2) $\displaystyle\lim_{(x,y)\to(0,0)} \frac{x^2 + 2y^2}{\sqrt{x^2 + y^2}}$

(3) $\displaystyle\lim_{(x,y)\to(0,0)} \frac{x^2 + 2y^2}{x^2 + y^2}$

問 2 極限 $\displaystyle\lim_{(x,y)\to(1,-1)} \frac{(x-1)^2 + x(y+1)^2}{(x-1)^2 + (y+1)^2}$ が存在するか調べよ (【ヒント (Hint)】 $(x, y) = (1 + r\cos\theta, -1 + r\sin\theta)$ とおいて, $r \to +0$ を考える).

16.2 2 変数関数の連続性 (Continuity of 2–Variable Functions)

2 変数関数 $z = f(x, y)$ のグラフに穴や段違いの切れ目がないとき, $z = f(x, y)$ は連続であるという. より詳しく, 関数の連続性を次のように極限を用いて定義する.

定義 16.2.1 (2 変数関数の連続性 Continuity of 2–Variable Functions)
関数 $z = f(x, y)$ が点 (a, b) で**連続** (*continuous*) であるとは, 次の 2 つの条件が成り立つことである.

(i) 極限 $\lim\limits_{(x,y)\to(a,b)} f(x,y)$ が存在する.

(ii) $\lim\limits_{(x,y)\to(a,b)} f(x,y) = f(a,b)$.

関数 $z = f(x,y)$ が点 (a,b) において, 上の (i) または (ii) を満たさないとき, $z = f(x,y)$ は点 (a,b) において**不連続** (*discontinuous*) であるという (図 16.3).

　この定義は, 1 変数関数の連続性の定義と似ている. 異なるところは, 独立変数の個数だけである.

注意 16.2.1 (Remark 16.2.1)　座標平面上の領域を D とする. 関数 $z = f(x,y)$ が領域 D 上の**すべての**点 (a,b) で連続であるとき, 関数 $z = f(x,y)$ は**領域 D で連続である**という.

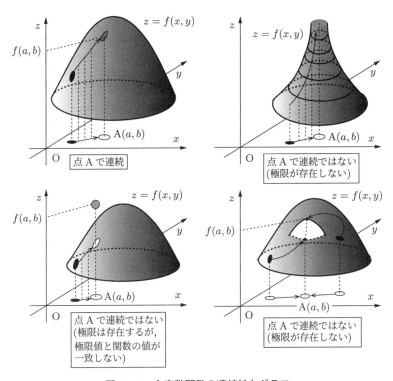

図 16.3　多変数関数の連続性とグラフ

例題 16.2.1 (Example 16.2.1)

次の (1), (2) の関数について, 原点 $(0,0)$ での連続性を調べよ.

(1) $f(x,y) = \begin{cases} \dfrac{x^2}{\sqrt{x^2+y^2}} & ((x,y) \neq (0,0) \text{ のとき}) \\ 0 & ((x,y) = (0,0) \text{ のとき}) \end{cases}$

(2) $g(x,y) = \begin{cases} \dfrac{y}{\sqrt{x^2+y^2}} & ((x,y) \neq (0,0) \text{ のとき}) \\ 0 & ((x,y) = (0,0) \text{ のとき}) \end{cases}$

解答 Solution (1) **(定義 16.2.1 の条件 (i) の確認)** 極座標表示 $(x,y) = (r\cos\theta, r\sin\theta)$ を用いると, $r > 0$ のとき,

$$f(r\cos\theta, r\sin\theta) = \frac{r^2\cos^2\theta}{r} = r\cos^2\theta$$

となる. $(x,y) \to (0,0)$ は $r \to +0$ と同じことなので,

$$\lim_{(x,y)\to(0,0)} f(x,y) = \lim_{r\to+0} f(r\cos\theta, r\sin\theta) = \lim_{r\to+0} r\cos^2\theta = 0$$

となって, 極限 $\lim_{(x,y)\to(0,0)} f(x,y)$ が存在する.

(定義 16.2.1 の条件 (ii) の確認) いま, $f(0,0) = 0$ と取り決められているので,

$$\lim_{(x,y)\to(0,0)} f(x,y) = f(0,0)$$

が成り立っている. したがって, 関数 $z = f(x,y)$ は原点 $(0,0)$ で連続である.
$\cdots$ (答)

(2) **(定義 16.2.1 の条件 (i) の確認)** 極座標表示 $(x,y) = (r\cos\theta, r\sin\theta)$ を用いると, $r > 0$ のとき,

$$g(r\cos\theta, r\sin\theta) = \frac{r\sin\theta}{r} = \sin\theta$$

となる. $(x,y) \to (0,0)$ は $r \to +0$ と同じことなので,

$$\lim_{r\to+0} g(r\cos\theta, r\sin\theta) = \lim_{r\to+0} \sin\theta = \sin\theta$$

となる. これは, 点 (x,y) が原点 $(0,0)$ に近づく経路によって極限値が異なることを意味している. したがって, 極限 $\lim_{(x,y)\to(0,0)} g(x,y)$ は存在しない.

定義 16.2.1 の条件 (i) を満たしていないので, 関数 $z = g(x, y)$ は原点 $(0, 0)$ で連続ではない. $\cdots$ (答)

次に, 連続関数に関する簡単な性質を述べる.

定理 16.2.2 (連続関数の性質 Properties of Continuous Functions)

2つの関数 $z = f(x, y)$ と $z = g(x, y)$ は領域 D で連続とする. このとき, 次のことが成り立つ.

(i) 定数 k に対して, $z = kf(x, y)$ も領域 D で連続

(ii) $z = f(x, y) \pm g(x, y)$ も領域 D で連続

(iii) $z = f(x, y)g(x, y)$ も領域 D で連続

(iv) 領域 D で $g(x, y) \neq 0$ ならば, $z = \dfrac{f(x, y)}{g(x, y)}$ も領域 D で連続

注意 16.2.2 (Remark 16.2.2) 定理 16.2.2 のお陰で, 次のことがすぐにわかる. 関数 x, y および定数関数 1 は座標平面全体で連続であるから,

$$2x, \quad 2x + y, \quad 2x + y - 1, \quad x^2, \quad y^2, \quad xy, \quad x^2 + y^2 + 1$$

もすべて座標平面全体で連続になる. また, $x^2 + y^2 + 1 \neq 0$ なので,

$$\frac{2x + y}{x^2 + y^2 + 1}$$

のような複雑な関数も座標平面全体で連続になる (ゆえに, $z = \dfrac{2x + y}{x^2 + y^2 + 1}$ のグラフには, 穴が開くことはなく, 裂け目が入ることもない).

証明 Proof   連続性の定義 (定義 16.2.1) より, 領域 D に含まれるすべての点 (a, b) について,

$$\lim_{(x, y) \to (a, b)} f(x, y) = f(a, b), \qquad \lim_{(x, y) \to (a, b)} g(x, y) = g(a, b)$$

が成り立つ. 後は, 極限の性質 (定理 16.1.2) を利用すればよい. つまり,

(i) $\displaystyle \lim_{(x, y) \to (a, b)} kf(x, y) = kf(a, b)$ ($\because$ 定理 16.1.2 (i) より),

(ii) $\displaystyle \lim_{(x, y) \to (a, b)} (f(x, y) \pm g(x, y)) = f(a, b) \pm g(a, b)$ (複号同順)   ($\because$ 定理 16.1.2 (ii) より),

(iii) $\displaystyle \lim_{(x, y) \to (a, b)} f(x, y)g(x, y) = f(a, b)g(a, b)$ ($\because$ 定理 16.1.2 (iii) より),

(iv) $g(a,b) \neq 0$ なので, $\displaystyle\lim_{(x,y)\to(a,b)} \frac{f(x,y)}{g(x,y)} = \frac{f(a,b)}{g(a,b)}$ （∵定理 16.1.2 (iv) より）

となる. それぞれの極限が (x,y) に (a,b) を代入したものになっているので,

$$z = kf(x,y), \quad z = f(x,y) \pm g(x,y), \quad z = f(x,y)g(x,y), \quad z = \frac{f(x,y)}{g(x,y)}$$

はすべて点 (a,b) で連続であり, 点 (a,b) は領域 D に含まれるすべての点を表しているので, 上の関数は全部領域 D で連続になる. ∎

練習問題 16.2 (Exercise 16.2)

問 1 次の関数 $z = f(x,y)$ が原点 $(0,0)$ で連続か調べよ.

(1) $f(x,y) = \begin{cases} \dfrac{xy}{\sqrt{x^2+y^2}} & ((x,y) \neq (0,0) \text{ のとき}) \\ 0 & ((x,y) = (0,0) \text{ のとき}) \end{cases}$

(2) $f(x,y) = \begin{cases} \dfrac{xy}{x^2+y^2} & ((x,y) \neq (0,0) \text{ のとき}) \\ 0 & ((x,y) = (0,0) \text{ のとき}) \end{cases}$

(3) $f(x,y) = \begin{cases} \dfrac{x^2(1-y)+y^2}{x^2+y^2} & ((x,y) \neq (0,0) \text{ のとき}) \\ 0 & ((x,y) = (0,0) \text{ のとき}) \end{cases}$

問 2 関数 $f(x,y) = \dfrac{x-y}{x^2+4xy+6y^2+1}$ について, 次の各問に答えよ.

(1) 等式 $x^2 + 4xy + 6y^2 + 1 = (x + \boxed{\text{(a)}}\, y)^2 + \boxed{\text{(b)}}\, y^2 + 1$ が正しくなるように, 空欄 (a), (b) に入る数値を答えよ.

(2) $x^2 + 4xy + 6y^2 + 1 = 0$ となる実数 x, y が存在するか調べよ.

(3) 関数 $f(x,y)$ が座標平面全体で連続であるかどうか答えよ. ただし, 関数 x, y および定数関数 1 が座標平面全体で連続であることを証明なしに認めてもよい.

第 17 章

偏微分

PARTIAL DIFFERENTIATION

1変数関数 $f(x)$ の場合, 微小な h に対して, $f(x)$ と $f(x+h)$ の大小を調べるには, 微分係数 $f'(x)$ あるいは $\dfrac{df}{dx}(x)$ の正負を観察すればよい. 2変数関数 $f(x, y)$ についても, 微小な h と k に対して, $f(x, y)$ と $f(x+h, y+k)$ の大小を調べることがある. しかし, いきなりこの問題に取り組むにはまだ準備不足なので, まず簡単な問題を解決することから始める.

微小な h に対して, $f(x, y)$ と $f(x+h, y)$ の大小を調べる (片方の変数だけ変化させる). 変数 y が固定されているので, これは $f(x, y)$ を y を一定として, x で微分したもの, つまり,

$$\lim_{h \to 0} \frac{f(x+h, y) - f(x, y)}{h}$$

の正負を観察すればよさそうである. 同様に, 微小な k に対して, $f(x, y)$ と $f(x, y+k)$ の大小を調べるには, $f(x, y)$ を x を一定として, y で微分したもの, つまり,

$$\lim_{k \to 0} \frac{f(x, y+k) - f(x, y)}{k}$$

の正負を観察すればよさそうである.

17.1 偏導関数 (Partial Derivatives)

以上の動機のもとで, 2 変数関数 $f(x, y)$ の微分に相当するものを紹介する.

> **定義 17.1.1 (偏微分係数 Partial Differential Coefficient)**
>
> 2 変数関数 $f(x, y)$ に対して,
>
> (i) 極限
> $$\lim_{h \to 0} \frac{f(x+h, y) - f(x, y)}{h} \quad \cdots ①$$
> が存在するとき, $f(x, y)$ は点 (x, y) において x **について偏微分**
> **可能** (*partially differentiable with respect to x*) という. 極限① を
> $\dfrac{\partial f}{\partial x}(x, y)$, $\dfrac{\partial}{\partial x} f(x, y)$, $\partial_x f(x, y)$ または $f_x(x, y)$ と書き, これ
> を $f(x, y)$ の点 (x, y) における x に関する **偏微分係数** (*partial differential coefficient*) という.
>
> (ii) 極限
> $$\lim_{k \to 0} \frac{f(x, y+k) - f(x, y)}{k} \quad \cdots ②$$
> が存在するとき, $f(x, y)$ は点 (x, y) において y **について偏微分**
> **可能** (*partially differentiable with respect to y*) という. 極限② を
> $\dfrac{\partial f}{\partial y}(x, y)$, $\dfrac{\partial}{\partial y} f(x, y)$, $\partial_y f(x, y)$ または $f_y(x, y)$ と書き, これ
> を $f(x, y)$ の点 (x, y) における y に関する **偏微分係数** (*partial differential coefficient*) という.

注意 17.1.1 (Remark 17.1.1) (偏微分係数の幾何学的な見方) 座標空間内の曲面 $z = f(x, y)$ 上の点 $(x, y, f(x, y))$ を P とする. 点 P を含み xz 平面に平行な平面で 曲面 $z = f(x, y)$ を切断したときにできる曲線を C_1 とする. 偏微分係数 $\dfrac{\partial f}{\partial x}(x, y)$ ま たは $f_x(x, y)$ は, 曲線 C_1 上の点 P で接する直線の傾きである (図 17.1 左). また, 点 P を含み yz 平面に平行な平面で曲面 $z = f(x, y)$ を切断したときにできる曲線を C_2 とする. 偏微分係数 $\dfrac{\partial f}{\partial y}(x, y)$ または $f_y(x, y)$ は, 曲線 C_2 上の点 P で接する直線の 傾きである (図 17.1 右).

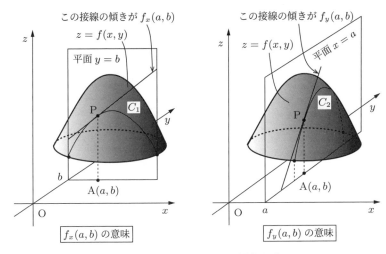

図 17.1 多変数関数の偏微分係数とグラフ

注意 17.1.2 (Remark 17.1.2) 領域 D に含まれるすべての点 (x, y) で, 関数 $f(x, y)$ が x について偏微分可能であるとき, $\dfrac{\partial f}{\partial x}(x, y), \dfrac{\partial}{\partial x}f(x, y), \partial_x f(x, y)$ または $f_x(x, y)$ を f の x **に関する偏導関数** (*partial derivative with respect to* x) という. また, 領域 D に含まれるすべての点 (x, y) において, 関数 $f(x, y)$ が y について偏微分可能であるとき, $\dfrac{\partial f}{\partial y}(x, y), \dfrac{\partial}{\partial y}f(x, y), \partial_y f(x, y)$ または $f_y(x, y)$ を f の y **に関する偏導関数** (*partial derivative with respect to* y) という. 記号 ∂ を「ラウンド ディー (*round d*)」と発音する. 日本では「デル」と発音することもある.

例題 17.1.1 (Example 17.1.1) ────────

$f(x, y) = x^2 - 3xy + y^2$ について, 次の各問に答えよ.

(1) 定義 17.1.1 (i), (ii) に従って, $f_x(x, y)$ と $f_y(x, y)$ を求めよ.

(2) y を定数扱いして, 変数 x で微分することで $f_x(x, y)$ を求めよ.

  ((1) で求めた $f_x(x, y)$ と一致しているはず.)

(3) x を定数扱いして, 変数 y で微分することで $f_y(x, y)$ を求めよ.

  ((1) で求めた $f_y(x, y)$ と一致しているはず.)

解答 Solution (1) 定義 17.1.1 (i) より,

$$
\begin{aligned}
f_x(x, y) &= \lim_{h \to 0} \frac{f(x+h, y) - f(x, y)}{h} \\
&= \lim_{h \to 0} \frac{\{(x+h)^2 - 3(x+h)y + y^2\} - \{x^2 - 3xy + y^2\}}{h} \\
&= \lim_{h \to 0} \frac{h(2x + h - 3y)}{h} \\
&= \lim_{h \to 0} (2x + h - 3y) \\
&= 2x - 3y. \quad \cdots (\text{答})
\end{aligned}
$$

次に, 定義 17.1.1 (ii) より,

$$
\begin{aligned}
f_y(x, y) &= \lim_{k \to 0} \frac{f(x, y+k) - f(x, y)}{k} \\
&= \lim_{k \to 0} \frac{\{x^2 - 3x(y+k) + (y+k)^2\} - \{x^2 - 3xy + y^2\}}{k} \\
&= \lim_{k \to 0} \frac{k(-3x + 2y + k)}{k} \\
&= \lim_{k \to 0} (-3x + 2y + k) \\
&= -3x + 2y. \quad \cdots (\text{答})
\end{aligned}
$$

(2) $\dfrac{\partial f}{\partial x} = \dfrac{\partial x^2}{\partial x} - 3y \dfrac{\partial x}{\partial x} + \dfrac{\partial y^2}{\partial x} = 2x - 3y + 0 = 2x - 3y. \quad \cdots (\text{答})$

(3) $\dfrac{\partial f}{\partial y} = \dfrac{\partial x^2}{\partial y} - 3x \dfrac{\partial y}{\partial y} + \dfrac{\partial y^2}{\partial y} = 0 - 3x + 2y = -3x + 2y. \quad \cdots (\text{答})$

練習問題 17.1 (Exercise 17.1)

問 1　次の関数 $f(x,y)$ の偏導関数 $f_x(x,y)$ と $f_y(x,y)$ を求めよ.

(1)　$f(x,y) = x^2 - 4x^4y + xy + 3y^2$

(2)　$f(x,y) = xye^{x-y}$

(3)　$f(x,y) = \log \dfrac{\sin y}{x^2}$

(4)　$f(x,y) = \log_y x \quad (y > 0,\ y \neq 1)$

(5)　$f(x,y) = \mathrm{Tan}^{-1} \dfrac{x+y}{x-y}$

(6)　$f(x,y) = \mathrm{Sin}^{-1} \dfrac{x}{y} \quad (y > 0)$

問 2　次の関数 $f(x,y)$ の偏微分係数 $f_x(1,2)$ と $f_y(1,2)$ を求めよ.

(1)　$f(x,y) = \log(x^2 + y^2)$　　　(2)　$f(x,y) = (2x+y)e^{xy}$

(3)　$f(x,y) = \sqrt{x^2 + 2y + y^2}$　　(4)　$f(x,y) = \mathrm{Cos}^{-1} \dfrac{x}{y}$

第 18 章

全微分可能性と接平面

TOTAL DIFFERENTIABILITY & TANGENT PLANE

関数 $f(x, y)$ が x について偏微分可能であれば, $f_x(x, y)$ の正負を調べることで, 微小な h に対して $f(x+h, y)$ と $f(x, y)$ の大小を予測できる. また, 関数 $f(x, y)$ が y について偏微分可能であれば, $f_y(x, y)$ の正負を調べることで, 微小な k に対して $f(x, y+k)$ と $f(x, y)$ の大小を予測できる.

では, 2 つの変数をともに変化させて, $f(x+h, y+k)$ と $f(x, y)$ の大小を予測するにはどうすればよいだろうか.

18.1　2 変数関数の全微分可能性 (Total Differentiability of 2–Variable Functions)

まず, 差 $f(x+h, y+k) - f(x, y)$ を次のように書きかえる.

$$f(x+h, y+k) - f(x, y)$$
$$= \{f(x+h, y+k) - f(x, y+k)\} + \{f(x, y+k) - f(x, y)\}$$
$$= \frac{f(x+h, y+k) - f(x, y+k)}{h}h + \frac{f(x, y+k) - f(x, y)}{k}k \quad \cdots ①$$

ここで, 偏微分係数の定義 (定義 17.1.1) より, h と k が 0 に近いとき,

$$\frac{f(x+h, y+k) - f(x, y+k)}{h} \fallingdotseq f_x(x, y+k) \fallingdotseq f_x(x, y),$$

$$\frac{f(x, y + k) - f(x, y)}{k} \fallingdotseq f_y(x, y)$$

と見なせそうである. すると, ①から,

$$f(x + h, y + k) - f(x, y) = f_x(x, y)h + f_y(x, y)k + R(h, k) \quad \cdots ②$$

と表現できそうである. ここで, $R(h, k)$ は $f(x + h, y + k) - f(x, y)$ と $f_x(x, y)h + f_y(x, y)k$ との誤差を表す.

②において, 微小な h, k に対して誤差 $R(h, k)$ が右辺の第1項と第2項に比べて無視可能ならば, $f(x + h, y + k)$ と $f(x, y)$ の大小は「$f_x(x, y)h + f_y(x, y)k$ の正負」から予測できる. 下線部分の事柄が成り立つ関数 $f(x, y)$ を点 (x, y) で**全微分可能**または単に**微分可能**という. より正確な定義は次のとおりである.

> **定義 18.1.1 (全微分可能性 Total Differentiablity)**
>
> 2変数関数 $f(x, y)$ が点 (x, y) で**全微分可能** (*totally differentiable*) あるいは**微分可能** (*differentiable*) とは,
>
> $$f(x + h, y + k) - f(x, y) = Ah + Bk + R(h, k) \quad \cdots (*1)$$
>
> を満たす, h と k によらない定数 A, B が存在することである. ただし, 誤差項 $R(h, k)$ は,
>
> $$\lim_{(h,k) \to (0,0)} \frac{R(h, k)}{\sqrt{h^2 + k^2}} = 0 \quad \cdots (*2)$$
>
> を満たす.

注意 18.1.1 (Remark 18.1.1) 関数 $f(x, y)$ が点 (x, y) で全微分可能ならば, 定義 18.1.1 (*1) の係数 A, B について,

$$A = f_x(x, y), \quad B = f_y(x, y) \quad \cdots (*3)$$

となる. なぜなら, (*1) において, $h \neq 0$, $k = 0$ とすると,

$$f(x + h, y) - f(x, y) = Ah + R(h, 0)$$

$$\iff \frac{f(x + h, y) - f(x, y)}{h} = A + \frac{R(h, 0)}{h}. \quad \cdots (*4)$$

ここで, (*2) より,

$$\lim_{h \to 0} \frac{R(h, 0)}{h} = \lim_{h \to 0} \frac{R(h, 0)}{\sqrt{h^2 + 0^2}} \times \frac{|h|}{h} = 0.$$

ただし, $\dfrac{|h|}{h}$ は 1 か -1 の値を取ることを用いた. これを (*4) に適用すると,

$$\lim_{h \to 0} \frac{f(x+h, y) - f(x, y)}{h} = A.$$

つまり, 関数 $f(x, y)$ は点 (x, y) で x について偏微分可能で, $A = f_x(x, y)$ となる. $B = f_y(x, y)$ についても同様に示すことができる.

注意 18.1.2 (Remark 18.1.2)　　注意 18.1.1 から,

$$f(x, y) \text{ が点 } (x, y) \text{ で全微分可能}$$
$$\Longrightarrow \quad f(x, y) \text{ は点 } (x, y) \text{ で } x, y \text{ について偏微分可能}$$

であることがわかる. しかし, 逆の主張 ($\Longleftarrow$ の主張) が正しいとは限らない (練習問題 18.1 問 2 を考察せよ).

┌─ **例題 18.1.1 (Example 18.1.1)** ─────────────

　関数 $f(x, y) = x^2 + 2y^2$ は点 $(2, 1)$ で, 全微分可能か調べよ.

└────────────────────────────────

解答 Solution　　**(Step 1) 誤差 $R(h, k)$ の式を求める.**

　定義 18.1.1 で $(x, y) = (2, 1)$ とおく.

$$f(2+h, 1+k) - f(2, 1) = Ah + Bk + R(h, k)$$

注意 18.1.1 より, $A = f_x(2, 1)$, $B = f_y(2, 1)$ であることに注意. すると, 誤差 $R(h, k)$ は,

$$R(h, k) = f(2+h, 1+k) - f(2, 1) - f_x(2, 1)h - f_y(2, 1)k. \quad \cdots \textcircled{1}$$

となる. ここで,

$$f(2+h, 1+k) = (2+h)^2 + 2(1+k)^2, \quad f(2, 1) = 2^2 + 2 \times 1^2 = 6,$$

および $f_x(x, y) = 2x$, $f_y(x, y) = 4y$ より,

$$f_x(2, 1) = 4, \quad f_y(2, 1) = 4$$

を①の右辺に代入して, 計算すると,

$$R(h, k) = h^2 + 2k^2.$$

(Step 2) $\displaystyle \lim_{(h, k) \to (0, 0)} \frac{R(h, k)}{\sqrt{h^2 + k^2}} = 0$ **かどうか確かめる.**

$(h, k) = (r \cos \theta, r \sin \theta)$ とおき, $r \to +0$ の極限を考えると,

$$\lim_{(h,k) \to (0,0)} \frac{R(h,k)}{\sqrt{h^2 + k^2}} = \lim_{r \to +0} \frac{r^2 \cos^2 \theta + 2r^2 \sin^2 \theta}{r}$$

$$= \lim_{r \to +0} r(\cos^2 \theta + 2 \sin^2 \theta)$$

$$= 0$$

となって, 定義 18.1.1 の条件 (∗2) を満たす. したがって, 関数 $f(x, y)$ は点 $(2, 1)$ で全微分可能である. … (答)

練習問題 18.1 (Exercise 18.1)

問 1 関数 $f(x, y) = 3x^2 - xy$ に関する次の各問に答えよ.

(1) 偏導関数 $f_x(x, y)$ と $f_y(x, y)$ を計算し, 偏微分係数 $f_x(1, 1)$ と $f_y(1, 1)$ の値を求めよ.

(2) $R(h, k) = f(1 + h, 1 + k) - f(1, 1) - f_x(1, 1)h - f_y(1, 1)k$ を h, k で表せ.

(3) (2) の $R(h, k)$ について, 極限 $\displaystyle\lim_{(h,k) \to (0,0)} \frac{R(h, k)}{\sqrt{h^2 + k^2}}$ を求めよ.

(4) 関数 $f(x, y)$ は点 $(1, 1)$ で全微分可能か答えよ.

問 2 関数 $f(x, y)$ を次のように定義する.

$$f(x, y) = \begin{cases} \dfrac{x^2 y}{x^2 + y^2} & ((x, y) \neq (0, 0) \text{ のとき}) \\ 0 & ((x, y) = (0, 0) \text{ のとき}) \end{cases}$$

次の各問に答えよ.

(1) 極限 $\displaystyle\lim_{h \to 0} \frac{f(0 + h, 0) - f(0, 0)}{h}$ を調べて, 偏微分係数 $f_x(0, 0)$ が存在するかどうか調べよ.

(2) 偏微分係数 $f_y(0, 0)$ が存在するかどうか調べよ.

(3) $(h, k) \neq (0, 0)$ に対して, $R(h, k) = f(0 + h, 0 + k) - f(0, 0) - f_x(0, 0)h - f_y(0, 0)k$ を h, k で表せ.

(4) (3) の $R(h, k)$ について, $\displaystyle\lim_{(h,k) \to (0,0)} \frac{R(h, k)}{\sqrt{h^2 + k^2}}$ が存在し**ない**ことを示せ.

(5) 関数 $f(x, y)$ は点 $(0, 0)$ で全微分可能か答えよ.

18.2 グラフの接平面 (Tangent Plane on a Graph)

全微分可能性は, グラフの接平面の存在と密接な関わりがある.

性質 18.2.1 (全微分可能性と接平面 Total Differentiablity & Tangent Plane)

関数 $f(x, y)$ が点 (a, b) で全微分可能であるとき, グラフ $z = f(x, y)$ 上の点 $(a, b, f(a, b))$ で接平面が存在する. この接平面の方程式は,

$$z = f_x(a, b)(x - a) + f_y(a, b)(y - b) + f(a, b)$$

である (図 18.1).

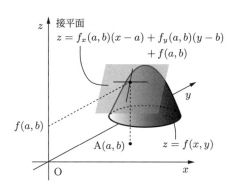

図 18.1 多変数関数のグラフの接平面

理由 Reason 定義 18.1.1 で $(x, y) = (a, b)$ と読みかえて,

$$f(a + h, b + k) - f(a, b) = f_x(a, b)h + f_y(a, b)k + R(h, k)$$

と書く. $R(h, k)$ は誤差を表す. ここで, $h = x - a$, $k = y - b$ とおく (つまり, (h, k) を点 (x, y) と点 (a, b) との差と見る). すると,

$$
\begin{aligned}
f(x, y) =& f_x(a, b)(x - a) + f_y(a, b)(y - b) + f(a, b) \\
& + R(x - a, y - b)
\end{aligned}
$$

を得る. 点 (x,y) が 点 (a,b) に非常に近いとき, $R(x-a, y-b)$ は $x-a$ と $y-b$ に比べて無視できることに注意. すると, 上の関係式から, 点 (x,y) が 点 (a,b) 付近にあるとき,

$$f(x,y) \fallingdotseq f_x(a,b)(x-a) + f_y(a,b)(y-b) + f(a,b)$$

と見なせる. これは, 点 $(a,b,f(a,b))$ 付近で, $z = f(x,y)$ のグラフと

$$z = f_x(a,b)(x-a) + f_y(a,b)(y-b) + f(a,b) \quad \cdots ①$$

のグラフが近いことを意味する. 関係式①は, z が x, y の 1 次式であるから, 平面を表す (15.3 節を参照). ゆえに, ①は $z = f(x,y)$ の接平面である.

$y = b$ のとき, ① は $z = f_x(a,b)(x-a) + f(a,b)$ となり, これは曲線 $z = f(x,b)$ の点 $x = a$ での接線の式となる. 同様に, $x = a$ のときは曲線 $z = f(a,y)$ の点 $y = b$ での接線の式となる (図 17.1).

― 例題 18.2.1 (Example 18.2.1) ―

$f(x,y) = x^2 + 2y^2$ とする. 曲面 $z = f(x,y)$ 上の点 $(2,1,6)$ における 接平面の方程式を求めよ.

解答 Solution $f_x(x,y) = 2x$, $f_y(x,y) = 4y$ に注意して, 接平面の方程式 (性質 18.2.1) より,

$$z = f_x(2,1)(x-2) + f_y(2,1)(y-1) + f(2,1)$$
$$= 4(x-2) + 4(y-1) + 6$$
$$= 4x + 4y - 6. \quad \cdots (答)$$

練習問題 18.2 (Exercise 18.2)

問 1 関数 $f(x,y) = x^2 + y^2$ に関する次の各問に答えよ.

(1) 偏導関数 $f_x(x,y)$ と $f_y(x,y)$ を求めよ.

(2) 偏微分係数 $f_x(1,2)$ と $f_y(1,2)$ の値を求めよ.

(3) 曲面 $z = f(x,y)$ 上の点 $(1,2,5)$ における接平面の方程式を求めよ.

問 2　曲面 $z = \sqrt{x^2 + y^2 + 2}$ 上の点 $(1, 1, 2)$ における接平面の方程式を求めよ.

問 3　曲面 $z = e^{x^3 + 3xy - y^3}$ 上の点 $(1, 1, e^3)$ における接平面の方程式を求めよ.

第 19 章

合成関数の微分

DERIVATIVES OF COMPOSITE FUNCTIONS

2 変数関数 $f(x,y)$ が与えられたときに，点 (a,b) から単位方向ベクトル $\boldsymbol{u} = (\alpha, \beta)$ (ただし，$\alpha^2 + \beta^2 = 1$) の向きに (x,y) を変化させて，$f(x,y)$ の増減を調べることがある (図 19.1)．この場合，

$$(x,y) = (a,b) + t(\alpha, \beta) = (a + t\alpha, b + t\beta)$$

を $f(x,y)$ に代入して，

$$f(a + t\alpha, b + t\beta) \quad \text{(合成関数)}$$

を得た後に，これを変数 t で微分する必要がある．つまり，

$$\frac{d}{dt} f(a + t\alpha, b + t\beta)$$

の計算が必要である．この章では，2 変数関数が絡む合成関数の微分を学ぶ．

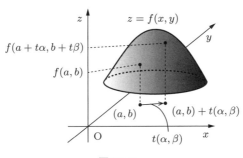

図 19.1

19.1 合成関数の微分公式：2 変数関数と 1 変数関数の合成 (Chain Rule 1)

2 変数関数 $f(x, y)$ に関数 $x = \varphi(t)$, $y = \psi(t)$ を代入して,

$$\frac{d}{dt} f(\varphi(t), \psi(t))$$

を計算するときに, 次の定理がよく利用される.

定理 19.1.1 (合成関数の微分 Chain Rule 1)

関数 $x = \varphi(t)$, $y = \psi(t)$ はともに変数 t について微分可能とする. さらに, 2 変数関数 $f(x, y)$ は点 $(a, b) = (\varphi(t), \psi(t))$ で全微分可能とする. このとき, 合成関数 $f(\varphi(t), \psi(t))$ は変数 t について微分可能であり,

$$\frac{d}{dt} f(\varphi(t), \psi(t)) = \frac{\partial f}{\partial x}(a, b) \frac{d\varphi}{dt}(t) + \frac{\partial f}{\partial y}(a, b) \frac{d\psi}{dt}(t) \quad \cdots (*)$$

が成り立つ.

注意 19.1.1 (Remark 19.1.1) 公式 $(*)$ を

$$\frac{df(x, y)}{dt} = \frac{\partial f}{\partial x} \frac{dx}{dt} + \frac{\partial f}{\partial y} \frac{dy}{dt}$$

のように簡略化して覚える. 和が現れるところに最初は違和感を覚えるかもしれない.

証明 Proof $\varphi(t + \Delta t) = a + h$, $\psi(t + \Delta t) = b + k$ と見ると, 全微分可能性の定義 (定義 18.1.1) より,

$$f(\varphi(t + \Delta t), \psi(t + \Delta t)) - f(\varphi(t), \psi(t))$$
$$= f_x(a, b)h + f_y(a, b)k + R(h, k) \quad \cdots ①$$

と書くことができる.

$$h = \varphi(t + \Delta t) - a = \varphi(t + \Delta t) - \varphi(t),$$
$$k = \psi(t + \Delta t) - b = \psi(t + \Delta t) - \psi(t)$$

となることに注意して, ①より,

$$\frac{f(\varphi(t + \Delta t), \psi(t + \Delta t)) - f(\varphi(t), \psi(t))}{\Delta t}$$
$$= f_x(a, b) \frac{\varphi(t + \Delta t) - \varphi(t)}{\Delta t} + f_x(a, b) \frac{\psi(t + \Delta t) - \psi(t)}{\Delta t} + \frac{R(h, k)}{\Delta t} \quad \cdots ②$$

となる. ②の $\dfrac{R(h,k)}{\Delta t}$ について, $\displaystyle\lim_{\Delta t \to 0} \dfrac{R(h,k)}{\Delta t} = 0$ となることを示す. その
ために, $|\Delta t| > 0$ が微小なときで, 以下の 2 通りの場合を考える.

(i) $h \neq 0$ または $k \neq 0$ の場合. まず,

$$\left| \frac{R(h,k)}{\Delta t} \right| = \left| \frac{R(h,k)}{\sqrt{h^2 + k^2}} \right| \times \frac{\sqrt{h^2 + k^2}}{|\Delta t|} \quad \cdots ③$$

と書きかえる. $|\Delta t|$ が微小で, かつ $|h|, |k|$ も微小な量であるから, $f(x,y)$ が
全微分可能であることより, $\left| \dfrac{R(h,k)}{\sqrt{h^2 + k^2}} \right|$ も微小な量である. また, $\varphi(t), \psi(t)$
が微分可能であることから,

$$\lim_{\Delta t \to 0} \frac{\sqrt{h^2 + k^2}}{|\Delta t|}$$

$$= \lim_{\Delta t \to 0} \sqrt{\left(\frac{\varphi(t + \Delta t) - \varphi(t)}{\Delta t} \right)^2 + \left(\frac{\psi(t + \Delta t) - \psi(t)}{\Delta t} \right)^2}$$

$$= \sqrt{\varphi'(t)^2 + \psi'(t)^2}$$

となるので, $\displaystyle\lim_{\Delta t \to 0} \left| \dfrac{R(h,k)}{\Delta t} \right| = 0$ となる. つまり, $|\Delta t|$ を十分小さく取れば,
$\left| \dfrac{R(h,k)}{\Delta t} \right|$ はいくらでも小さくなる.

(ii) $h = 0$ かつ $k = 0$ の場合. $R(0,0) = 0$ なので, $\left| \dfrac{R(h,k)}{\Delta t} \right| = 0$ である.

つまり, $|\Delta t|$ が小さいとき, $\left| \dfrac{R(h,k)}{\Delta t} \right|$ はいくらでも小さくなっている.

  以上, (i), (ii) より, $\displaystyle\lim_{\Delta t \to 0} \dfrac{R(h,k)}{\Delta t} = 0$. ②で, $\Delta t \to 0$ の極限を取ると,

$$\frac{d}{dt} f(\varphi(t), \psi(t)) = f_x(a,b)\varphi'(t) + f_y(a,b)\psi'(t)$$

となって, $f(\varphi(t), \psi(t))$ は変数 t で微分可能である. ▮

例題 19.1.1 (Example 19.1.1)

  $f(x,y) = 3x^2 + y^2$ とし, $x = \cos t$, $y = \sin t$ とする. 次の各問に答え
よ.

(1)　$f_x(x,y)$ と $f_y(x,y)$ を求めよ.

(2)　定理 19.1.1 を用いて, $\dfrac{d}{dt}f(\cos t, \sin t)$ を計算せよ.

(3)　最初に $f(\cos t, \sin t)$ を計算してから, $\dfrac{d}{dt}f(\cos t, \sin t)$ を求めよ ((2) と同じ結果になるはず).

解答 Solution (1)　$f_x(x,y) = 6x,\ f_y(x,y) = 2y$　$\cdots$(答)

(2)　定理 19.1.1 より,

$$\frac{df(\cos t, \sin t)}{dt} = f_x(\cos t, \sin t)(\cos t)' + f_y(\cos t, \sin t)(\sin t)'$$

$$= 6\cos t(-\sin t) + 2\sin t\cos t$$

$$= -4\cos t\sin t. \quad \cdots(答)$$

(3)　$f(\cos t, \sin t) = 3\cos^2 t + \sin^2 t$ となる. したがって,

$$\frac{df(\cos t, \sin t)}{dt} = (3\cos^2 t + \sin^2 t)'$$

$$= 3 \times 2\cos t(-\sin t) + 2\sin t\cos t$$

$$= -4\cos t\sin t$$

となって, 確かに (2) の結果と一致している.　$\cdots$ (答)

ここで, この章の冒頭で紹介した $\dfrac{d}{dt}f(a+\alpha t, b+\beta t)$ の計算を考察しよう.

例題 19.1.2 (Example 19.1.2)

関数 $f(x,y)$ は全微分可能とし, $x = a + \alpha t,\ y = b + \beta t$ (ただし, a, b, α, β は定数) とする. 次の各問に答えよ.

(1)　$\dfrac{d}{dt}f(a+\alpha t, b+\beta t)$ の $t = 0$ における微分係数を $f_x(a,b), f_y(a,b), \alpha, \beta$ で表せ.

(2)　(1)で求めた微分係数の値が負の値のとき, 十分小さな $t > 0$ に対して, $f(a + \alpha t, b + \beta t)$ と $f(a,b)$ ではどちらが大きいか答えよ.

解答 Solution (1)　合成関数の微分 (定理 19.1.1) を適用して,

$$\frac{d}{dt}f(a+\alpha t, b+\beta t) = f_x(a+\alpha t, b+\beta t)\alpha + f_y(a+\alpha t, b+\beta t)\beta.$$

ここで, $t=0$ を代入して,

$$\alpha f_x(a,b) + \beta f_y(a,b). \quad \cdots (\text{答})$$

(2)　$f(a+\alpha t, b+\beta t)$ の微分係数が負なので, t が増加すると, 値は減少する. したがって,

$$f(a,b) > f(a+\alpha t, b+\beta t). \quad \cdots (\text{答})$$

注意 19.1.2 (Remark 19.1.2)　この例題 19.1.2 の (1) の結果 $\alpha f_x(a,b) + \beta f_y(a,b)$ を, 関数 $f(x,y)$ の**点 (a,b) における $u = (\alpha, \beta)$ 方向の微分係数**という.

練習問題 19.1 (Exercise 19.1)

問 1　$f(x,y) = x^2 + y^2$ とし, $x = 2\cos t$, $y = 3\sin t$ とする. 次の各問に答えよ.

(1)　偏導関数 $f_x(x,y)$ と $f_y(x,y)$ を求めよ.

(2)　定理 19.1.1 を用いて, $\dfrac{d}{dt}f(2\cos t, 3\sin t)$ を計算せよ.

(3)　最初に $f(2\cos t, 3\sin t)$ を計算してから, $\dfrac{d}{dt}f(\cos t, \sin t)$ を求めよ.

問 2　$f(x,y) = \dfrac{3x - y}{x + 2y}$, $x = e^t$, $y = e^{-t}$ とするとき, $\dfrac{d}{dt}f(e^t, e^{-t})$ を計算せよ.

問 3　全微分可能な関数 $f(x,y)$ が $f_x(1,-1) = 2$, $f_y(1,-1) = 1$ を満たしている. このとき, 合成関数 $f(t^2, 2 - 3t)$ の $t = 1$ における微分係数を求めよ.

問 4　全微分可能な関数 $f(x,y)$ が $f_x(2,3) = 2$, $f_y(2,3) = 2\sqrt{3}$ を満たしている. このとき, 関数 $f(x,y)$ の点 $(2,3)$ における $u = \left(\dfrac{1}{2}, \dfrac{\sqrt{3}}{2}\right)$ 方向の微分係数を求めよ.

19.2   合成関数の偏微分公式：2 変数関数と 2 変数関数の合成 (Chain Rule 2)

後に，重積分を学ぶとき，2 変数関数 $f(x, y)$ の x, y に別の 2 変数関数

$$x = \varphi(u, v), \quad y = \psi(u, v)$$

を代入して，偏導関数 $\dfrac{\partial}{\partial u} f(\varphi(u, v), \psi(u, v))$ や $\dfrac{\partial}{\partial v} f(\varphi(u, v), \psi(u, v))$ を考えることがある．偏微分とは，他方の変数を定数扱いして，ある変数で微分することであったから，計算の要領は定理 19.1.1 と同様である．結果を定理の形でまとめておく．

定理 19.2.1 (合成関数の偏微分 Chain Rule 2)

関数 $x = \varphi(u, v), y = \psi(u, v)$ は変数 u, v について偏微分可能とする．さらに，2 変数関数 $f(x, y)$ は点 $(a, b) = (\varphi(u, v), \psi(u, v))$ で全微分可能とする．このとき，合成関数 $f(\varphi(u, v), \psi(u, v))$ は変数 u, v について偏微分可能であり，

$$\frac{\partial}{\partial u} f(\varphi(u, v), \psi(u, v)) = \frac{\partial f}{\partial x}(a, b)\frac{\partial \varphi}{\partial u}(u, v) + \frac{\partial f}{\partial y}(a, b)\frac{\partial \psi}{\partial u}(u, v),$$

$$\frac{\partial}{\partial v} f(\varphi(u, v), \psi(u, v)) = \frac{\partial f}{\partial x}(a, b)\frac{\partial \varphi}{\partial v}(u, v) + \frac{\partial f}{\partial y}(a, b)\frac{\partial \psi}{\partial v}(u, v)$$

が成り立つ．

注意 19.2.1 (Remark 19.2.1)   定理 19.2.1 の結果を

$$\frac{\partial f(x, y)}{\partial u} = \frac{\partial f}{\partial x}\frac{\partial x}{\partial u} + \frac{\partial f}{\partial y}\frac{\partial y}{\partial u}, \quad \frac{\partial f(x, y)}{\partial v} = \frac{\partial f}{\partial x}\frac{\partial x}{\partial v} + \frac{\partial f}{\partial y}\frac{\partial y}{\partial v}$$

のように簡略化して覚えるとよい．

例題 19.2.1 (Example 19.2.1)

関数 $f(x, y)$ は全微分可能とし，$x = r\cos\theta, y = r\sin\theta$ とする．次の各問に答えよ．

(1) $\dfrac{\partial}{\partial r} f(r\cos\theta, r\sin\theta)$ を $f_x(x, y), f_y(x, y), r, \theta$ で表せ．

(2) $\dfrac{\partial}{\partial \theta} f(r\cos\theta, r\sin\theta)$ を $f_x(x, y), f_y(x, y), r, \theta$ で表せ．

解答 Solution (1) 定理 19.2.1 を $u = r$, $v = \theta$ に読みかえて適用すると，

$$\frac{\partial}{\partial r} f(r\cos\theta, r\sin\theta)$$

$$= f_x(x, y)\cos\theta\frac{\partial r}{\partial r} + f_y(x, y)\sin\theta\frac{\partial r}{\partial r}$$

$$= f_x(x, y)\cos\theta + f_y(x, y)\sin\theta. \quad \cdots(答)$$

(2)　(1) と同様に考えて，

$$\frac{\partial}{\partial \theta} f(r\cos\theta, r\sin\theta)$$

$$= f_x(x, y)r\frac{\partial\cos\theta}{\partial\theta} + f_y(x, y)r\frac{\partial\sin\theta}{\partial\theta}$$

$$= -f_x(x, y)r\sin\theta + f_y(x, y)r\cos\theta. \quad \cdots(答)$$

練習問題 19.2 (Exercise 19.2)

問 1　関数 $f(x, y)$ は全微分可能とし，$x = u + v$, $y = \dfrac{v}{u}$ とする．次の各問に答えよ．

(1)　偏導関数 $\dfrac{\partial}{\partial u} f(u + v, \dfrac{v}{u})$ を $f_x(x, y)$, $f_y(x, y)$, u, v で表せ．

(2)　偏導関数 $\dfrac{\partial}{\partial v} f(u + v, \dfrac{v}{u})$ を $f_x(x, y)$, $f_y(x, y)$, u, v で表せ．

問 2　関数 $f(x, y)$ は全微分可能とし，$x = u^2 - v^2$, $y = 2uv$ とする．次の各問に答えよ．

(1)　偏導関数 $\dfrac{\partial}{\partial u} f(u^2 - v^2, 2uv)$ を $f_x(x, y)$, $f_y(x, y)$, u, v で表せ．

(2)　偏導関数 $\dfrac{\partial}{\partial v} f(u^2 - v^2, 2uv)$ を $f_x(x, y)$, $f_y(x, y)$, u, v で表せ．

第 20 章

高次偏導関数

HIGHER ORDER PARTIAL DERIVATIVES

関数 $f(x, y)$ の偏導関数 $f_x(x, y)$, $f_y(x, y)$ をさらに x, y で偏微分することがある. これらを $f(x, y)$ の **2 次偏導関数** (*the 2nd partial derivatives*) といい,

$$\frac{\partial}{\partial x}\left(\frac{\partial f}{\partial x}\right) = \frac{\partial^2 f}{\partial x^2} = f_{xx}, \qquad \frac{\partial}{\partial y}\left(\frac{\partial f}{\partial x}\right) = \frac{\partial^2 f}{\partial y \partial x} = f_{xy},$$

$$\frac{\partial}{\partial x}\left(\frac{\partial f}{\partial y}\right) = \frac{\partial^2 f}{\partial x \partial y} = f_{yx}, \qquad \frac{\partial}{\partial y}\left(\frac{\partial f}{\partial y}\right) = \frac{\partial^2 f}{\partial y^2} = f_{yy}$$

と書く. 3 次, 4 次, $\cdots$, n 次の偏導関数についても, 同様に定義する.

20.1 偏微分の順序 (Order of Partial Derivatives)

2 次偏導関数で気になることは, f_{xy} と f_{yx} で偏微分の順序を神経質に意識すべきかどうかという問題である. この問題について, まず, 次の例題 20.1.1 で様子を見よう.

例題 20.1.1 (Example 20.1.1)

関数 $f(x, y) = x^3 + xy^2$ について, 次の各問に答えよ.

(1) 偏導関数 $f_x(x, y)$, $f_y(x, y)$ を求めよ.

(2) 2 次偏導関数 $f_{xx}(x, y)$, $f_{xy}(x, y)$, $f_{yx}(x, y)$, $f_{yy}(x, y)$ を求めよ.

解答 Solution (1)　$f_x(x, y) = 3x^2 + y^2$, $f_y(x, y) = 2xy$　$\cdots$ (答)

(2)　偏微分の順序に注意して計算する.

$$f_{xx} = \frac{\partial}{\partial x} f_x = \frac{\partial(3x^2 + y^2)}{\partial x} = 6x, \quad \cdots (\text{答})$$

$$f_{xy} = \frac{\partial}{\partial y} f_x = \frac{\partial(3x^2 + y^2)}{\partial y} = 2y, \quad \cdots (\text{答})$$

$$f_{yx} = \frac{\partial}{\partial x} f_y = \frac{\partial(2xy)}{\partial x} = 2y, \quad \cdots (\text{答})$$

$$f_{yy} = \frac{\partial}{\partial y} f_y = \frac{\partial(2xy)}{\partial y} = 2x. \quad \cdots (\text{答})$$

　この例題 20.1.1 の結果を見ると, $f_{xy} = f_{yx}$ となっている. 実は, 関数 $f(x, y)$ がある条件を満たせば, $f_{xy} = f_{yx}$ の成立 (偏微分の順序を気にしなくてもよいこと) が知られている. この事実を次の定理で紹介する.

定理 20.1.1 (クレーローの定理 Clairaut's Theorem)

　関数 $f(x, y)$ の偏導関数 $f_x(x, y)$ と $f_y(x, y)$ が全微分可能であれば,

$$f_{xy}(x, y) = f_{yx}(x, y)$$

が成り立つ.

証明 Proof　まず, $h \neq 0$ に対して,

$$\Phi = f(x + h, y + h) - f(x, y + h) - f(x + h, y) + f(x, y)$$

とする. x を固定したと考えて, $g_1(y) = f(x + h, y) - f(x, y)$ とおくと, $\Phi = g_1(y + h) - g_1(y)$ となる. 平均値の定理 (注意 7.1.2) より,

$$\Phi = g_1'(y + \theta_1 h)h = (f_y(x + h, y + \theta_1 h) - f_y(x, y + \theta_1 h))h$$

となる. ただし, $0 < \theta_1 < 1$ とする. 仮定より, 関数 f_y は全微分可能なので,

$$\Phi = \{(f_y(x + h, y + \theta_1 h) - f_y(x, y)) - (f_y(x, y + \theta_1 h) - f_y(x, y))\}h$$

$$= f_{yx}(x, y)h^2 + f_{yy}(x, y)\theta_1 h^2 + R(h, \theta_1 h)h$$

$$\quad - f_{yy}(x, y)\theta_1 h^2 - R(0, \theta_1 h)h$$

$$= f_{yx}(x, y)h^2 + R(h, \theta_1 h)h - R(0, \theta_1 h)h. \quad \cdots \text{①}$$

次に, y を固定して, $g_2(x) = f(x, y+h) - f(x, y)$ とおくと, $\Phi = g_2(x+h) - g_2(x)$ となる. ①の導出と似た操作で,

$$\Phi = f_{xy}(x,y)h^2 + R(\theta_2 h, h)h - R(\theta_2 h, 0)h. \quad \cdots ②$$

ただし, $0 < \theta_2 < 1$ である. ①と②を等式でつなぎ, h^2 で割ると,

$$f_{yx}(x,y) + \frac{R(h, \theta_1 h)}{h} - \frac{R(0, \theta_1 h)}{h}$$

$$= f_{xy}(x,y) + \frac{R(\theta_2 h, h)}{h} - \frac{R(\theta_2 h, 0)}{h}. \quad \cdots ③$$

となる. 誤差の項について, 例えば,

$$\left| \frac{R(h, \theta_1 h)}{h} \right| = \frac{R(h, \theta_1 h)}{\sqrt{h^2 + (\theta_1 h)^2}} \times \frac{\sqrt{h^2 + (\theta_1 h)^2}}{|h|}$$

$$= \frac{R(h, \theta_1 h)}{\sqrt{h^2 + (\theta_1 h)^2}} \times \sqrt{1 + {\theta_1}^2}$$

$$\to 0 \quad (h \to 0)$$

となることに注意する. ③で $h \to 0$ の極限を取ると,

$$f_{yx}(x,y) = f_{xy}(x,y)$$

が成り立つ. ▌

注意 20.1.1 (Remark 20.1.1) 定理 20.1.1 の証明で何の前触れもなく関数 Φ が登場していることに戸惑った人がいると思う. 関数 Φ は, f_{xy} (あるいは f_{yx}) を偏微分係数の定義に従って丁寧に書き下してみると登場するものである. 実際,

$$f_{xy}(x,y)$$

$$= \lim_{k \to 0} \frac{f_x(x, y+k) - f_x(x,y)}{k}$$

$$= \lim_{k \to 0} \frac{1}{k} \left\{ \lim_{h \to 0} \left(\frac{f(x+h, y+k) - f(x, y+k)}{h} - \frac{f(x+h, y) - f(x,y)}{h} \right) \right\}$$

$$= \lim_{k \to 0} \left\{ \lim_{h \to 0} \frac{1}{hk} \left(f(x+h, y+k) - f(x, y+k) - f(x+h, y) + f(x,y) \right) \right\}$$

となって, 括弧内の関数で $k = h$ とすれば, Φ が得られる.

┌─ **例題 20.1.2 (Example 20.1.2)** ─────────────
│ 関数 $f(x,y) = x^3 y - xy^3$ が $f_{xx} + f_{yy} = 0$ をみたすことを示せ.
└──

解答 Solution $f_x = 3x^2y - y^3$, $f_{xx} = 6xy$, $f_y = x^3 - 3xy^2$, $f_{yy} = -6xy$
より $f_{xx} + f_{yy} = 0$. $\cdots$(答)

関数 $f(x, y)$ が $f_{xx} + f_{yy} = 0$ をみたすとき**調和関数** (*harmonic function*) という.

練習問題 20.1 (Exercise 20.1)

問 1 次の関数 $f(x, y)$ について, f_x, f_y, f_{xx}, f_{xy}, f_{yx}, f_{yy} を求めよ.

(1) $f(x, y) = x^5 + 3x^4y^2 + 4xy^3 + y^4$ (2) $f(x, y) = e^{x^3y^2}$

(3) $f(x, y) = \log(x + y)$

(4) $f(x, y) = \mathrm{Cos}^{-1}\dfrac{y}{x}$ $(x > 0)$

問 2 次の関数 $f(x, y)$ が調和関数であるかどうか調べよ.

(1) $f(x, y) = x^2 + xy + y^2$ (2) $f(x, y) = \log(x^2 + y^2)$

(3) $f(x, y) = \mathrm{Tan}^{-1}\dfrac{y}{x}$ (4) $f(x, y) = e^x \cos y$

問 3 次の関数 $f(x, y)$ について, 各問に答えよ.

$$f(x, y) = \begin{cases} \dfrac{xy(x^2 - y^2)}{x^2 + y^2} & ((x, y) \neq (0, 0) \text{ のとき}) \\ 0 & ((x, y) = (0, 0) \text{ のとき}) \end{cases}$$

(1) $\displaystyle\lim_{h \to 0}\dfrac{f(0 + h, 0) - f(0, 0)}{h}$ を計算して, $f_x(0, 0)$ を求めよ.

(2) $\displaystyle\lim_{k \to 0}\dfrac{f(0, 0 + k) - f(0, 0)}{k}$ を計算して, $f_y(0, 0)$ を求めよ.

(3) $(x, y) \neq (0, 0)$ のとき, $f_x(x, y)$, $f_y(x, y)$ を求めよ.

(4) $\displaystyle\lim_{k \to 0}\dfrac{f_x(0, 0 + k) - f_x(0, 0)}{k}$ を計算して, $f_{xy}(0, 0)$ を求めよ.

(5) $\displaystyle\lim_{h \to 0}\dfrac{f_y(0 + h, 0) - f_y(0, 0)}{h}$ を計算して, $f_{yx}(0, 0)$ を求めよ.

(これが $f_{xy} \neq f_{yx}$ となる例である. $f_x(x, y)$, $f_y(x, y)$ は, 点 $(0, 0)$ で全微分可能ではないので, 定理 20.1.1 が成り立つとは限らない.)

20.2 合成関数の 2 階微分 (Second Derivatives of Composite Functions)

合成関数 $f(\varphi(t), \psi(t))$ や $f(\varphi(u, v), \psi(u, v))$ の 2 次 (偏) 導関数を計算することがある. 多くの書籍では丁寧に説明されていないが, 本書では説明を加える. 1 階微分 $\dfrac{d}{dt} f(\varphi(t), \psi(t))$ の計算ならできるが, これをさらに微分するところで悩む学生が非常に多い. 合成関数の 2 階微分で悩みを抱える学生は, 次の例題 20.2.1 の解法を参考にするとよい.

例題 20.2.1 (Example 20.2.1)

関数 $f(x, y)$ は全微分可能で, 偏導関数 $f_x(x, y)$, $f_y(x, y)$ も全微分可能とする. $x = \cos t$, $y = \sin t$ とするとき, 次の各問に答えよ.

(1) $\dfrac{d}{dt} f(\cos t, \sin t)$ を f_x, f_y, t で表せ.

(2) $f_x(x, y) = g(x, y)$ とおく. $\dfrac{d}{dt} g(\cos t, \sin t)$ を計算し, 結果を f_{xx}, f_{xy}, t で表せ.

(3) $\dfrac{d^2}{dt^2} f(\cos t, \sin t)$ を f_x, f_y, f_{xx}, f_{xy}, f_{yy}, t で表せ.

解答 Solution (1) 定理 19.1.1 より,

$$\frac{d}{dt} f(\cos t, \sin t) = f_x (\cos t)' + f_y (\sin t)'$$

$$= -f_x \sin t + f_y \cos t. \quad \cdots (答)$$

(2) 定理 19.1.1 より,

$$\frac{d}{dt} g(\cos t, \sin t) = g_x (\cos t)' + g_y (\sin t)'$$

$$= -g_x \sin t + g_y \cos t. \quad \cdots ①$$

ここで, $g_x = (f_x)_x = f_{xx}$, $g_y = (f_x)_y = f_{xy}$ に注意して,

$$① = -f_{xx} \sin t + f_{xy} \cos t. \quad \cdots (答)$$

(3) $\dfrac{d^2}{dt^2} f(\cos t, \sin t)$ とは, $\dfrac{d}{dt} \left\{ \dfrac{d}{dt} f(\cos t, \sin t) \right\}$ のことである. $\{ \cdots \}$ の

中身に (1) の結果を代入すると,

$$\frac{d^2}{dt^2} f(\cos t, \sin t) = \frac{d}{dt} \{-f_x \sin t + f_y \cos t\}. \quad \cdots ②$$

②に「積の微分公式」を適用して,

$$② = -\left\{ \frac{df_x}{dt} \sin t + f_x (\sin t)' \right\} + \left\{ \frac{df_y}{dt} \cos t + f_y (\cos t)' \right\}.$$

(2) の考え方を適用すると,

$$\frac{df_x}{dt} = -f_{xx} \sin t + f_{xy} \cos t, \quad \frac{df_y}{dt} = -f_{yx} \sin t + f_{yy} \cos t$$

となることに注意する. したがって,

$$② = -\{(-f_{xx} \sin t + f_{xy} \cos t) \sin t + f_x \cos t\}$$
$$+ \{(-f_{yx} \sin t + f_{yy} \cos t) \cos t - f_y \sin t\}.$$

定理 20.1.1 より, $f_{yx} = f_{xy}$ なので,

$$② = f_{xx} \sin^2 t - 2f_{xy} \cos t \sin t + f_{yy} \cos^2 t$$
$$- f_x \cos t - f_y \sin t. \quad \cdots (答)$$

合成関数 $f(\varphi(u,v), \psi(u,v))$ について 2 次偏導関数を求めるときも, この例題の解答の要領で計算すればよい.

練習問題 20.2 (Exercise 20.2)

問 1 関数 $f(x,y)$ は全微分可能で, $f_x(x,y)$, $f_y(x,y)$ も全微分可能とする. $x = e^t$, $y = t^2$ とするとき, 次の各問に答えよ.

(1) $\dfrac{d}{dt} f(e^t, t^2)$ を f_x, f_y, t で表せ.

(2) $\dfrac{d^2}{dt^2} f(e^t, t^2)$ を f_x, f_y, f_{xx}, f_{xy}, f_{yy}, t で表せ.

問 2 関数 $f(x,y)$ は全微分可能で, $f_x(x,y)$, $f_y(x,y)$ も全微分可能とする. $x = 2t + 1$, $y = 1 - t$ とするとき, 次の各問に答えよ.

(1) $\dfrac{d}{dt} f(2t + 1, 1 - t)$ を f_x, f_y, t で表せ.

(2) $\dfrac{d^2}{dt^2} f(2t + 1, 1 - t)$ を f_x, f_y, f_{xx}, f_{xy}, f_{yy}, t で表せ.

問 3　関数 $f(x, y)$ は全微分可能で, $f_x(x, y)$, $f_y(x, y)$ も全微分可能とする. $x = u^2 - v^2$, $y = 2uv$ とするとき, 次の各問に答えよ.

(1)　$\dfrac{\partial}{\partial u} f(u^2 - v^2, 2uv)$ を f_x, f_y, u, v で表せ.

(2)　$\dfrac{\partial}{\partial v} f(u^2 - v^2, 2uv)$ を f_x, f_y, u, v で表せ.

(3)　$\dfrac{\partial^2}{\partial v \partial u} f(u^2 - v^2, 2uv)$ を f_x, f_y, f_{xx}, f_{xy}, f_{yy}, u, v で表せ.

(4)　$\dfrac{\partial^2}{\partial u^2} f(u^2 - v^2, 2uv) + \dfrac{\partial^2}{\partial v^2} f(u^2 - v^2, 2uv)$ を f_x, f_y, f_{xx}, f_{xy}, f_{yy}, u, v で表せ.

問 4　関数 $f(r, \theta)$ は全微分可能で, $f_r(r, \theta)$, $f_\theta(r, \theta)$ も全微分可能とする. $r = \sqrt{x^2 + y^2}$, $\theta = \mathrm{Tan}^{-1} \dfrac{y}{x}$ とするとき,

$$\frac{\partial^2}{\partial x^2} f(r, \theta) + \frac{\partial^2}{\partial y^2} f(r, \theta)$$

を f_r, f_θ, f_{rr}, $f_{r\theta}$, $f_{\theta\theta}$, r, θ で表せ.

第 21 章

多変数関数のテイラー展開

TAYLOR EXPANSION

1 変数関数 $f(x)$ をテイラー展開する目的は，$f(x)$ を多項式で近似すること
である．2 変数関数 $f(x, y)$ についても，x, y の多項式で近似することが可能
かどうか考えてみよう.

21.1 微分演算子 (Differential Operator)

次の節で，「テイラーの定理」を記述するときに便利な偏微分記号の使い方
を紹介する．偏微分記号 $\dfrac{\partial}{\partial x}, \dfrac{\partial}{\partial y}$ を略式的に ∂_x, ∂_y と書くことにする．す
ると，

$$\partial_x f(x, y) = f_x(x, y), \quad \partial_y f(x, y) = f_y(x, y)$$

なので，∂_x, ∂_y は，関数 $f(x, y)$ を偏導関数 $f_x(x, y)$ に対応させるものとなる．
記号 ∂_x, ∂_y に対して，定数倍と和・積を関数 $f(x, y)$ を用いて，

$$(k\partial_x)f = kf_x, \quad (h\partial_x + k\partial_y)f = hf_x + kf_y,$$

$$\partial_x^2 f = f_{xx}, \quad \partial_x \partial_y f = f_{yx}, \quad \partial_y \partial_x f = f_{xy}, \quad \partial_y^2 f = f_{yy}$$

などと取り決める．以上の説明で現れた $\partial_x, \partial_y, k\partial_x, h\partial_x + k\partial_y, \partial_x^2$ などをそ
れぞれ**微分演算子** (*differential operator*) という．

$\partial_{xx} + \partial_{yy} = \Delta$ をラプラシアン (Laplacian) という．$\Delta f = 0$ をみたす関数

$f(x, y)$ は調和関数である (例題 20.1.2 を参照).

注意 21.1.1 (Remark 21.1.1) $f_x(x, y)$ と $f_y(x, y)$ が, 全微分可能である関数 $f(x, y)$ に対して, 定理 20.1.1 より微分演算子の等式 $\partial_x \partial_y = \partial_y \partial_x$ が成り立つ.

例題 21.1.1 (Example 21.1.1)

関数 $f(x, y) = x^4 + x^2 y^2$ について, 次の各問に答えよ.

(1) $\partial_x^2 f, \partial_x \partial_y f, \partial_y \partial_x f, \partial_y^2 f$ を求めよ.

(2) 定数 h, k に対して, $(h\partial_x + k\partial_y)(h\partial_x + k\partial_y)f$ を求めよ.

(3) 定数 h, k に対して, $(h^2 \partial_x^2 + 2hk\partial_x \partial_y + k^2 \partial_y^2)f$ を求め, (2) の結果と比べよ.

解答 Solution　　まず, $\partial_x f = 4x^3 + 2xy^2, \ \partial_y f = 2x^2 y$.

(1)
$$\partial_x^2 f = 12x^2 + 2y^2, \quad \partial_x \partial_y f = \partial_x(2x^2 y) = 4xy,$$
$$\partial_y \partial_x f = \partial_y(4x^3 + 2xy^2) = 4xy, \quad \partial_y^2 f = 2x^2. \quad \cdots (答)$$

(2) $(h\partial_x + k\partial_y)(h\partial_x + k\partial_y)f$

$$= (h\partial_x + k\partial_y)\left\{h(4x^3 + 2xy^2) + 2kx^2 y\right\}$$

$$= h\partial_x \left\{h(4x^3 + 2xy^2) + 2kx^2 y\right\} + k\partial_y \left\{h(4x^3 + 2xy^2) + 2kx^2 y\right\}$$

$$= h^2(12x^2 + 2y^2) + 4hkxy + 4khxy + 2k^2 x^2$$

$$= h^2(12x^2 + 2y^2) + 8hkxy + 2k^2 x^2. \quad \cdots (答)$$

(3) (1) の結果を利用して,

$$(h^2 \partial_x^2 + 2hk\partial_x \partial_y + k^2 \partial_y^2)f$$
$$= h^2(12x^2 + 2y^2) + 2hk \times 4xy + k^2 \times 2x^2$$
$$= h^2(12x^2 + 2y^2) + 8hkxy + 2k^2 x^2.$$

これは, (2) の結果と同じである.　$\cdots$ (答)

例題 21.1.1(2) で現れた微分演算子 $(h\partial_x + k\partial_y)(h\partial_x + k\partial_y)$ を $(h\partial_x + k\partial_y)^2$

と書く. 同様に,

$$\underbrace{(h\partial_x + k\partial_y)(h\partial_x + k\partial_y)\cdots(h\partial_x + k\partial_y)}_{n\ \text{個}} = (h\partial_x + k\partial_y)^n$$

と書く. 例題 21.1.1(2), (3) から推測できることは, h, k が定数のとき, 微分演算子 $(h\partial_x + k\partial_y)^n$ に二項展開を形式的に適用して,

$$(h\partial_x + k\partial_y)^n f = \sum_{j=0}^{n} {}_n\mathrm{C}_j h^{n-j} k^j \partial_x^{n-j} \partial_y^j f$$

が成り立つのではないかということである. 実は, 関数 $f(x, y)$ が何度でも全微分可能ならば, この推測は正しい. 数学的帰納法によって, 次の定理を証明することができる.

定理 21.1.1 (微分演算子と二項展開 Binomial Expansion)

関数 $f(x, y)$ について, $n-1$ 次までの偏導関数がすべて全微分可能であれば,

$$(h\partial_x + k\partial_y)^n f = \sum_{j=0}^{n} {}_n\mathrm{C}_j h^{n-j} k^j \partial_x^{n-j} \partial_y^j f$$

が成り立つ. ただし,

$$_n\mathrm{C}_j = \frac{n!}{j!(n-j)!}, \quad \partial_x^0 f = f, \quad \partial_y^0 f = f.$$

次の定理は, 合成関数の微分と微分演算子との関係を表すものである. これは, 後ほど登場する「テイラーの定理」を証明するときに適用される.

定理 21.1.2 (合成関数の微分と微分演算子 Chain Rule)

関数 $f(x, y)$ の $n-1$ 次までの偏導関数がすべて全微分可能とする. $x = a + ht$, $y = b + kt$ $(a, b, h, k$ は定数) とするとき,

$$\frac{d^n}{dt^n} f(a + ht, b + kt) = (h\partial_x + k\partial_y)^n f$$

が成り立つ.

証明 Proof　　数学的帰納法で証明する.

$n = 1$ のとき, 定理 19.1.1 より,

$$\frac{d}{dt} f(a + ht, b + kt) = f_x \frac{d(a + ht)}{dt} + f_y \frac{d(b + kt)}{dt}$$

$$= h f_x + k f_y$$

$$= (h\partial_x + k\partial_y) f$$

となるので, 定理の結果が成り立っている.

$n = j$ のとき, 定理の結果が成り立つと仮定する. $n = j + 1$ のとき, $g(x, y) = (h\partial_x + k\partial_y)^j f$ とすれば,

$$\frac{d^{j+1}}{dt^{j+1}} f(a + ht, b + kt) = \frac{d}{dt} \left\{ (h\partial_x + k\partial_y)^j f \right\}$$

$$= \frac{d}{dt} g(a + ht, b + kt)$$

$$= (h\partial_x + k\partial_y) g$$

$$= (h\partial_x + k\partial_y)(h\partial_x + k\partial_y)^j f$$

$$= (h\partial_x + k\partial_y)^{j+1} f.$$

したがって, 定理が証明された.

練習問題 21.1 (Exercise 21.1)

問1 関数 $f(x, y) = xy^2$ について, 次の計算をせよ.

(1) $(2\partial_x + 3\partial_y) f$ (2) $(2\partial_x + 3\partial_y)^2 f$ (3) $(2\partial_x + 3\partial_y)^{10} f$

問2 関数 $f(x, y)$ は 2 次までの偏導関数が全微分可能とし,

$$f_x(1,1) = 1, \ f_y(1,1) = 0, \ f_{xx}(1,1) = f_{xy}(1,1) = f_{yy}(1,1) = 0,$$

$$f_{xxx}(1,1) = 0, \ f_{xxy}(1,1) = f_{xyy}(1,1) = f_{yyy}(1,1) = 1$$

とする. 次の各問に答えよ.

(1) $\dfrac{d}{dt} f(1 + t, 1 + 2t)$ を計算し, $t = 0$ を代入したときの値を求めよ.

(2) $\dfrac{d^2}{dt^2} f(1 + t, 1 + 2t)$ を計算し, $t = 0$ を代入したときの値を求めよ.

(3) $\dfrac{d^3}{dt^3} f(1 + t, 1 + 2t)$ を計算し, $t = 0$ を代入したときの値を求めよ.

21.2　テイラーの定理 (Taylor's Theorem)

　前節で微分演算子の知識を習得して, ようやくテイラーの定理を紹介する準備が整った. 複雑な関数 $f(x, y)$ を多項式のような単純な関数で近似できれば, $f(x, y)$ の値を見積もることができたり, 曲面 $z = f(x, y)$ の曲がり具合を把握できたりするなど便利である. テイラーの定理は, (a, b) における f の値や f の高次偏導関数の値がよくわかっているときに, $f(a + h, b + k)$ を h, k の多項式で近似できることを保障する.

定理 21.2.1 (テイラーの定理 Taylor's Theorem)

　関数 $f(x, y)$ の $n - 1$ 次までの偏導関数がすべて全微分可能とする. このとき,

$$f(a + h, b + k) = \sum_{j=0}^{n-1} \frac{1}{j!} (h\partial_x + k\partial_y)^j f(a, b) + R_n$$

と書くことができる. ただし, 剰余項 R_n については, ある $\theta \ (0 < \theta < 1)$ がうまく取れて,

$$R_n = \frac{1}{n!} (h\partial_x + k\partial_y)^n f(a + \theta h, b + \theta k)$$

となる.

注意 21.2.1 (Remark 21.2.1) Σ が現れると混乱する学生もいる. 例えば, $n = 3$ のとき, 定理 21.2.1 は,

$$f(a + h, b + k) = \underbrace{f(a, b)}_{j=0 \text{ の項}} + \underbrace{f_x(a, b)h + f_y(a, b)k}_{j=1 \text{ の項}}$$

$$+ \underbrace{\frac{1}{2}\{f_{xx}(a, b)h^2 + 2f_{xy}(a, b)hk + f_{yy}(a, b)k^2\}}_{j=2 \text{ の項}} + R_3$$

のようになる.

注意 21.2.2 (Remark 21.2.2) 剰余項 R_n について

$$\lim_{(h,k) \to (0,0)} \frac{R_n}{(h^2 + k^2)^{\frac{n-1}{2}}} = 0$$

が成り立つ.

証明 Proof $F(t) = f(a+ht, b+kt)$ として, 1 変数関数に対するテイラーの定理を用いると,

$$F(t) = \sum_{j=0}^{n-1} \frac{F^{(j)}(0)}{j!} t^j + \frac{F^{(n)}(\theta t)}{n!} \quad \cdots ①$$

となる. ただし, $0 < \theta < 1$. ①で $t = 1$ とする. 定理 21.1.2 より, $F^{(j)}(0) = (h\partial_x + k\partial_y)^j f(a,b)$ になることに注意して,

$f(a+h, b+k)$

$$= \sum_{j=0}^{n-1} \frac{F^{(j)}(0)}{j!} + \frac{F^{(n)}(\theta)}{n!}$$

$$= \sum_{j=0}^{n-1} \frac{1}{j!} (h\partial_x + k\partial_y)^j f(a,b) + \frac{1}{n!} (h\partial_x + k\partial_y)^n f(a+\theta h, b+\theta k)$$

を得る. ∎

注意 21.2.3 (Remark 21.2.3) 定理 21.2.1 の右辺にある Σ 部分, つまり,

$$\sum_{j=0}^{n-1} \frac{1}{j!} (h\partial_x + k\partial_y)^j f(a,b)$$

は, h, k の $n-1$ 次多項式になっている. これを関数 $f(x,y)$ の点 (a,b) 付近における $n-1$ 次**テイラー展開** (*Taylor expansion*) という. 特に, $(a,b) = (0,0)$ のとき, この多項式を $n-1$ 次**マクローリン展開** (*Maclaurin expansion*) ということがある.

例題 21.2.1 (Example 21.2.1)

関数 $f(x,y) = e^{x+2y}$ について, 次の各問に答えよ.

(1) $f_x, f_y, f_{xx}, f_{xy}, f_{yy}$ を求めよ.

(2) $f(0,0), f_x(0,0), f_y(0,0), f_{xx}(0,0), f_{xy}(0,0), f_{yy}(0,0)$ を求めよ.

(3) 関数 $f(x,y)$ の 2 次マクローリン展開を求めよ. ただし, 剰余項を求める必要はない.

解答 Solution (1) $f_x = e^{x+2y}$, $f_y = 2e^{x+2y}$, $f_{xx} = e^{x+2y}$, $f_{xy} = 2e^{x+2y}$, $f_{yy} = 4e^{x+2y}$ $\cdots$(答)

(2)　$f(0,0) = 1$, $f_x(0,0) = 1$, $f_y(0,0) = 2$, $f_{xx}(0,0) = 1$, $f_{xy}(0,0) = 2$, $f_{yy}(0,0) = 4$　$\cdots$(答)

(3)　定理 21.2.1 に $n = 3$ の場合を適用する.

$$f(0 + h, 0 + k) = f(0,0) + f_x(0,0)h + f_y(0,0)k$$
$$+ \frac{1}{2}(f_{xx}(0,0)h^2 + 2f_{xy}(0,0)hk + f_{yy}(0,0)k^2) + \cdots$$
$$= 1 + h + 2k + \frac{1}{2}h^2 + 2hk + 2k^2 + \cdots \quad \cdots (答)$$

練習問題 21.2 (Exercise 21.2)

問 1　関数 $f(x,y) = e^x \cos 3y$ について, 次の各問に答えよ.

(1)　f_x, f_y, f_{xx}, f_{xy}, f_{yy} を求めよ.

(2)　$f(0,0)$, $f_x(0,0)$, $f_y(0,0)$, $f_{xx}(0,0)$, $f_{xy}(0,0)$, $f_{yy}(0,0)$ の値を求めよ.

(3)　関数 $f(x,y)$ の 2 次マクローリン展開を求めよ. ただし, 剰余項を求める必要はない.

問 2　次の関数 $f(x,y)$ について, 2 次マクローリン展開を求めよ. ただし, 剰余項を求める必要はない.

(1)　$f(x,y) = x^2 + 2xy - y^2 + 2x + 4y - 2$

(2)　$f(x,y) = \log(1 + xy)$

問 3　関数 $f(x,y) = \sqrt{3x + y}$ について, 次の各問に答えよ.

(1)　f_x, f_y, f_{xx}, f_{xy}, f_{yy} を求めよ.

(2)　$f(1,1)$, $f_x(1,1)$, $f_y(1,1)$, $f_{xx}(1,1)$, $f_{xy}(1,1)$, $f_{yy}(1,1)$ の値を求めよ.

(3)　$f(x,y)$ の点 $(1,1)$ における 2 次テイラー展開を求めよ. ただし, 剰余項を求める必要はない.

第 22 章

多変数関数の極値問題

CRITICAL VALUE PROBLEM

　産業において，製品の形をできるだけ無駄なく設計するときに，多変数関数の極大値や極小値を求めることがある．この章では，2 変数関数に限定し，前章で習得したテイラーの定理を利用して極大値や極小値を求める方法を紹介する．

22.1　2 変数関数の極値 (Critical Values)

　xy 平面上の点 (a, b) を中心とする半径 $\varepsilon > 0$ の円の内部，つまり，

$$U_\varepsilon = \{(x, y) \mid (x - a)^2 + (y - b)^2 < \varepsilon^2\}$$

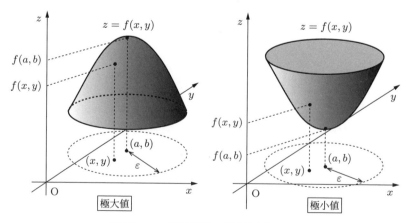

図 22.1　2 変数関数の極大値と極小値

を点 (a, b) の **ε-近傍** (ε-*neighborhood*) という. これに注意して, 2変数関数の極大値と極小値を次のように定義する.

> **定義 22.1.1 (極大値と極小値 Local Maximum & Minimum)**
>
> 定数でない関数 $f(x, y)$ について,
>
> (i) ある $\varepsilon > 0$ が存在して, 点 (a, b) の ε-近傍 U_ε に含まれるすべての点 (x, y) に対して,
> $$f(x, y) \leq f(a, b)$$
> となるとき, $f(x, y)$ は点 (a, b) において**極大**になるという. このとき, $f(a, b)$ を $f(x, y)$ の**極大値** (*local maximum*) といい, 点 (a, b) を $f(x, y)$ の**極大点** (*point of local maximum*) という (図 22.1 左).
>
> (ii) ある $\varepsilon > 0$ が存在して, 点 (a, b) の ε-近傍 U_ε に含まれるすべての点 (x, y) に対して,
> $$f(x, y) \geq f(a, b)$$
> となるとき, $f(x, y)$ は点 (a, b) において**極小**になるという. このとき, $f(a, b)$ を $f(x, y)$ の**極小値** (*local minimum*) といい, 点 (a, b) を $f(x, y)$ の**極小点** (*point of local minimum*) という (図 22.1 右).

注意 22.1.1 (Remark 22.1.1) 極大値あるいは極小値をまとめて**極値** (*local extrema*) という. 極値を与える点 (a, b) を**極値点** (*point of local extrema*) という.

1変数関数の場合, 極値を取るかどうか調べるときに微分係数が 0 になる x を求めた. 2変数関数の場合も, これと似た発想で極値点の候補 (a, b) を探す.

> **定理 22.1.2 (極値の必要条件 The First Derivative Test)**
>
> 関数 $f(x, y)$ は x, y について偏微分可能とする. このとき, $f(x, y)$ が点 (a, b) で極値を取るならば,
> $$f_x(a, b) = 0, \quad f_y(a, b) = 0.$$

証明 Proof $f(a, b)$ が極大になる場合のみ考える (極小になる場合も同様

に証明できる). $y = b$ と固定すれば, a の近くにある x について, 定義 22.1.1 より,

$$f(x, b) \leq f(a, b)$$

が成り立つ. これは, 1 変数関数 $g(x) = f(x, b)$ の極大の定義でもあるので,

$$g'(a) = 0 \iff f_x(a, b) = 0.$$

一方, $x = a$ と固定すれば, 同様にして $f_y(a, b) = 0$ も成り立つ.

注意 22.1.2 (Remark 22.1.2) 定理 22.1.2 の逆は正しいとは限らない. 実際, $f(x, y) = xy$ について, $f_x(0, 0) = 0$, $f_y(0, 0) = 0$ であるが, 原点 $f(0, 0) = 0$ は極値 ではない. なぜなら, $x \neq 0$ のとき $f(x, x) = x^2 > 0$, $f(x, -x) = -x^2 < 0$ となり, 原点の近傍で $f(x, y)$ の値に正負が入り混じるからである.

$f(a, b)$ が極値であるためには, $f_x(a, b) = 0$, $f_y(a, b) = 0$ だけでは不十分で ある. そこで, 次の定理を利用する.

定理 22.1.3 (極値の判定 The Second Derivative Test)

関数 $f(x, y)$ は 2 次までの偏導関数が連続とする. さらに,

$$f_x(a, b) = 0, \quad f_y(a, b) = 0$$

とする. $\Delta = f_{xx}(a, b) f_{yy}(a, b) - f_{xy}(a, b)^2$ とおくとき,

(i) $\Delta > 0$, $f_{xx}(a, b) < 0$ ならば, $f(a, b)$ は極大値,

(ii) $\Delta > 0$, $f_{xx}(a, b) > 0$ ならば, $f(a, b)$ は極小値,

(iii) $\Delta < 0$ ならば, $f(a, b)$ は極値ではない.

注意 22.1.3 (Remark 22.1.3) $\Delta = 0$ のとき, $f(a, b)$ が極値なのか, 極値ではない のか判定できない. 判定のために, 3 次以上の偏微分係数の情報が必要になる.

証明 Proof テイラーの定理 (定理 21.2.1) と 2 次の偏導関数の連続性より,

$$f(a + h, b + k) - f(a, b)$$

$$= f_x(a, b)h + f_y(a, b)k + \frac{1}{2} \{ f_{xx}(a + \theta h, b + \theta k)h^2$$

$$+ 2f_{xy}(a + \theta h, b + \theta k)hk + f_{yy}(a + \theta h, b + \theta k)k^2 \}$$

$$= \frac{1}{2}\{f_{xx}(a,b)h^2 + 2f_{xy}(a,b)hk + f_{yy}(a,b)k^2\} + c(h,k) \quad \cdots \textcircled{1}$$

と書くことができる. ただし, $0 < \theta < 1$, そして,

$$\lim_{(h,k) \to (0,0)} \frac{c(h,k)}{h^2 + k^2} = 0$$

を満たす. これは, $|h|, |k|$ が十分小さいとき, ①で $c(h,k)$ は無視できるほどに微小な量になることを意味する. したがって, $(h,k) \neq (0,0)$ に対して,

$$\Phi = f_{xx}(a,b)h^2 + 2f_{xy}(a,b)hk + f_{yy}(a,b)k^2$$

の正負が決まればよい. これを平方完成すると,

$$\Phi = \frac{\{f_{xx}(a,b)h + f_{xy}(a,b)k\}^2 + \Delta k^2}{f_{xx}(a,b)}.$$

$\Delta > 0$ のとき分子は常に正であるから, $f_{xx}(a,b) < 0$ なら $\Phi < 0$ となる. したがって, ①より $f(a+h, b+k) - f(a,b) < 0$, つまり, $f(a,b)$ は極大値. $f_{xx}(a,b) > 0$ なら, 同様に考えて $f(a,b)$ は極小値. これで (i), (ii) を示すことができた.

$\Delta < 0$ のとき, Φ の分子が h, k の選び方によって正の値になることもあれば, 負の値になることもある. ゆえに, $f(a,b)$ は極値ではない. (iii) を示すことができた. ∎

1変数関数の極値の判定に関する定理 9.3.3 との類似性に注目してほしい. 例題 22.1.1 を解いて, 2変数関数の極値の求め方を把握しよう.

例題 22.1.1 (Example 22.1.1)

関数 $f(x,y) = x^2 + xy + y^3$ について, 次の各問に答えよ.

(1) f_x, f_y, f_{xx}, f_{xy}, f_{yy} を求めよ.

(2) (The first derivative test) 連立方程式

$$\begin{cases} f_x(a,b) = 0 \\ f_y(a,b) = 0 \end{cases}$$

を満たす点 (a,b) をすべて求めよ.

(3) (The second derivative test) (2)で求めた点 (a,b) の各々について, $f(a,b)$ が極値かどうか判定せよ.

解答 Solution (1) $f_x = 2x + y$, $f_y = x + 3y^2$, $f_{xx} = 2$, $f_{xy} = 1$, $f_{yy} = 6y$. $\cdots$ (答)

(2) 連立方程式

$$\begin{cases} 2a + b = 0 & \cdots ① \\ a + 3b^2 = 0 & \cdots ② \end{cases}$$

を解けばよい. ①より,

$$b = -2a \quad \cdots ③$$

となる. ③を②に代入して,

$$a + 12a^2 = 0 \iff a = 0, \ -\frac{1}{12}.$$

したがって, ③より, 極値点の候補は,

$$(a, b) = (0, 0), \left(-\frac{1}{12}, \frac{1}{6}\right). \quad \cdots (答)$$

(3) $\Delta = f_{xx}(a, b) f_{yy}(a, b) - f_{xy}(a, b)^2$ とおく.

・$(a, b) = (0, 0)$ のとき,

$$\Delta = 2 \times 0 - 1^2 = -1 < 0$$

なので, 定理 22.1.3 より, $f(0, 0)$ は極値ではない. $\cdots$ (答)

・$(a, b) = \left(-\frac{1}{12}, \frac{1}{6}\right)$ のとき,

$$\Delta = 2 \times 1 - 1^2 = 1 > 0, \quad f_{xx}(-\frac{1}{12}, \frac{1}{6}) = 2 > 0$$

なので, 定理 22.1.3 より, $f\left(-\frac{1}{12}, \frac{1}{6}\right) = -\frac{1}{432}$ は極小値である. $\cdots$ (答)

練習問題 22.1 (Exercise 22.1)

問 1 関数 $f(x, y) = -x^2 + xy - y^2$ について, 次の各問に答えよ.

(1) f_x, f_y, f_{xx}, f_{xy}, f_{yy} を求めよ.

(2) 連立方程式

$$\begin{cases} f_x(a, b) = 0 \\ f_y(a, b) = 0 \end{cases}$$

を満たす点 (a, b) を求めよ.

(3) (2) で求めた点 (a, b) について, $f(a, b)$ が極値かどうか判定せよ.

問 2 次の関数 $f(x, y)$ について, 極値をもつかどうか判定せよ.

(1) $f(x, y) = x^3 + y^3 - 3xy$

(2) $f(x, y) = e^{-(2x^2 + 3y^2)}$

問 3 (極値問題の応用) 体積が $180 \ [\mathrm{cm}^3]$ の直方体の形をしたスポンジケーキにチョコレートを塗って菓子を作る (図 22.2). ただし, チョコレートを塗るのは, 上面と側面だけである (底面には塗らない). 直方体の横を x [cm], 縦を y [cm], 高さを z [cm] とおく. ケーキの値段をできるだけ安くするために, チョコレートを塗る

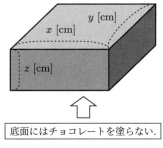

図 22.2 チョコレートケーキ

部分の面積を極小にしたい. 次の各問に答えよ.

(1) x, y, z が満たす関係式を答えよ.

(2) チョコレートを塗る部分の面積 $f(x, y) \ [\mathrm{cm}^2]$ を z を用いずに表せ.

(3) $f_x, f_y, f_{xx}, f_{xy}, f_{yy}$ を求めよ.

(4) $f_x(a, b) = 0$, $f_y(a, b) = 0$ を満たす a, b を求めよ. ただし, $a > 0$, $b > 0$ とする.

(5) (4) で求めた点 (a, b) が関数 $f(x, y)$ の極小点かどうか判定せよ.

22.2　条件付き極値 (Constrained Critical Value Problem)

前節では, 点 (x, y) が座標平面上を
自由に変化する場合で $f(x, y)$ の極値
を求めた. この節では, 点 (x, y) が条件
$g(x, y) = 0$ (例えば, $x^2 + y^2 - 1 = 0$)
を満たして変化するときに, $f(x, y)$ の
極値 (これを条件付き極値という) を求
める (図 22.3).

多くの場合, 条件 $g(x, y) = 0$ を満た
す点 (x, y) は座標平面上の曲線になる.
したがって, 直感的ではあるが, この曲

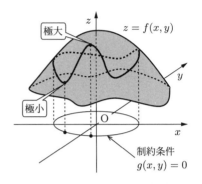

図 22.3　制約条件下での極値

線上の点を $(\varphi(t), \psi(t))$ のように 1 変数関数 $\varphi(t), \psi(t)$ を用いて媒介変数表示
することができる.

定理 22.2.1 (条件付き極値の必要条件 Lagrange Undetermined Coefficient Method)

関数 $f(x, y)$, $g(x, y)$ の 1 次偏導関数が連続とする. 関数 $g(x, y)$ は点 (a, b)
において,

$$g(a, b) = 0, \quad (g_x(a, b), g_y(a, b)) \neq (0, 0) \quad \cdots (*1)$$

を満たすとする. 関数 $f(x, y)$ が, 条件 $g(x, y) = 0$ のもと, 点 (a, b) で条件付
き極値を取るならば, ある実数 λ が存在して,

$$f_x(a, b) - \lambda g_x(a, b) = 0, \quad f_y(a, b) - \lambda g_y(a, b) = 0 \quad \cdots (*2)$$

が成り立つ.

証明 Proof　$g_x(a, b) \neq 0$ の場合で考える. 条件 $g(x, y) = 0$ を満たす点
(x, y) は, 微分可能な 1 変数関数 $\varphi(t), \psi(t)$ を用いて,

$$(x, y) = (\varphi(t), \psi(t)),$$

$$\varphi(0) = a, \ \psi(0) = b, \ (\varphi'(0), \psi'(0)) \neq (0, 0)$$

と書くことができる[1]. つまり, $g(\varphi(t), \psi(t)) = 0$ を満たす. この等式の両辺を微分すると, 合成関数の微分 (定理 19.1.1) より,

$$g_x(\varphi(t), \psi(t))\varphi'(t) + g_y(\varphi(t), \psi(t))\psi'(t) = 0.$$

特に, $t = 0$ のとき,

$$g_x(a, b)\varphi'(0) + g_y(a, b)\psi'(0) = 0. \quad \cdots ①$$

一方, $f(\varphi(t), \psi(t))$ が $t = 0$ で極値を取るので,

$$\frac{d}{dt}f(\varphi(t), \psi(t)) = f_x(\varphi(t), \psi(t))\varphi'(t) + f_y(\varphi(t), \psi(t))\psi'(t)$$

に $t = 0$ を代入すると,

$$f_x(a, b)\varphi'(0) + f_y(a, b)\psi'(0) = 0. \quad \cdots ②$$

$g_x(a, b) \neq 0$ なので, ①より, $\varphi'(0) = -\dfrac{g_y(a, b)}{g_x(a, b)}\psi'(0)$. これを②に代入して,

$$-f_x(a, b)\frac{g_y(a, b)}{g_x(a, b)}\psi'(0) + f_y(a, b)\psi'(0) = 0.$$

$\psi'(0)$ は 0 にならないので,

$$-f_x(a, b)\frac{g_y(a, b)}{g_x(a, b)} + f_y(a, b) = 0. \quad \cdots ③$$

したがって, ③で $\lambda = \dfrac{f_x(a, b)}{g_x(a, b)}$ とすれば, 第 2 式が得られる. この λ の取り決めから, 第 1 式も得られている.　■

定理 22.2.1 の結果が成り立っても, $f(a, b)$ が極値になるとは限らない. これが極値かどうか判定するときに, 2 次導関数 $\dfrac{d^2}{dt^2}f(\varphi(t), \psi(t))$ に $t = 0$ を代入して, その正負を調べればよい.

定理 22.2.2 (条件付き極値の判定 The Second Derivative Test)
関数 $f(x, y)$, $g(x, y)$ は 2 次までの偏導関数が連続とする. また, 点 (a, b) に

---

[1] 実は, 陰関数の定理によってこの事実が保証される. ここでは, 陰関数の定理に触れない.

おいて, 定理 22.2.1 の条件 (∗1), (∗2) が成り立つとする. ここで,

$$\widetilde{\Delta} = \{f_{xx}(a,b) - \lambda g_{xx}(a,b)\} g_y(a,b)^2$$
$$- 2\{f_{xy}(a,b) - \lambda g_{xy}(a,b)\} g_x(a,b) g_y(a,b)$$
$$+ \{f_{yy}(a,b) - \lambda g_{yy}(a,b)\} g_x(a,b)^2$$

とおく. このとき, 以下が成り立つ.

(i) $\widetilde{\Delta} < 0$ ならば, $f(a,b)$ は条件付き極大値である.

(ii) $\widetilde{\Delta} > 0$ ならば, $f(a,b)$ は条件付き極小値である.

証明 Proof $\dfrac{d^2}{dt^2} f(\varphi(t), \psi(t))$ は, 20.2 節の例題 20.2.1 を参考にすると,

$$\frac{d^2}{dt^2} f(\varphi(t), \psi(t)) = f_{xx} \varphi'(t)^2 + 2 f_{xy} \varphi'(t) \psi'(t) + f_{yy} \psi'(t)^2$$
$$+ f_x \varphi''(t) + f_y \psi''(t)$$

となる. これに $t = 0$ を代入して,

$$\frac{d^2}{dt^2} f(\varphi(t), \psi(t)) = f_{xx}(a,b) \varphi'(0)^2 + 2 f_{xy}(a,b) \varphi'(0) \psi'(0) + f_{yy}(a,b) \psi'(0)^2$$
$$+ f_x(a,b) \varphi''(0) + f_y(a,b) \psi''(0) = \Phi \quad \cdots ④$$

とおく (Φ の正負が, $t = 0$ における $\dfrac{d^2}{dt^2} f(\varphi(t), \psi(t))$ の正負に関係する).
一方, 条件 $g(\varphi(t), \psi(t)) = 0$ の両辺を変数 t で 2 回微分して, $t = 0$ を代入すると,

$$g_{xx}(a,b) \varphi'(0)^2 + 2 g_{xy}(a,b) \varphi'(0) \psi'(0) + g_{yy}(a,b) \psi'(0)^2$$
$$+ g_x(a,b) \varphi''(0) + g_y(a,b) \psi''(0) = 0$$
$$\Longleftrightarrow \quad g_x(a,b) \varphi''(0) + g_y(a,b) \psi''(0)$$
$$= -g_{xx}(a,b) \varphi'(0)^2 - 2 g_{xy}(a,b) \varphi'(0) \psi'(0) - g_{yy}(a,b) \psi'(0)^2.$$

定理 22.2.1 より, $\lambda g_x(a,b) = f_x(a,b)$, $\lambda g_y(a,b) = f_y(a,b)$ なので,

$$f_x(a,b) \varphi''(0) + f_y(a,b) \psi''(0)$$
$$= -\lambda g_{xx}(a,b) \varphi'(0)^2 - 2\lambda g_{xy}(a,b) \varphi'(0) \psi'(0) - \lambda g_{yy}(a,b) \psi'(0)^2. \quad \cdots ⑤$$

⑤を④に代入すると,

$$\Phi = (f_{xx}(a,b) - \lambda g_{xx}(a,b))\varphi'(0)^2$$
$$+ 2(f_{xy}(a,b) - \lambda g_{xy}(a,b))\varphi'(0)\psi'(0)$$
$$+ (f_{yy}(a,b) - \lambda g_{yy}(a,b))\psi'(0)^2 \quad \cdots ⑥$$

を得る. 定理 22.2.1 の証明にある①の関係式から, $\varphi'(0) = -\dfrac{g_y(a,b)}{g_x(a,b)}\psi'(0)$ となるので, これを⑥に代入して整理すると,

$$\Phi = \{(f_{xx}(a,b) - \lambda g_{xx}(a,b))g_y(a,b)^2$$
$$- 2(f_{xy}(a,b) - \lambda g_{xy}(a,b))g_x(a,b)g_y(a,b)$$
$$+ (f_{yy}(a,b) - \lambda g_{yy}(a,b))g_x(a,b)^2\} \frac{\psi'(0)^2}{g_x(a,b)^2}$$
$$= \widetilde{\Delta} \frac{\psi'(0)^2}{g_x(a,b)^2}.$$

$\varphi'(0)^2 + \psi'(0)^2 \neq 0$ と $\varphi'(0) = -\dfrac{g_y}{g_x}\psi'(0)$ より $\psi'(0) \neq 0$ である. よって, $\widetilde{\Delta} < 0$ ならば, $\dfrac{d^2 f}{dt^2}(\varphi(0), \psi(0)) < 0$ なので, $f(a,b)$ は極大値. $\widetilde{\Delta} > 0$ ならば, $\dfrac{d^2 f}{dt^2}(\varphi(0), \psi(0)) > 0$ なので, $f(a,b)$ は極小値となる. ∎

もちろん $\widetilde{\Delta} = 0$ のときは, より高階の偏導関数を調べる必要がある.

例題 22.2.1 を解いて, 定理 22.2.1 と定理 22.2.2 の使い方を身につけよう.

── 例題 22.2.1 (Example 22.2.1) ──────────

条件 $g(x,y) = x^2 + y^2 - 1 = 0$ のもとで, 関数 $f(x,y) = 2xy$ の極値を求めるために, 次の各問に答えよ.

(1) $f_x, f_y, f_{xx}, f_{xy}, f_{yy}$ を求めよ.

(2) $g_x, g_y, g_{xx}, g_{xy}, g_{yy}$ を求めよ.

(3)　連立方程式

$$
\begin{cases}
g(a,b) = 0 \\
f_x(a,b) - \lambda g_x(a,b) = 0 \\
f_y(a,b) - \lambda g_y(a,b) = 0
\end{cases}
$$

を満たす実数 λ および点 (a,b) の組み合わせをすべて求めよ.

(4)　(The second derivative test) (3) で求めた点 (a,b) の各々について, $f(a,b)$ が極値かどうか判定せよ.

解答 Solution (1)　$f_x = 2y$, $f_y = 2x$, $f_{xx} = 0$, $f_{xy} = 2$, $f_{yy} = 0$ $\cdots$ (答)

(2)　$g_x = 2x$, $g_y = 2y$, $g_{xx} = 2$, $g_{xy} = 0$, $g_{yy} = 2$　$\cdots$ (答)

(3)　連立方程式

$$
\begin{cases}
a^2 + b^2 - 1 = 0 \\
2b - 2\lambda a = 0 \\
2a - 2\lambda b = 0
\end{cases}
$$

を解くと,

$$\lambda = 1 \text{ のとき}, \ (a,b) = \left(\pm\frac{1}{\sqrt{2}}, \pm\frac{1}{\sqrt{2}}\right) \ \text{(複号同順)},$$

$$\lambda = -1 \text{ のとき}, \ (a,b) = \left(\pm\frac{1}{\sqrt{2}}, \mp\frac{1}{\sqrt{2}}\right) \ \text{(複号同順)}. \ \cdots\text{(答)}$$

(4)　定理 22.2.2 の $\widetilde{\Delta}$ は $\widetilde{\Delta} = -8xy^2 - 16xy - 8\lambda x$ である. $\lambda = 1$ のとき, $\widetilde{\Delta} = -16 < 0$ なので, $f\left(\pm\dfrac{1}{\sqrt{2}}, \pm\dfrac{1}{\sqrt{2}}\right) = 1$ は条件付き極大値. $\lambda = -1$ のとき, $\widetilde{\Delta} = 16 > 0$ なので, $f\left(\pm\dfrac{1}{\sqrt{2}}, \mp\dfrac{1}{\sqrt{2}}\right) = -1$ は条件付き極小値. $\cdots$(答)

練習問題 22.2 (Exercise 22.2)

問 1　条件 $g(x,y) = xy - 1 = 0$ のもとで, 関数 $f(x,y) = x^2 + y^2$ の極値を求めるために, 次の各問に答えよ.

(1)　f_x, f_y, f_{xx}, f_{xy}, f_{yy} を求めよ.

(2) g_x, g_y, g_{xx}, g_{xy}, g_{yy} を求めよ.

(3) 連立方程式

$$\begin{cases} g(a, b) = 0 \\ f_x(a, b) - \lambda g_x(a, b) = 0 \\ f_y(a, b) - \lambda g_y(a, b) = 0 \end{cases}$$

を満たす実数 λ および点 (a, b) の組み合わせをすべて求めよ.

(4) (3)で求めた点 (a, b) の各々について, $f(a, b)$ が極値かどうか判定せよ.

第 23 章

多変数関数の重積分

DOUBLE INTEGRAL

　多変数関数にも積分の計算がある. 工学的には, 板上の各位置で密度がわかっているときに, 板の重さを計算したり, 板の重心の位置を特定したりするときに積分の計算が使われる.

23.1　重積分と累次積分 (Double Integral and Repeated Integral)

　関数 $z = f(x, y)$ の定義域を xy 平面上の領域 D とする. このとき, $z = f(x, y)$ のグラフは曲面 S を表す (図 23.1). 関数 $z = f(x, y)$ が正の値を取る場合に, 曲面 S と領域 D ではさまれた部分の図形 V の体積を求める方法を以下に述べる.

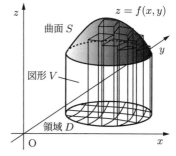

図 23.1　図形 V を角柱状の集まりで近似する.

　定積分の考え方と同様に, 領域 D を細かく分割し, 図形 V を角柱状の集まりで近似する. すると, 図形 V の体積は, これらの角柱の体積の和で近似することができる. 分割領域を無限小にすることで, 角柱の体積の和の極限値は図形 V の体積を表すと考えてよいだろう. この角柱の体積の和の極限値を, 関数

$z = f(x, y)$ の領域 D における**重積分** (*double integral*) という. より詳しい定義は以下のとおりになる.

> ### 定義 23.1.1 (重積分 Double Integral)
>
> 関数 $z = f(x, y)$ は領域 D 上で定義されているとする. D_i $(i = 1, 2, \cdots, n)$ を領域 D の部分集合で, それぞれは重なりがなく, D_i をすべて集めると D になるものとする. さらに, $n \to \infty$ のとき, D_i の面積 $\mu(D_i)$ は 0 に近づくとする. D_i 内部の 1 点 (ξ_i, η_i) を取って, 極限
>
> $$\lim_{n \to \infty} \sum_{i=1}^{n} f(\xi_i, \eta_i) \mu(D_i) \quad \cdots (*)$$
>
> が, 領域 D の分け方や (ξ_i, η_i) の選び方によらず一定の値に収束するとき, 関数 $z = f(x, y)$ は領域 D において**重積分可能** (*double integrable*) という. また, このとき, 極限 $(*)$ を関数 $z = f(x, y)$ の領域 D における**重積分** (*double integral*) といい, 次のように表現する.
>
> $$\iint_D f(x, y) \, dxdy.$$

注意 23.1.1 (Remark 23.1.1) 定義 23.1.1 の主張を表すと, 図 23.2 のとおりになる.

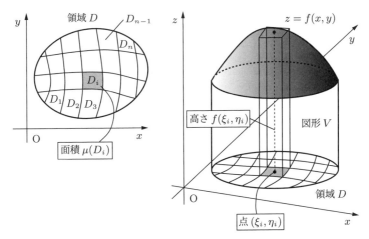

図 23.2　領域 D の分割と角柱の体積

定義 23.1.1 の $(*)$ から, 重積分に関する次の性質を導くことができる. 証明は極限 $\lim_{n \to \infty}$ の性質を利用すればできる. 詳細については, 読者の練習問題とする.

定理 23.1.2 (重積分の性質 Properties of Double Integral)

有界領域 D 上で定義された重積分可能な関数 $f(x,y)$, $g(x,y)$ について, 次のことが成り立つ.

(i) 定数 C_1, C_2 に対して, 関数 $C_1\,f(x,y) + C_2\,g(x,y)$ は重積分可能で,

$$\iint_D (C_1\,f(x,y) + C_2\,g(x,y))\ dxdy$$

$$= C_1 \iint_D f(x,y)\ dxdy + C_2 \iint_D g(x,y)\ dxdy.$$

(ii) 領域 D 上で, いつも $f(x,y) \leq g(x,y)$ ならば,

$$\iint_D f(x,y)\ dxdy \leq \iint_D g(x,y)\ dxdy.$$

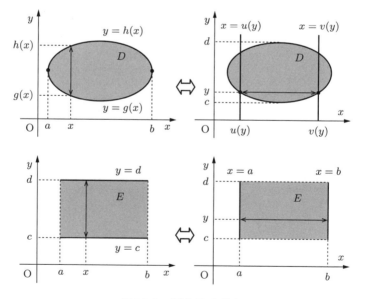

図 23.3　領域 D の見方

　定義 23.1.1 は, 立体図形の体積の近似値をコンピュータで計算するときによ
く使う発想であるが, 手計算で体積を求めるときには不向きである. そこで, 重
積分の手計算が可能になるように, 領域 D の分割方法を工夫する.

　以降では, 単純な状況で考えるために, 領域 D は, 4 つの定数 $a < b$, $c < d$
と連続関数 $y = g(x)$, $y = h(x)$, $x = u(y)$, $x = v(y)$ を用いて,

$$D = \{(x, y) \mid a \le x \le b,\ g(x) \le y \le h(x)\}$$

かつ

$$D = \{(x, y) \mid c \le y \le d,\ u(y) \le x \le v(y)\}$$

と表されるものを考える (図 23.3). 領域 D が長方形 $E = \{(x, y) \mid a \le x \le$
$b,\ c \le y \le d\}$ に含まれていることに注意する. 領域 D 上で定義されている関
数 $f(x, y)$ を

$$\widetilde{f}(x, y) = \begin{cases} f(x, y) & ((x, y) \in D) \\ 0 & ((x, y) \notin D) \end{cases}$$

のように, 座標平面全体で定義された関数に拡張しておこう. 次に,

$$a = x_0 < x_1 < \cdots < x_{m-1} < x_m = b,$$
$$c = y_0 < y_1 < \cdots < y_{n-1} < y_n = d$$

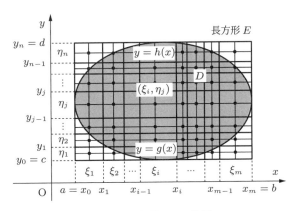

図 **23.4**　領域 D の分割

のように区間 $[a,b]$ と $[c,d]$ をそれぞれ m 分割, n 分割する. 微小長方形

$$\{(x,y) \mid x_{i-1} \leq x \leq x_i, \quad y_{j-1} \leq y \leq y_j\}$$
$$(i = 1, 2, \cdots, m, \ j = 1, 2, \cdots, n)$$

に含まれる点を (ξ_i, η_j) とする (図 23.4). このとき, 重積分は,

$$\iint_D f(x,y) \, dxdy$$

$$= \lim_{m,n \to \infty} \sum_{i=1}^{m} \sum_{j=1}^{n} \widetilde{f}(\xi_i, \eta_j)(x_i - x_{i-1})(y_j - y_{j-1})$$

$$= \lim_{m \to \infty} \sum_{i=1}^{m} \left(\lim_{n \to \infty} \sum_{j=1}^{n} \widetilde{f}(\xi_i, \eta_j)(y_j - y_{j-1}) \right)(x_i - x_{i-1})$$

$$= \lim_{m \to \infty} \sum_{i=1}^{m} \left(\int_{g(\xi_i)}^{h(\xi_i)} f(\xi_i, y) \, dy \right)(x_i - x_{i-1})$$

$$= \int_a^b \left(\int_{g(x)}^{h(x)} f(x,y) \, dy \right) dx. \quad \cdots (*1)$$

あるいは,

$$\iint_D f(x,y) \, dxdy$$

$$= \lim_{m,n \to \infty} \sum_{i=1}^{m} \sum_{j=1}^{n} \widetilde{f}(\xi_i, \eta_j)(x_i - x_{i-1})(y_j - y_{j-1})$$

$$= \lim_{n \to \infty} \sum_{j=1}^{n} \left(\lim_{m \to \infty} \sum_{i=1}^{m} \widetilde{f}(\xi_i, \eta_j)(x_i - x_{i-1}) \right)(y_j - y_{j-1})$$

$$= \lim_{n \to \infty} \sum_{j=1}^{n} \left(\int_{u(\eta_j)}^{v(\eta_j)} f(x, \eta_j) \, dx \right)(y_j - y_{j-1})$$

$$= \int_c^d \left(\int_{u(y)}^{v(y)} f(x,y) \, dx \right) dy \quad \cdots (*2)$$

となる. 以上をまとめると,

$$\iint_D f(x,y) \, dxdy = \int_a^b \left(\int_{g(x)}^{h(x)} f(x,y) \, dy \right) dx = \int_c^d \left(\int_{u(y)}^{v(y)} f(x,y) \, dx \right) dy$$

を得る. この計算には, 極限の順序を入れかえてもその極限値が変わらないことを用いているが, これについては別途議論する必要がある. (*1) や (*2) のように, 一方の変数を一旦定数扱いして他方の変数で積分し, 最後に定数扱いした変数で積分する計算方法を, **累次積分** (*repeated integral*) という. 例えば, (*1) における y に関する積分は立体図形を y 軸に平行な平面で切った断面の面積に相当する (図 23.5). ここで, 積分は, $dxdy$ ($dydx$) の場合, x から y (y から x) の順番に実施する. また, 積分の順序により, 積分範囲の表示は一般に異なる.

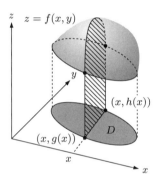

図 23.5 定積分と断面積

例題 23.1.1 (Example 23.1.1)

次の重積分の値を求めよ.

(1) $\displaystyle\iint_D x^2 y \, dxdy.$ ただし, $D = \{(x,y) \mid 0 \le x \le 1, \ -3 \le y \le 2\}.$

(2) $\displaystyle\iint_D x e^{y^2} \, dxdy.$ ただし, $D = \{(x,y) \mid 0 \le x \le \sqrt{y}, \ 0 \le y \le 1\}.$

解答 Solution (1) x を固定すると, y は $-3 \le y \le 2$ の範囲を動くので, この重積分を累次積分に直すと,

$$\iint_D x^2 y \, dxdy = \int_0^1 \left(\int_{-3}^2 x^2 y \, dy \right) dx \quad \cdots (*1)$$

となる. まず, x を定数扱いして, 変数 y について積分すると,

$$(*1) = \int_0^1 \left[x^2 \times \frac{y^2}{2} \right]_{y=-3}^{y=2} dx$$

$$= \int_0^1 \left(2x^2 - \frac{9}{2}x^2 \right) dx$$

$$= \int_0^1 \left(-\frac{5}{2}x^2 \right) dx. \quad \cdots (*2)$$

となる. 次に, 変数 x で積分して,

$$(*2) = \left[-\frac{5}{6}x^3 \right]_{x=0}^{x=1} = -\frac{5}{6}. \quad \cdots (答)$$

(2) y を固定すると, x は $0 \le x \le \sqrt{y}$ の範囲を動くので, 累次積分に直すと,

$$\iint_D xe^{y^2} \, dxdy = \int_0^1 \left(\int_0^{\sqrt{y}} xe^{y^2} \, dx \right) dy \quad \cdots (*1)$$

となる. まず, y を定数扱いして, 変数 x について積分すると,

$$(*1) = \int_0^1 \left[\frac{x^2}{2} \times e^{y^2} \right]_{x=0}^{x=\sqrt{y}} dy = \int_0^1 \frac{1}{2}ye^{y^2} \, dy \quad \cdots (*2)$$

となる. 次に, 変数 y で積分して,

$$(*2) = \left[\frac{1}{4}e^{y^2} \right]_{y=0}^{y=1} = \frac{1}{4}(e-1). \quad \cdots (答)$$

　重積分の値を計算する場合, 積分範囲を平面上に図示するとよい. 例えば, 例題 23.1.1 (1) では長方形, (2) では領域 D は 3 つの直線 $x=0$, $y=0$, $y=1$ と曲線 $x=\sqrt{y}$ で囲まれている (図 23.6). 例題 23.1.1 について, (1) は y を固定して, x が $0 \le x \le 1$ の範囲を動くと見て,

$$\iint_D x^2y \, dxdy = \int_{-3}^2 \left(\int_0^1 x^2y \, dx \right) dy$$

のような累次積分に書きかえて計算してもよい. (2) は積分で x を固定すると y は $(x^2 \le y \le 1)$ の範囲を動くので,

$$\iint_D xe^{y^2} \, dxdy = \int_0^1 \left(\int_{x^2}^1 xe^{y^2} \, dy \right) dx$$

となる. e^{y^2} の不定積分はないので, この方法では計算できない.

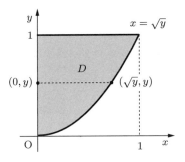

図 23.6 例題 23.1.1(2) の積分範囲

問1 次の累次積分を計算せよ.

(1) $\displaystyle\int_0^3 \left(\int_0^2 (x+y) \, dx \right) dy$　　(2) $\displaystyle\int_0^{\frac{\pi}{2}} \left(\int_0^{2x} \cos(2x - y) \, dy \right) dx$

(3) $\displaystyle\int_0^1 \left(\int_0^{\sqrt{1-y^2}} x\sqrt{x^2 + y^2} \, dx \right) dy$

問2 与えられた領域 D 上で次の重積分を計算せよ.

(1) $\displaystyle\iint_D 2xy \, dxdy, \ D = \{(x,y) \mid 1 \le x \le 2, \ x^2 \le y \le 2x\}.$

(2) $\displaystyle\iint_D 2x \, dxdy,$
$D = \{(x,y) \mid x \le 0, \ 0 \le y \le 1, \ 1 - x^2 \le y^2 \le 4 - x^2\}.$

(3) $\displaystyle\iint_D \log(xy) \, dxdy, \ D = \{(x,y) \mid 1 \le x \le 2, \ 1 \le y \le 2\}.$

(4) $\displaystyle\iint_D \cos \frac{y}{x} \, dxdy, \ D = \left\{(x,y) \mid 1 \le x \le 2, \ 0 \le y \le \frac{\pi}{2}x\right\}.$

23.2 積分の順序交換 (Exchanging the Order of Integrals)

　重積分の値を求めるときに, 累次積分の順序を変えると計算が楽になることがある. しかし, 累次積分の順序を変えるときに積分範囲が変わるので, 細心の注意が必要である. 次の例題23.2.1 を通して, 累次積分の順序交換のコツをつかもう.

例題 23.2.1 (Example 23.2.1)

累次積分 $\displaystyle\int_1^e \left(\int_0^{\log x} f(x,y)\ dy \right) dx$ の積分順序を変更せよ. つまり,

$$\int_1^e \left(\int_0^{\log x} f(x,y)\ dy \right) dx = \int_\Box^\Box \left(\int_\Box^\Box f(x,y)\ dx \right) dy$$

が成り立つように, $\Box$ に適切な数値や数式を入れよ.

解答 Solution　　**(Step 1) 積分領域を図示する.**

$\displaystyle\int_1^e \left(\int_0^{\log x} f(x,y)\ dy \right) dx$ を
見ると, x は $1 \leq x \leq e$ の範囲
を動き, y は x を固定するごとに
$0 \leq y \leq \log x$ の範囲を動くことが
わかる. つまり, 点 (x,y) は, 直線
$x = e, y = 0$, そして曲線 $y = \log x$
で囲まれる領域

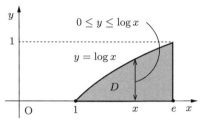

図 23.7　積分領域 D (Step 1)

$$D = \{(x,y) \mid 1 \leq x \leq e,\ 0 \leq y \leq \log x\}$$

を動く. 領域 D を座標平面上に図示する (図 23.7).

(Step 2) y の最小値・最大値を見極める.

　領域 D に含まれる点の y 座標について, 最小値は $y = 0$, 最大値は $y = 1$ である.

(Step 3) y を固定するごとに x が動く範囲を見極める.

　y を (Step 2) で求めた最小値と
最大値の区間 $[0,1]$ 内に固定したと
き, 点 $(0,y)$ を通る x 軸に平行な直
線 ℓ と領域 D との共通部分に着目
する. この共通部分の x 座標の最小
値は $y = \log x$ より $x = e^y$ となる.
最大値は $x = e$ である (図 23.8).

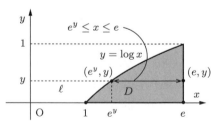

図 23.8　積分領域 D (Step 3)

したがって, x が動く範囲は,

$$e^y \leq x \leq e.$$

ゆえに, 積分の順序を入れかえたものは,

$$\int_0^1 \left(\int_{e^y}^e f(x, y) \, dx \right) dy. \quad \cdots (答)$$

練習問題 23.2 (Exercise 23.2)

問 1 累次積分 $\displaystyle\int_0^1 \left(\int_{x^2}^{\sqrt{x}} \sin \frac{\pi x}{\sqrt{y}} \, dy \right) dx$ は, この積分順序では計算できない. そこで, 次の各問に答えよ.

(1) 積分領域 D を座標平面上に図示せよ.

(2) 領域 D 内の点の y 座標の最小値と最大値を答えよ.

(3) (2) で答えた範囲で y を固定する. 点 $(0, y)$ を通り x 軸に平行な直線 ℓ と領域 D との共通部分について, x 座標の最小値と最大値を答えよ.

(4) 与えられた累次積分を積分順序を交換して計算せよ.

問 2 積分順序を交換して, 次の累次積分を計算せよ.

(1) $\displaystyle\int_1^e \left(\int_0^{\log x} \frac{1+y}{x} \, dy \right) dx$ (2) $\displaystyle\int_0^1 \left(\int_{\sqrt{y}}^1 e^{x^3} \, dx \right) dy$

(3) $\displaystyle\int_0^1 \left(\int_0^y \frac{2y}{(x^2 + y^2 + 1)^2} \, dx \right) dy$

第 24 章

変数変換とヤコビアン

CHANGE OF VARIABLES & JACOBIAN

重積分 $\displaystyle\iint_D f(x,y)\,dxdy$ を計算するときに, $x = \varphi(u,v)$, $y = \psi(u,v)$ のように x, y に別の変数 u, v の関数を代入すると楽になることがある. この章では, 積分変数を変えたときに, 積分計算にどのような変化が生じるのか学ぶ.

24.1 準備：平行四辺形の面積 (Area of a Parallelogram)

座標平面上にある平行四辺形の 4 頂点の座標成分を用いて, 面積を計算する公式を求める.

準備 24.1.1 (平行四辺形の面積 Area of a Parallelogram)

2 つのベクトル $\overrightarrow{\mathrm{OA}} = (a,b)$ と $\overrightarrow{\mathrm{OC}} = (c,d)$ を 2 辺とする平行四辺形の面積は, 図 24.1 のように

$$|ad - bc|$$

で求められる. (「座標成分のたすき掛け」で覚える.)

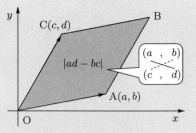

図 24.1 平行四辺形の面積の求め方 (1)

証明 Proof 2つのベクトル $\overrightarrow{OA}$ と $\overrightarrow{OC}$ のなす角を θ $(0 < \theta < \pi)$ とする. 高校数学で学んだ面積の公式より,

$$(\text{平行四辺形 OABC の面積}) = |\overrightarrow{OA}| \cdot |\overrightarrow{OC}| \sin\theta \quad \cdots ①$$

となる (図 24.2). $\sin\theta = \sqrt{1 - \cos^2\theta}$ を代入して,

$$① = \sqrt{|\overrightarrow{OA}|^2 |\overrightarrow{OC}|^2 - (|\overrightarrow{OA}| \cdot |\overrightarrow{OC}| \cos\theta)^2}$$

$$= \sqrt{|\overrightarrow{OA}|^2 |\overrightarrow{OC}|^2 - (\overrightarrow{OA} \cdot \overrightarrow{OC})^2} \quad \cdots ②$$

となる. ここで, $|\overrightarrow{OA}| = \sqrt{a^2 + b^2}$, $|\overrightarrow{OC}| = \sqrt{c^2 + d^2}$ および, 内積について $\overrightarrow{OA} \cdot \overrightarrow{OC} = ac + bd$ に注意すると,

$$② = \sqrt{(a^2 + b^2)(c^2 + d^2) - (ac + bd)^2}$$

$$= \sqrt{a^2 d^2 - 2abcd + b^2 c^2}$$

$$= \sqrt{(ad - bc)^2}$$

$$= |ad - bc|$$

となる. ここで, 高校数学の知識 $\sqrt{\square^2} = |\square|$ を用いた.

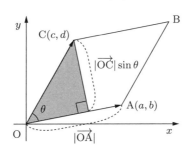

図 24.2 平行四辺形の面積の求め方 (2)

┌─ **例題 24.1.1 (Example 24.1.1)** ─────────────────

図 24.3 において, 次の図形の面積をそれぞれ求めよ.

(1)　平行四辺形 OABC

(2)　平行四辺形 ADEF

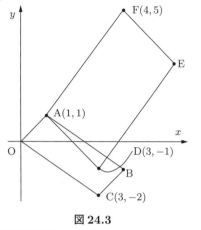

図 24.3

└──────────────────────────────────────

注意 24.1.1 (Remark 24.1.1)　平行四辺形 ADEF は, 原点 O を頂点にもたないことに注意. 例えば, 点 A を原点 O に移すような平行移動を考える必要がある.

解答 Solution　(1)　$\overrightarrow{\text{OA}}$ と $\overrightarrow{\text{OC}}$ の座標成分のたすき掛け (準備 24.1.1) より, $|1 \times 3 - 1 \times (-2)| = 5.$　…(答)

(2)　2 つのベクトル:

$$\overrightarrow{\text{AF}} = (4,5) - (1,1) = (3,4),$$

$$\overrightarrow{\text{AD}} = (3,-1) - (1,1) = (2,-2)$$

に対して, 座標成分のたすき掛け (準備 24.1.1) を考えればよい.

$$|3 \times (-2) - 4 \times 2| = 14.　\cdots(答)$$

████ **練習問題 24.1 (Exercise 24.1)** ████

問 1　座標平面上の 4 点 O $(0,0)$, A $(-1,3)$, B $(1,-2)$, および C $(0,1)$ を頂点とする平行四辺形の面積を求めよ.

問 2　座標平面上の 4 点 P $(1,2)$, Q $(2,3)$, R $(0,6)$, および S $(-1,5)$ を頂点とする平行四辺形の面積を求めよ. (どの頂点も原点に一致していないことに注意.)

24.2　変数変換による微小面積の拡大率 (Rate of Magnification of Small Area)

図 24.4 のような, xy 平面内の複雑な
領域 D 上で重積分を計算したい. その
際に, 領域 D を座標軸に平行に縦横分
割するよりも, 曲がりくねった曲線で分
割した方が, 重積分の値を求めやすくな
ることがある.

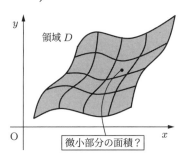

領域 D

微小部分の面積?

図 24.4　複雑な形の領域 D

ここでは, 重積分を計算する前の第 1
段階として, 領域 D を曲がりくねった
曲線で細かく分割したときにできる微小な図形の面積をどのように求めるべき
か考察する.

そのために, uv 平面から xy 平面への変換写像 $(x, y) = (\varphi(u, v), \psi(u, v))$
を用意する. そして, 図 24.4 の領域 D を, この変換写像による uv 平面内の領
域 E の像と見なす. 例えば, 変換写像 $(x, y) = (u \cos v, u \sin v)$ は, uv 平面上

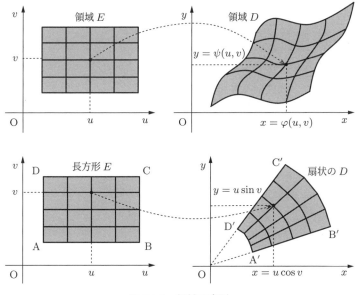

図 24.5　領域の変形

の領域 E を xy 平面上の扇状の領域 D に変換する (図 24.5).

さて, uv 平面上の微小な長方形の面積が, 変換 $(x, y) = (\varphi(u, v), \psi(u, v))$ によって, 何倍の面積の図形に変わるのか結果を先に述べよう.

> **性質 24.2.1 (微小面積の拡大率 Rate of Magnification of Small Area)**
>
> $\varphi(u, v)$, $\psi(u, v)$ は領域 E で偏微分可能で, それぞれの偏導関数は連続とする. このとき, 変数変換 $(x, y) = (\varphi(u, v), \psi(u, v))$ によって, uv 平面上の領域 E 内の位置 (u, v) にある微小長方形の面積 $\Delta u \Delta v$ は,
>
> $$|\varphi_u(u, v)\psi_v(u, v) - \varphi_v(u, v)\psi_u(u, v)| \ \text{倍}$$
>
> になる.

注意 24.2.1 (Remark 24.2.1) 性質 24.2.1 の $J(u, v) = \varphi_u(u, v)\psi_v(u, v) - \varphi_v(u, v) \times \psi_u(u, v)$ を, 変換 $(x, y) = (\varphi, \psi)$ の位置 (u, v) における**ヤコビアン** *(Jacobian)* という (図 24.6). ヤコビアンは, 行列

$$\begin{pmatrix} \varphi_u(u, v) & \varphi_v(u, v) \\ \psi_u(u, v) & \psi_v(u, v) \end{pmatrix}$$

の行列式である.

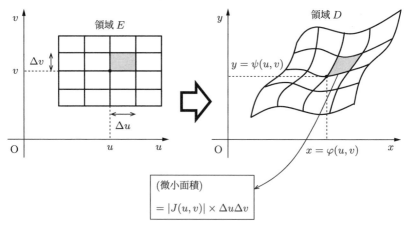

図 **24.6**　微小面積の拡大率 $= |J(u, v)|$

証明 Proof

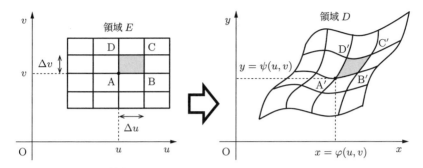

A′ の座標：$(\varphi(u,v), \psi(u,v))$,

B′ の座標：$(\varphi(u+\Delta u, v), \psi(u+\Delta u, v))$,

C′ の座標：$(\varphi(u+\Delta u, v+\Delta v), \psi(u+\Delta u, v+\Delta v))$,

D′ の座標：$(\varphi(u, v+\Delta v), \psi(u, v+\Delta v))$.

図 24.7　微小長方形 ABCD と図形 A′B′C′D′

uv 平面上の 4 点 A (u,v), B $(u+\Delta u, v)$, C $(u+\Delta u, v+\Delta v)$, D $(u, v+\Delta v)$ は，この変数変換によって，それぞれ xy 平面上の 4 点

$$A'(\varphi(u,v), \psi(u,v)),$$

$$B'(\varphi(u+\Delta u, v), \psi(u+\Delta u, v)),$$

$$C'(\varphi(u+\Delta u, v+\Delta v), \psi(u+\Delta u, v+\Delta v)),$$

$$D'(\varphi(u, v+\Delta v), \psi(u, v+\Delta v))$$

に写される (図 24.7)．「テイラーの定理 (定理 21.2.1)」を思い出すと，Δu, Δv が微小なとき，

$$\overrightarrow{A'B'} = (\varphi(u+\Delta u, v), \psi(u+\Delta u, v)) - (\varphi(u,v), \psi(u,v))$$

$$= (\varphi(u+\Delta u, v) - \varphi(u,v), \psi(u+\Delta u, v) - \psi(u,v))$$

$$\approx (\varphi_u(u,v)\Delta u, \psi_u(u,v)\Delta u),$$

$$\overrightarrow{A'D'} = (\varphi(u, v+\Delta v), \psi(u, v+\Delta v)) - (\varphi(u,v), \psi(u,v))$$

$$= (\varphi(u, v + \Delta v) - \varphi(u, v), \psi(u, v + \Delta v) - \psi(u, v))$$

$$\approx (\varphi_v(u, v)\Delta v, \psi_v(u, v)\Delta v),$$

$$\overrightarrow{\text{A}'\text{C}'} = (\varphi(u + \Delta u, v + \Delta v), \psi(u + \Delta u, v + \Delta v)) - (\varphi(u, v), \psi(u, v))$$

$$= (\varphi(u + \Delta u, v + \Delta v) - \varphi(u, v), \psi(u + \Delta u, v + \Delta v) - \psi(u, v))$$

$$\approx (\varphi_u(u, v)\Delta u + \varphi_v(u, v)\Delta v, \psi_u(u, v)\Delta u + \psi_v(u, v)\Delta v)$$

となる. これから, Δu, Δv が微小なとき,

$$\overrightarrow{\text{A}'\text{C}'} \approx \overrightarrow{\text{A}'\text{B}'} + \overrightarrow{\text{A}'\text{D}'}$$

が成り立つことがわかるので, 4 点 A$'$, B$'$, C$'$, D$'$ がほぼ平行四辺形の頂点になる. したがって, 準備 24.1.1 より,

(図形 A$'$B$'$C$'$D$'$ の面積)

$$\approx |(\overrightarrow{\text{A}'\text{B}'} \text{ と } \overrightarrow{\text{A}'\text{D}'} \text{ の座標成分のたすき掛け})|$$

$$= |\varphi_u(u, v)\Delta u \times \psi_v(u, v)\Delta v - \varphi_v(u, v)\Delta v \times \psi_u(u, v)\Delta u|$$

$$= |J(u, v)|\Delta u \Delta v.$$

例題 24.2.1 (Example 24.2.1)

変数変換 $(x, y) = (u \cos v, u \sin v)$ (ただし, $u > 0$) について, 次の各問に答えよ.

(1) uv 平面上の直線 $u = 0.5$, $u = 1$, $u = 1.5$ は, この変数変換によって, xy 平面上のどんな図形に写されるか.

(2) uv 平面上の直線 $v = 0$, $v = \dfrac{\pi}{4}$, $v = \dfrac{\pi}{2}$ は, この変数変換によって, xy 平面上のどんな図形に写されるか.

(3) この変数変換の位置 (u, v) におけるヤコビアン $J(u, v)$ を求めよ.

(4) uv 平面上の位置 $\left(2, \dfrac{\pi}{4}\right)$ 付近にある微小な長方形の面積は, この変数変換によって何倍になるか.

解答 Solution (1)　直線 $u = 0.5$ のとき, $(x, y) = (0.5 \cos v, 0.5 \sin v)$ と

なる. v がいろいろな値を取るとき, 点 (x,y) は xy 平面上の原点を中心とした半径 0.5 の円を描く. 同様に考えて, 直線 $u=1$ は原点を中心とした半径 1 の円に写され, 直線 $u=1.5$ は原点を中心とした半径 1.5 の円を描く (図 24.8 右①②③参照).　… (答)

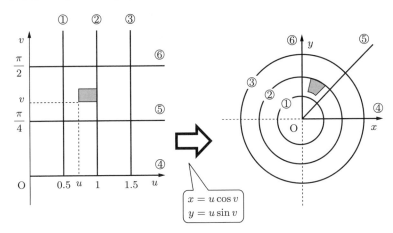

図 24.8　例題 24.2.1 の解答

(2)　直線 $v=0$ は, $(x,y)=(u\cos 0, u\sin 0)=u(1,0)$ となる. $u>0$ がいろいろな値を取るとき, 点 (x,y) は xy 平面上の x 軸正の部分になる. 直線 $v=\dfrac{\pi}{4}$ は $(x,y)=u\left(\dfrac{1}{\sqrt{2}}, \dfrac{1}{\sqrt{2}}\right)$ となるので, 点 (x,y) は原点を始点とし, x 軸と $\dfrac{\pi}{4}$ rad の角度をなす半直線になる. 同様に, 直線 $v=\dfrac{\pi}{2}$ は, y 軸正の部分になる (図 24.8 右④⑤⑥参照).　… (答)

(3)　$\varphi(u,v)=u\cos v$, $\psi(u,v)=u\sin v$ と見て,

$$\left(\begin{array}{cc} \dfrac{\partial(u\cos v)}{\partial u} & \dfrac{\partial(u\cos v)}{\partial v} \\ \dfrac{\partial(u\sin v)}{\partial u} & \dfrac{\partial(u\sin v)}{\partial v} \end{array}\right) = \left(\begin{array}{cc} \cos v & -u\sin v \\ \sin v & u\cos v \end{array}\right)$$

の行列式を計算する.

$$J(u,v) = \cos v \times u\cos v - (-u\sin v) \times \sin v = u(\cos^2 v + \sin^2 v)$$

$$= u \quad \cdots\text{(答)}$$

(4)　(3) の $J(u,v)$ に $u = 2, v = \dfrac{\pi}{4}$ を代入し, 絶対値をつける. $\left| J\left(2, \dfrac{\pi}{4}\right)\right| =$ 2 より 2 倍となる.　… (答)

練習問題 24.2 (Exercise 24.2)

問 1　変数変換 $(x,y) = (u+v, u-v)$ の (u,v) におけるヤコビアンを求めよ.

問 2　変数変換 $(x,y) = (u+v, uv)$ の (u,v) におけるヤコビアンを求めよ.

問 3　変数変換 $(x,y) = \left(\dfrac{uv}{1+v}, \dfrac{u}{1+v}\right)$ の (u,v) におけるヤコビアンを求めよ.

問 4　変数変換 $(x,y) = (r\cos\theta, r\sin\theta)$ の (r,θ) におけるヤコビアンを求めよ. ただし, $r > 0$ とする.

問 5　変数変換 $(x,y) = (r(e^{\theta} + e^{-\theta}), r(e^{\theta} - e^{-\theta}))$ の (r,θ) におけるヤコビアンを求めよ. ただし, $r > 0$ とする.

第 25 章

変数変換による重積分の計算

DOUBLE INTEGRAL BY SUBSTITUTION

前の章で, 変数変換による重積分の計算に向けて準備が整った. この章では, 変数変換を用いたときの重積分の書きかえを紹介する.

25.1 変数変換と重積分 (Change of Variables)

重積分の変数 x, y を $x = \varphi(u, v)$, $y = \psi(u, v)$ によって変数変換すると, 次のように書きかえられる.

定理 25.1.1 (変数変換による重積分の計算 Double Integral by Substitution)

変換 $(x, y) = (\varphi(u, v), \psi(u, v))$ によって, uv 平面上の領域 E が xy 平面上の領域 D に 1 対 1 に対応するものとする. このとき,

$$\iint_D f(x, y)\, dxdy = \iint_E f(\varphi(u, v), \psi(u, v))|J(u, v)|\, dudv \quad \cdots (*)$$

が成り立つ. ここで, $J(u, v) = \varphi_u(u, v)\psi_v(u, v) - \varphi_v(u, v)\psi_u(u, v)$ は, 変換 $(x, y) = (\varphi(u, v), \psi(u, v))$ の (u, v) におけるヤコビアンである.

注意 25.1.1 (Remark 25.1.1) 定理 25.1.1 の $(*)$ の覚え方として,

(i) $f(x, y)$ に $x = \varphi(u, v)$, $y = \psi(u, v)$ を代入し,

(ii) $dxdy$ が $|J(u, v)|\, dudv$ に変化し,

(iii) (x, y) の動く領域 D が, (u, v) の動く領域 E に変わった

と考えるとよい.

理由 Reason　uv 平面上の領域 E を n 個の微小長方形領域 E_i (位置 (u_i, v_i) 付近にあるものとする) に分割し, 各 E_i は変換 $(x, y) = (\varphi(u, v), \psi(u, v))$ によって, xy 平面上の微小領域 D_i に写されたとする. 性質 24.2.1 より, D_i の面積 $\mu(D_i)$ は,

$$\mu(D_i) = |J(u_i, v_i)|\mu(E_i)$$

と表せる (図 25.1). ただし, $\mu(E_i)$ は E_i の面積である. 点 (u_i, v_i) が写された点を $(x_i, y_i) \in D_i$ とすれば,

$$\sum_{i=1}^{n} f(x_i, y_i)\mu(D_i) \approx \sum_{i=1}^{n} f(\varphi(u_i, v_i), \psi(u_i, v_i))|J(u_i, v_i)|\mu(E_i)$$

となる. 領域 E の分割を細かくする極限 $n \to \infty$ を両辺に取ると, 重積分の定義 (定義 23.1.1) より,

$$\iint_D f(x, y)\, dxdy = \iint_E f(\varphi(u, v), \psi(u, v))\, |J(u, v)|\, dudv$$

となる.

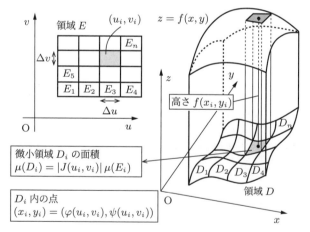

図 25.1　変数変換と重積分

注意 25.1.2 (Remark 25.1.2) 定理 25.1.1 で集合 E から集合 D への 1 対 1 対応を仮定しているが, そうでない集合の面積が 0 であれば, 定理は成り立つ.

25.2 具体計算 (Sample Computations)

変数変換は, 複雑な領域 D 上の重積分を uv 平面上の長方形領域上での重積分に書きかえるときによく用いられる. 例題 25.2.1 を解いて, 変数変換による重積分の計算のコツをつかもう.

例題 25.2.1 (Example 25.2.1)

座標平面上の領域 D は 4 点 O $(0,0)$, A $(1,-2)$, B $(4,2)$, C $(3,4)$ を頂点とする平行四辺形の周および内部とする (図 25.2). 重積分

$$\iint_D (x^2 + y^2)\, dxdy \quad \cdots (*)$$

を計算するために, 次の各問に答えよ.

(1) 領域 D 上の点を $(x,y) = u(1,-2) + v(3,4) = (u+3v, -2u+4v)$ と書くとき, u, v が取りうる値の範囲を求めよ.

(2) (1) の変換 $(x,y) = (u+3v, -2u+4v)$ の (u,v) におけるヤコビアン $J(u,v)$ を求めよ.

(3) 重積分 $(*)$ を求めよ.

解答 Solution (1) 平行四辺形 ABCD の周および内部の点 (x,y) は, $\overrightarrow{\text{OA}} = (1,-2)$ と $\overrightarrow{\text{OC}} = (3,4)$ を用いて,

$$(x,y) = u\,\overrightarrow{\text{OA}} + v\,\overrightarrow{\text{OC}} \quad (\text{ただし}, 0 \leq u \leq 1, 0 \leq v \leq 1)$$

と書くことができる. ゆえに, $0 \leq u \leq 1, 0 \leq v \leq 1$. $\cdots$ (答)

(2) $\varphi(u,v) = u + 3v$, $\psi(u,v) = -2u + 4v$ とおく. 性質 24.2.1 より,

$$|J(u,v)| = |\varphi_u \psi_v - \varphi_v \psi_u|$$

$$= \left| \frac{\partial(u+3v)}{\partial u} \times \frac{\partial(-2u+4v)}{\partial v} - \frac{\partial(u+3v)}{\partial v} \times \frac{\partial(-2u+4v)}{\partial u} \right|$$

$$= |1 \times 4 - 3 \times (-2)|$$

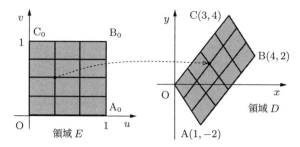

図 25.2　正方形から平行四辺形への変形

$$= 10. \quad \cdots (答)$$

(3)　$E = \{(u, v) \mid 0 \le u \le 1, \ 0 \le v \le 1\}$ とおく. 定理 25.1.1 より,

$$(*) = \iint_E \{(u + 3v)^2 + (-2u + 4v)^2\} \times |J(u, v)| \, dudv$$

$$= \int_0^1 \left(\int_0^1 (5u^2 - 10uv + 25v^2) \times 10 \, du \right) dv$$

$$= 50 \int_0^1 \left[\frac{u^3}{3} - u^2 v + 5uv^2 \right]_{u=0}^{u=1} dv$$

$$= 50 \int_0^1 \left(\frac{1}{3} - v + 5v^2 \right) dv$$

$$= 50 \left[\frac{v}{3} - \frac{v^2}{2} + \frac{5}{3} v^3 \right]_{v=0}^{v=1}$$

$$= 75. \quad \cdots (答)$$

例題 25.2.2 (Example 25.2.2)

　座標平面上の領域 D は, 原点 O を中心とする半径 1 の円の周および内部とする. 重積分

$$\iint_D e^{-x^2 - y^2} \, dxdy \quad \cdots (*)$$

を計算するために, 次の各問に答えよ.

(1)　領域 D 上の点を $(x, y) = (r \cos \theta, r \sin \theta)$ と書くとき, r, θ が取り

うる値の範囲を求めよ. ただし, $0 \le r$, $0 \le \theta$ とし, θ の範囲は必要最小限で答えよ.

(2) (1) の変換 $(x, y) = (r \cos \theta, r \sin \theta)$ の (r, θ) におけるヤコビアン $J(r, \theta)$ を求めよ.

(3) 重積分 $(*)$ を求めよ.

解答 Solution (1) r を点 P (x, y) と原点 O との距離, θ を反時計まわりに測った x 軸と半直線 OP とのなす角と見る (図 25.3). 領域 D の半径が 1 なので, $0 \le r \le 1$. 点 P が領域 D 内を動くとき, x 軸と半直線 OP とのなす角は $0 \le \theta \le 2\pi$ の範囲を取りうる. ゆえに, $0 \le r \le 1$, $0 \le \theta \le 2\pi$. $\cdots$ (答)

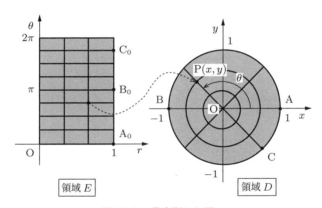

図 25.3 長方形から円へ

(2) $\varphi(r, \theta) = r \cos \theta$, $\psi(r, \theta) = r \sin \theta$ とおく. 性質 24.2.1 より,

$$|J(r, \theta)| = |\varphi_r \psi_\theta - \varphi_\theta \psi_r|$$

$$= \left| \frac{\partial (r \cos \theta)}{\partial r} \times \frac{\partial (r \sin \theta)}{\partial \theta} - \frac{\partial (r \cos \theta)}{\partial \theta} \times \frac{\partial (r \sin \theta)}{\partial r} \right|$$

$$= |\cos \theta \times r \cos \theta - (-r \sin \theta) \times \sin \theta|$$

$$= r. \quad \cdots (答)$$

(3) $E = \{(r, \theta) \mid 0 \le r \le 1, \ 0 \le \theta \le 2\pi\}$ とおく. 定理 25.1.1(注意 25.1.2)

より,

$$(*) = \iint_E e^{-r^2} \times |J(r,\theta)| \ drd\theta$$

$$= \int_0^{2\pi} \int_0^1 e^{-r^2} \times r \ drd\theta$$

$$= \int_0^{2\pi} \left[-\frac{1}{2} e^{-r^2} \right]_{r=0}^{r=1} d\theta$$

$$= -\frac{1}{2} \int_0^{2\pi} (e^{-1} - 1) \ d\theta$$

$$= -\frac{1}{2}(e^{-1} - 1) \Big[\theta \Big]_{\theta=0}^{\theta=2\pi}$$

$$= \pi(1 - e^{-1}). \quad \cdots (\text{答})$$

注意 25.2.1 (Remark 25.2.1)　変換 $(x,y) = (r\cos\theta, r\sin\theta)$ (これを**極座標変換** (*polar coordinate transform*) という) は重積分の計算で頻繁に登場する. 極座標変換のヤコビアンが r になることを覚えておくのがよい.

練習問題 25.2 (Exercise 25.2)

問 1　座標平面上の領域 D は, 4 点 O $(0,0)$, A $(2,3)$, B $(1,4)$, C $(-1,1)$ を頂点とする平行四辺形の周および内部とする. 重積分 $\iint_D xy \ dxdy$ を計算するために, 次の各問に答えよ.

  (1)　領域 D 内の点 (x,y) を $(x,y) = u\overrightarrow{\text{OA}} + v\overrightarrow{\text{OC}}$ と書くとき, u, v が取りうる値の範囲を答えよ.

  (2)　変換 $(x,y) = u(2,3) + v(-1,1) = (2u - v, 3u + v)$ の (u,v) におけるヤコビアン $J(u,v)$ を求めよ.

  (3)　重積分 $\iint_D xy \ dxdy$ を計算せよ.

問 2　円環領域 $D = \{(x,y) \mid 1 \leq x^2 + y^2 \leq 4\}$ 上の重積分 $\iint_D \dfrac{dxdy}{\sqrt{x^2 + y^2}}$ を計算するために, 次の各問に答えよ.

  (1)　領域 D 内の点 (x,y) を $(x,y) = (r\cos\theta, r\sin\theta)$ と書くとき, r, θ が取りうる値の範囲を答えよ. ただし, $0 \leq r$, $0 \leq \theta \leq 2\pi$ とする.

(2) 変換 $(x,y) = (r\cos\theta, r\sin\theta)$ の (r, θ) におけるヤコビアン $J(r, \theta)$ を求めよ.

(3) 重積分 $\displaystyle\iint_D \frac{dxdy}{\sqrt{x^2 + y^2}}$ を計算せよ.

問3 領域 $D = \{(x, y) \mid 0 \leq x,\, 0 \leq y,\, 1 \leq x + y \leq 2\}$ 上の重積分 $\displaystyle\iint_D e^{\frac{y}{x+y}}\, dxdy$ を計算するために, 次の各問に答えよ.

(1) 領域 D 内の点 (x, y) を $(x, y) = (u(1 - v), uv)$ と書くとき, u, v が取りうる値の範囲を答えよ.

(2) 変換 $(x, y) = (u(1 - v), uv)$ の (u, v) におけるヤコビアン $J(u, v)$ を求めよ.

(3) 重積分 $\displaystyle\iint_D e^{\frac{y}{x+y}}\, dxdy$ を計算せよ.

第 26 章

重積分の応用・グラフの曲面積

APPLICATION · SURFACE AREA

　2 変数関数のグラフの曲面積を求めるときにも，重積分を利用することができる．その基本的な発想は，曲面上の微小面積を寄せ集めることである．

26.1 　準備：2 つの 3 次元ベクトルが作る平行四辺形の面積 (Area of a Parallelogram in 3D Space)

　2 つのベクトル $\vec{a}$, $\vec{b}$ のなす角を θ とするとき，これらのベクトルを 2 辺とする平行四辺形の面積は，$|\vec{a}||\vec{b}|\sin\theta$ で計算できる．この知識を利用すると，空間内の平行四辺形の面積を座標成分で表現することができる．

準備 26.1.1 (空間内の平行四辺形の面積 Area of a Parallelograms in 3D Space)

　ベクトル $\vec{a} = (a_1, a_2, a_3)$ と $\vec{b} = (b_1, b_2, b_3)$ を 2 辺とする平行四辺形の面積は，

$$\sqrt{(a_2 b_3 - a_3 b_2)^2 + (a_3 b_1 - a_1 b_3)^2 + (a_1 b_2 - a_2 b_1)^2}$$

となる．

注意 26.1.1 (Remark 26.1.1) （覚え
方）図 26.1 のように, たすき掛けで覚え
るとよい. 番号①, ②, ③, ④は作業の順番
を表す.

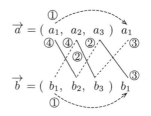

図 26.1　たすき掛け

証明 Proof　$\vec{a}, \vec{b}$ のなす角を θ と
する. $\vec{a}$ をこの平行四辺形の底辺と見る
と, 高さは $|\vec{b}|\sin\theta$ となる ($\vec{b}$ の終点か
ら $\vec{a}$ に垂線を下ろすとわかる). したが
って, 平行四辺形の面積は, $|\vec{a}||\vec{b}|\sin\theta$
となる (図 26.2). $\sin\theta = \sqrt{1 - \cos^2\theta}$
なので,

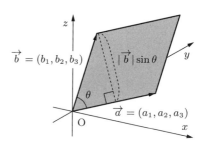

図 26.2　空間内の平行四辺形

$$|\vec{a}||\vec{b}|\sin\theta$$

$$= |\vec{a}||\vec{b}|\sqrt{1 - \cos^2\theta}$$

$$= \sqrt{|\vec{a}|^2|\vec{b}|^2 - (|\vec{a}||\vec{b}|\cos\theta)^2}. \quad \cdots ①$$

$|\vec{a}||\vec{b}|\cos\theta$ は内積 $\vec{a}\cdot\vec{b}$ なので,

$$① = \sqrt{|\vec{a}|^2|\vec{b}|^2 - (\vec{a}\cdot\vec{b})^2} \quad \cdots ②$$

となる. $|\vec{a}| = \sqrt{a_1{}^2 + a_2{}^2 + a_3{}^2}$, $|\vec{b}| = \sqrt{b_1{}^2 + b_2{}^2 + b_3{}^2}$ および $\vec{a}\cdot\vec{b} = a_1b_1 + a_2b_2 + a_3b_3$ であることに注意して,

$$② = \sqrt{(a_1{}^2 + a_2{}^2 + a_3{}^2)(b_1{}^2 + b_2{}^2 + b_3{}^2) - (a_1b_1 + a_2b_2 + a_3b_3)^2}$$

となる. 根号の中を丁寧に展開して整理すると, 準備 26.1.1 を得る. ∎

　この証明は, 準備 26.1.1 と比較して読んでもらいたい.

練習問題 26.1 (Exercise 26.1)

問 1　座標空間において, ベクトル $\vec{a} = (1, 2, -1)$ と $\vec{b} = (4, -2, 1)$ を 2 辺
とする平行四辺形の面積を求めよ.

問 2　座標空間内の 3 点 A $(1, 1, 0)$, B $(2, 3, -1)$, C $(3, 1, 1)$ について, 次の各
問に答えよ.

(1)　ベクトル $\overrightarrow{AB}$ を成分で表せ.

(2)　ベクトル $\overrightarrow{AC}$ を成分で表せ.

(3)　△ ABC の面積を求めよ.

26.2　グラフの曲面積 (Surface Area of Graphs)

xy 平面上の領域 D で定義された関数 $z = f(x, y)$ について, そのグラフの
曲面積を求めるために, まず, 領域 D 内の微小な長方形 ABCD に着目する.
「長方形 ABCD 内の点 (x, y) がグラフ上の点 $(x, y, f(x, y))$ に写る」という見
方をするとき, 長方形 ABCD はグラフ上のどんな図形になるのか考えよう.

**準備 26.2.1 (グラフ上の微小部分の面積 Area of a Small Portion on the
Graph)**

xy 平面上にある微小な長方形の頂点を A(x, y), B$(x + \Delta x, y)$, C$(x + \Delta x, y + \Delta y)$, D$(x, y + \Delta y)$ とする ($\Delta x > 0$, $\Delta y > 0$ は微小な値). この微小な長方形
ABCD が全微分可能な関数 $z = f(x, y)$ で f_x, f_y が連続であり, そのグラフ上
に写されるとき, グラフ上にできる図形の面積は,

$$\sqrt{1 + f_x(x, y)^2 + f_y(x, y)^2}\, \Delta x \Delta y$$

で近似される.

理由 Reason　微小な長方形 ABCD の各頂点が関数 $z = f(x, y)$ によって
写される点をそれぞれ A$'$, B$'$, C$'$, D$'$ とする. このとき, A$'$, B$'$, C$'$, D$'$ の座
標は,

$$A'(x, y, f(x, y)),$$
$$B'(x + \Delta x, y, f(x + \Delta x, y)),$$
$$C'(x + \Delta x, y + \Delta y, f(x + \Delta x, y + \Delta y)),$$

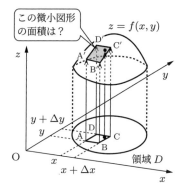

この微小図形
の面積は？

$z = f(x, y)$

領域 D

図 26.3 曲面上の微小要素

$$\mathrm{D}'(x, y + \Delta y, f(x, y + \Delta y))$$

となる (図 26.3). いま, Δx, Δy は微小なので, テイラー展開 (定理 21.2.1) より,

$$\begin{aligned}
\overrightarrow{\mathrm{A}'\mathrm{B}'} &= (x + \Delta x, y, f(x + \Delta x, y)) - (x, y, f(x, y)) \\
&= (\Delta x, 0, f(x + \Delta x, y) - f(x, y)) \\
&\approx (\Delta x, 0, f_x(x, y)\Delta x) \quad \cdots ①
\end{aligned}$$

となる. 同様にして,

$$\begin{aligned}
\overrightarrow{\mathrm{A}'\mathrm{D}'} &= (x, y + \Delta y, f(x, y + \Delta y)) - (x, y, f(x, y)) \\
&\approx (0, \Delta y, f_y(x, y)\Delta y), \quad \cdots ②
\end{aligned}$$

$$\begin{aligned}
\overrightarrow{\mathrm{A}'\mathrm{C}'} &= (x + \Delta x, y + \Delta y, f(x + \Delta x, y + \Delta y)) - (x, y, f(x, y)) \\
&\approx (\Delta x, \Delta y, f_x(x, y)\Delta x + f_y(x, y)\Delta y) \quad \cdots ③
\end{aligned}$$

となる. これから, ① + ② ≈ ③ がわかる. つまり,

$$\overrightarrow{\mathrm{A}'\mathrm{B}'} + \overrightarrow{\mathrm{A}'\mathrm{D}'} \approx \overrightarrow{\mathrm{A}'\mathrm{C}'}$$

が成り立つので, グラフ上の図形 $\mathrm{A}'\mathrm{B}'\mathrm{C}'\mathrm{D}'$ はほぼ平行四辺形であると思って

よい. 準備 26.1.1 を $\overrightarrow{A'B'}$ と $\overrightarrow{A'C'}$ の成分表現①, ②に適用すると,

(図形 A′B′C′D′ の面積)

$$\approx \sqrt{(0 - f_x(x,y)\Delta x\Delta y)^2 + (0 - \Delta x f_y(x,y)\Delta y)^2 + (\Delta x\Delta y - 0)^2}$$
$$= \sqrt{f_x(x,y)^2 + f_y(x,y)^2 + 1}\,\Delta x\Delta y.$$

これでグラフの曲面積を求める準備が整った. グラフの曲面積を求めるには, 準備 26.2.1 のように表現された微小部分の面積を寄せ集めればよい.

定理 26.2.2 (グラフの曲面積 Surface Area of a Graph)

領域 D で定義された全微分可能な関数 $z = f(x,y)$ のグラフの曲面積は,

$$\iint_D \sqrt{1 + f_x(x,y)^2 + f_y(x,y)^2}\,dxdy.$$

理由 Reason

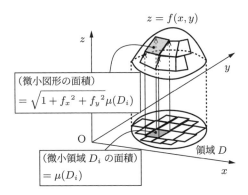

図 26.4 グラフ $z = f(x,y)$ の曲面積

領域 D を微小な長方形 D_i $(1 \le i \le n)$ の集まりで近似する. 微小な長方形 D_i は点 (x_i, y_i) を含んでいるとする. この長方形 D_i を関数 $z = f(x,y)$ によってグラフ上に写す. グラフ上にできたその図形の面積は, 準備 26.2.1 より,

$$\sqrt{1 + f_x(x_i, y_i)^2 + f_y(x_i, y_i)^2}\mu(D_i)$$

となる (図 26.4). ただし, $\mu(D_i)$ は長方形 D_i の面積である. この面積を加え
て, 極限 $n \to \infty$ を取れば, グラフの曲面積になるであろう. したがって,

$$(\text{グラフの曲面積}) = \lim_{n \to \infty} \left(\sum_{i=1}^{n} \sqrt{1 + f_x(x_i, y_i)^2 + f_y(x_i, y_i)^2} \mu(D_i) \right).$$

f_x, f_y が連続であるとき, これは, 関数 $\sqrt{1 + f_x(x, y)^2 + f_y(x, y)^2}$ の D 上の
重積分である. ゆえに,

$$(\text{グラフの曲面積}) = \iint_D \sqrt{1 + f_x(x, y)^2 + f_y(x, y)^2} \, dxdy. \quad \blacksquare$$

例題 26.2.1 (Example 26.2.1)

領域 $D = \{(x, y) \mid 1 \leq x \leq 4, \ 1 \leq y \leq 4\}$ 上で定義された関数
$z = \sqrt{2xy}$ について, 次の各問に答えよ.
(1) 偏導関数 $\dfrac{\partial z}{\partial x}$ と $\dfrac{\partial z}{\partial y}$ を求めよ.
(2) 関数 $z = \sqrt{2xy}$ のグラフの曲面積を求めよ.

解答 Solution (1) $\dfrac{\partial z}{\partial x} = \sqrt{\dfrac{y}{2x}}, \ \dfrac{\partial z}{\partial y} = \sqrt{\dfrac{x}{2y}} \quad \cdots (\text{答})$

(2) 定理 26.2.2 より, グラフの曲面積は,

$$\iint_D \sqrt{1 + \left(\sqrt{\frac{y}{2x}} \right)^2 + \left(\sqrt{\frac{x}{2y}} \right)^2} \, dxdy$$

$$= \int_1^4 \left\{ \int_1^4 \sqrt{\frac{x^2 + 2xy + y^2}{2xy}} \, dx \right\} dy$$

$$= \int_1^4 \int_1^4 \frac{x + y}{\sqrt{2xy}} \, dxdy$$

$$= \frac{1}{\sqrt{2}} \int_1^4 \left\{ \int_1^4 \left(x^{\frac{1}{2}} y^{-\frac{1}{2}} + x^{-\frac{1}{2}} y^{\frac{1}{2}} \right) \, dx \right\} dy$$

$$= \frac{1}{\sqrt{2}} \int_1^4 \left[\frac{2}{3} x^{\frac{3}{2}} y^{-\frac{1}{2}} + 2x^{\frac{1}{2}} y^{\frac{1}{2}} \right]_{x=1}^{x=4} dy$$

$$= \frac{1}{\sqrt{2}} \int_1^4 \left(\frac{14}{3} y^{-\frac{1}{2}} + 2y^{\frac{1}{2}} \right) \, dy$$

$$= \frac{1}{\sqrt{2}} \left[\frac{28}{3} y^{\frac{1}{2}} + \frac{4}{3} y^{\frac{3}{2}} \right]_{y=1}^{y=4}$$

$$= \frac{1}{\sqrt{2}} \left\{ \frac{28}{3}(2-1) + \frac{4}{3}(3-1) \right\}$$

$$= \frac{28\sqrt{2}}{3}. \quad \cdots (\text{答})$$

グラフの曲面積を計算するときに, 変数変換を用いて計算することもある.

例題 26.2.2 (Example 26.2.2)

　領域 $D = \{(x,y) \mid x^2 + y^2 \leq 1\}$ 上で定義された関数 $z = x^2 + y^2$ について, 次の各問に答えよ.

(1)　偏導関数 $\dfrac{\partial z}{\partial x}$ と $\dfrac{\partial z}{\partial y}$ を求めよ.

(2)　関数 $z = x^2 + y^2$ のグラフの曲面積を求めよ.

解答 Solution (1)　$\dfrac{\partial z}{\partial x} = 2x,\ \dfrac{\partial z}{\partial y} = 2y \quad \cdots (\text{答})$

(2)　定理 26.2.2 より, グラフの曲面積は,

$$\iint_D \sqrt{1 + (2x)^2 + (2y)^2}\ dxdy = \iint_D \sqrt{1 + 4(x^2 + y^2)}\ dxdy \quad \cdots ①$$

となる. ここで, $(x,y) = (r\cos\theta, r\sin\theta)\ (0 \leq r \leq 1,\ 0 \leq \theta \leq 2\pi)$ のように変数変換すると, ヤコビアンが r であることに注意して, 定理 25.1.1 より,

$$① = \int_0^{2\pi} \left(\int_0^1 \sqrt{1 + 4r^2} \times r\ dr \right) d\theta$$

$$= \int_0^{2\pi} \left[\frac{1}{12}(1 + 4r^2)^{\frac{3}{2}} \right]_{r=0}^{r=1} d\theta$$

$$= \int_0^{2\pi} \frac{5\sqrt{5} - 1}{12}\ d\theta$$

$$= \left[\frac{5\sqrt{5} - 1}{12}\theta \right]_{\theta=0}^{\theta=2\pi}$$

$$= \frac{5\sqrt{5} - 1}{6}\pi. \quad \cdots (\text{答})$$

練習問題 26.2 (Exercise 26.2)

問1 領域 $D = \{(x,y) \mid 0 \le x \le 1, 0 \le y \le 1\}$ で定義された関数 $z = x + \dfrac{2}{3}y^{\frac{3}{2}}$ について, 次の各問に答えよ.

(1) $\dfrac{\partial z}{\partial x}$ と $\dfrac{\partial z}{\partial y}$ を求めよ.

(2) この関数のグラフの曲面積を累次積分で表すと,

$$\int_0^1 \left(\int_0^1 \boxed{\text{(a)}} \, dx \right) dy$$

となる. 空欄に入る数式を答えよ.

(3) この関数のグラフの曲面積を求めよ.

問2 領域 $D = \{(x,y) \mid x^2 + y^2 \le 1\}$ で定義された関数 $z = \sqrt{4 - x^2 - y^2}$ について, 次の各問に答えよ.

(1) $\dfrac{\partial z}{\partial x}$ と $\dfrac{\partial z}{\partial y}$ を求めよ.

(2) この関数のグラフの曲面積を重積分で表すと,

$$\iint_D \boxed{\text{(a)}} \, dxdy$$

となる. 空欄に入る数式を答えよ.

(3) 変数変換 $(x,y) = (r\cos\theta, r\sin\theta)$ (ただし, $0 \le r \le 1$, $0 \le \theta < \le 2\pi$) を用いて, (2) の重積分を書きかえて, 累次積分で表現すると,

$$\int_0^{2\pi} \left(\int_{\boxed{\text{(a)}}}^{\boxed{\text{(b)}}} \boxed{\text{(c)}} \, dr \right) d\theta$$

となる. 空欄に入る数式を答えよ.

(4) この関数のグラフの曲面積を求めよ.

問3 領域 $D = \{(x,y) \mid x^2 + y^2 \le 1\}$ で定義された関数 $z = \sqrt{1 - y^2}$ について, 次の各問に答えよ.

(1) $\dfrac{\partial z}{\partial x}$ と $\dfrac{\partial z}{\partial y}$ を求めよ.

(2)　この関数のグラフの曲面積を累次積分で表すと，

$$\int_{-1}^{1}\left(\int_{\boxed{(a)}}^{\boxed{(b)}}\boxed{(c)}\,dx\right)dy$$

となる．空欄に入る数式を答えよ．

(3)　この関数のグラフの曲面積を求めよ．

第 27 章

広義重積分

IMPROPER DOUBLE INTEGRAL

この章では，関数 $f(x, y)$ が 1 点で発散するときの重積分の計算法と，領域 D が無限に広いときの重積分の計算法を紹介する．特に，後半では，統計学で頻繁に利用される広義積分 $\displaystyle\int_{-\infty}^{\infty} e^{-x^2}\, dx$ に関する知識を取り扱う．

27.1 関数が 1 点で発散する場合 (Case 1：Divergent Integrand)

領域 D で定義されている関数 $f(x, y)$ が，極限 $(x, y) \to (a, b)$ のときに発散する場合，重積分を極限

$$\lim_{m,n\to\infty} \left(\sum_{i=1}^{m} \sum_{j=1}^{n} f(\xi_i, \eta_j)\mu(D_{ij}) \right)$$

でうまく定義できないことがある (図 27.1)．(実際，点 (ξ_i, η_j) を発散点 (a, b) に近いところに選ぶと，上の極限値が発散することがある．)

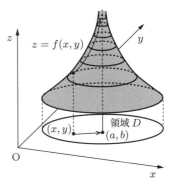

図 27.1　重積分できない関数のグラフ

そこで，発散するような関数を重積分するときに，発散点 (a, b) を中心とする半径 $\varepsilon > 0$ の円板 C_ε を領域 D からくり抜いて，

(i)　最初に, 穴あき領域 $D \backslash C_\varepsilon$ 上で重積分 $\displaystyle\iint_{D \backslash C_\varepsilon} f(x, y)\, dxdy$ を計算し,

(ii)　最後に, 極限 $\displaystyle\lim_{\varepsilon \to +0} \iint_{D \backslash C_\varepsilon} f(x, y)\, dxdy$ を取る,

といった計算をする.

定義 27.1.1 (広義重積分 Improper Double Integral)

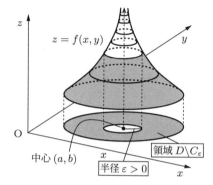

図 27.2　広義重積分の考え方

領域 D で定義された関数 $z = f(x, y)$ は,

- $\displaystyle\lim_{(x,y) \to (a,b)} f(x, y)$ が存在せず,
- 任意の $\varepsilon > 0$ に対して, 穴あき領域 $D \backslash C_\varepsilon = \{(x, y) \in D \mid \varepsilon^2 \le (x - a)^2 + (y - b)^2\}$ において重積分可能とする (図 27.2).

このとき,

$$\lim_{\varepsilon \to +0} \left(\iint_{D \backslash C_\varepsilon} f(x, y)\, dxdy \right) \quad \cdots (*)$$

という計算法を, 発散点をもつ関数 $f(x, y)$ の領域 D における**広義重積分** (*improper double integral*) という. 極限 $(*)$ が実数の値で存在するとき, 広義積分 $\displaystyle\iint_D f(x, y)\, dxdy$ は**収束する** (*converge*) といい, 極限 $(*)$ が存在しないとき, 広義積分 $\displaystyle\iint_D f(x, y)\, dxdy$ は**発散する** (*diverge*) という.

━ 例題 27.1.1 (Example 27.1.1) ━

領域 $D = \{(x, y) \mid x^2 + y^2 \le 1\}$ とする. 次の各問に答えよ.

(1)　広義重積分 $\displaystyle\iint_D (x^2 + y^2)^{-\frac{1}{3}}\, dxdy$ の収束・発散を調べよ.

(2)　広義重積分 $\displaystyle\iint_D (x^2 + y^2)^{-2}\, dxdy$ の収束・発散を調べよ.

解答 Solution (1)　被積分関数 $(x^2 + y^2)^{-\frac{1}{3}} = \dfrac{1}{(x^2 + y^2)^{\frac{1}{3}}}$ の値が定義

できないのは, 分母が 0 になるところ, つまり, $(x,y) = (0,0)$ である. そこで,

$$D \backslash C_\varepsilon = \{(x,y) \mid \varepsilon^2 \leq x^2 + y^2 \leq 1\}$$

とおいて, まず重積分

$$\iint_{D \backslash C_\varepsilon} (x^2 + y^2)^{-\frac{1}{3}} \, dxdy \quad \cdots ①$$

を計算する. 変換 $(x,y) = (r\cos\theta, r\sin\theta)$ (ただし, $\varepsilon \leq r \leq 1,\, 0 \leq \theta < 2\pi$) を用いると, ヤコビアンが r であることに注意して, 定理 25.1.1 より,

$$① = \int_0^{2\pi} \left(\int_\varepsilon^1 (r^2)^{-\frac{1}{3}} \times r \, dr \right) d\theta$$

$$= \int_0^{2\pi} \left[\frac{3}{4} r^{\frac{4}{3}} \right]_{r=\varepsilon}^{r=1} d\theta$$

$$= \int_0^{2\pi} \frac{3}{4} (1 - \varepsilon^{\frac{4}{3}}) \, d\theta$$

$$= \left[\frac{3}{4} (1 - \varepsilon^{\frac{4}{3}})\theta \right]_{\theta=0}^{\theta=2\pi}$$

$$= \frac{3}{2} (1 - \varepsilon^{\frac{4}{3}})\pi. \quad \cdots ②$$

最後に, $\varepsilon \to +0$ の極限を取る. $\displaystyle\lim_{\varepsilon \to +0} \varepsilon^{\frac{4}{3}} = 0$ に注意して,

$$\lim_{\varepsilon \to +0} ② = \frac{3}{2}\pi$$

となる. ゆえに, この広義積分は**収束**する. $\quad \cdots$ (答)

(2) 被積分関数 $(x^2 + y^2)^{-2} = \dfrac{1}{(x^2 + y^2)^2}$ の値が定義できないのは, 分母が 0 になるところ, つまり, $(x,y) = (0,0)$ である. そこで,

$$D \backslash C_\varepsilon = \{(x,y) \mid \varepsilon^2 \leq x^2 + y^2 \leq 1\}$$

とおいて, まず重積分

$$\iint_{D \backslash C_\varepsilon} (x^2 + y^2)^{-2} \, dxdy. \quad \cdots ③$$

を計算する. 変換 $(x, y) = (r \cos \theta, r \sin \theta)$ (ただし, $\varepsilon \leq r \leq 1,\ 0 \leq \theta < 2\pi$) を用いると, ヤコビアンが r であることに注意して, 定理 25.1.1 より,

$$
\begin{aligned}
③ &= \int_0^{2\pi} \left(\int_\varepsilon^1 (r^2)^{-2} \times r\ dr \right) d\theta \\
&= \int_0^{2\pi} \left[-\frac{1}{2} r^{-2} \right]_{r=\varepsilon}^{r=1} d\theta \\
&= \int_0^{2\pi} \frac{1}{2} (\varepsilon^{-2} - 1)\ d\theta \\
&= \left[\frac{1}{2} (\varepsilon^{-2} - 1) \theta \right]_{\theta=0}^{\theta=2\pi} \\
&= (\varepsilon^{-2} - 1)\pi. \quad \cdots ④
\end{aligned}
$$

最後に, $\varepsilon \to +0$ の極限を取る. $\displaystyle\lim_{\varepsilon \to +0} \varepsilon^{-2} = \infty$ に注意して,

$$
\lim_{\varepsilon \to +0} ④ = \infty
$$

となる. ゆえに, この広義積分は**発散**する.　… (答)

練習問題 27.1 (Exercise 27.1)

問 1　領域 $D = \{(x, y) \mid x^2 + y^2 \leq 1\}$ とする. 被積分関数の発散点を見極めて, 次の広義重積分の収束・発散を調べよ.

(1) $\displaystyle\iint_D (x^2 + y^2)^{-\frac{4}{5}}\ dxdy$ 　　(2) $\displaystyle\iint_D \frac{dxdy}{\sqrt{x^2 + y^2}}$

(3) $\displaystyle\iint_D \log(x^2 + y^2)\ dxdy$

27.2　領域が無限に広い場合 (Case 2：an Infinite Domain)

ここでは, 特に xy 平面 (これを $\mathbb{R}^2$ と書く) 上で関数 $z = f(x, y)$ を重積分する方法を紹介する. まず, 長方形領域や円板領域の列 $\{D_n\}$ $(n = 1, 2, 3, \cdots)$ を用意する. ただし,

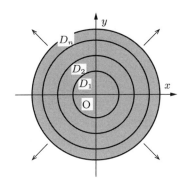

図 27.3　座標平面を覆う D_n

- $D_n \subset D_{n+1} \subset \mathbb{R}^2$,
- すべての D_n の和集合は $\mathbb{R}^2$ に等しい

ものとする (図 27.3). このとき,

(i) 最初に, $\displaystyle\iint_{D_n} f(x, y)\, dxdy$ を計算し,

(ii) 最後に, 極限 $\displaystyle\lim_{n\to\infty} \iint_{D_n} f(x, y)\, dxdy$ を取る.

といった計算をする.

このような計算法を $f(x, y)$ の $\mathbb{R}^2$ 上での**広義重積分** (*improper double integral*) といい, 計算結果を $\displaystyle\iint_{\mathbb{R}^2} f(x, y)\, dxdy$ と書く. 極限 $\displaystyle\lim_{n\to\infty} \iint_{D_n} f(x, y)\, dxdy$ が D_n の選び方に依存せずに一定の実数の値になるとき, 広義積分 $\displaystyle\iint_{\mathbb{R}^2} f(x, y)\, dxdy$ は**収束する** (*converge*) という. また, この極限が D_n の選び方に依存したり, 発散したりするとき, 広義積分 $\displaystyle\iint_{\mathbb{R}^2} f(x, y)\, dxdy$ は**発散する** (*diverge*) という. 例題 27.2.1 を解いて, 領域が無限に広い場合の広義積分の計算法を身につけよう.

注意 27.2.1 (Remark 27.2.1)　正値関数 $f(x, y)$ について, ある列 $\{D_n\}$ で極限 $\displaystyle\lim_{n\to\infty} \int_{D_n} f(x, y)\, dxdy$ が存在するならば, 実は $\displaystyle\int_{\mathbb{R}^2} f(x, y)\, dxdy$ は収束する.

例題 27.2.1 (Example 27.2.1)

次の各問に答えよ.

(1) 広義重積分 $\displaystyle\iint_{\mathbb{R}^2} \frac{dxdy}{(1+x^2+y^2)^2}$ の収束・発散を調べよ.

(2) 広義重積分 $\displaystyle\iint_{\mathbb{R}^2} \frac{dxdy}{1+x^2+y^2}$ の収束・発散を調べよ.

解答 Solution (1)　xy 平面上の原点を中心とした, 半径 n の円板を D_n とする. まず,

$$\iint_{D_n} \frac{dxdy}{(1+x^2+y^2)^2} \quad \cdots ①$$

を計算する. 変換 $(x,y) = (r\cos\theta, r\cos\theta)$ (ただし, $0 \le r \le n$, $0 \le \theta \le 2\pi$) のヤコビアンが r であることに注意すると, 定理 25.1.1 より,

$$
\begin{aligned}
① &= \int_0^{2\pi} \left(\int_0^n \frac{1}{(1+r^2)^2} \times r\,dr \right) d\theta \\
&= \int_0^{2\pi} \left[-\frac{1}{2}\frac{1}{1+r^2} \right]_{r=0}^{r=n} d\theta \\
&= \int_0^{2\pi} \frac{1}{2}\left(1 - \frac{1}{1+n^2} \right) d\theta \\
&= \left[\frac{1}{2}\left(1 - \frac{1}{1+n^2} \right)\theta \right]_{\theta=0}^{\theta=2\pi} \\
&= \left(1 - \frac{1}{1+n^2} \right)\pi \quad \cdots ②
\end{aligned}
$$

となる. 最後に, $n \to \infty$ の極限を取って,

$$\lim_{n\to\infty} ② = \pi.$$

したがって, 注意 27.2.1 より広義積分 $\displaystyle\iint_{\mathbb{R}^2} \frac{dxdy}{(1+x^2+y^2)^2}$ は**収束する**. $\cdots$ (答)

(2)　xy 平面上の原点を中心とした半径 n の円板を D_n とする. まず,

$$\iint_{D_n} \frac{dxdy}{1+x^2+y^2} \quad \cdots ③$$

を計算する. 変換 $(x, y) = (r\cos\theta, r\cos\theta)$ (ただし, $0 \le r \le n$, $0 \le \theta \le 2\pi$)
のヤコビアンが r であることに注意すると,

$$\begin{aligned}
① &= \int_0^{2\pi} \left(\int_0^n \frac{1}{1+r^2} \times r\,dr \right) d\theta \\
&= \int_0^{2\pi} \left[\frac{1}{2} \log(1+r^2) \right]_{r=0}^{r=n} d\theta \\
&= \int_0^{2\pi} \frac{1}{2} \log(1+n^2)\, d\theta \\
&= \left[\frac{1}{2} \log(1+n^2)\theta \right]_{\theta=0}^{\theta=2\pi} \\
&= \pi \log(1+n^2) \quad \cdots ④
\end{aligned}$$

となる. 最後に, $n \to \infty$ の極限を取って,

$$\lim_{n\to\infty} ④ = \infty.$$

したがって, 広義積分 $\displaystyle\iint_{\mathbb{R}^2} \frac{dxdy}{(1+x^2+y^2)^2}$ は **発散する**.　$\cdots$ (答)

練習問題 27.2 (Exercise 27.2)

問 1　次の広義重積分の収束・発散を調べよ.

(1) $\displaystyle\iint_{\mathbb{R}^2} \frac{dxdy}{(1+x^2+y^2)^3}$　　(2) $\displaystyle\iint_{\mathbb{R}^2} \frac{dxdy}{\sqrt{1+x^2+y^2}}$

(3) $\displaystyle\iint_{\mathbb{R}^2} e^{-\sqrt{x^2+y^2}}\,dxdy$

27.3　ガウス積分 (Gaussian Integral)

広義積分 $\displaystyle\int_{-\infty}^{\infty} e^{-x^2}\, dx$ を **ガウス積分**
(*Gaussian integral*) という (図 27.4).
この積分は統計学で頻繁に登場するので
重要である. 関数 e^{-x^2} の原始関数はわ
からないので, この積分の値を高校数学
レベルの知識で求めることはできない.

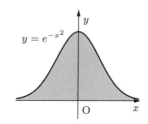

図 27.4　ガウス積分 = 上図の面積

しかし, 重積分の知識を用いると, ようやくその値を求めることができる.

例題 27.3.1 (Example 27.3.1)

ガウス積分 $I = \displaystyle\int_{-\infty}^{\infty} e^{-x^2}\, dx$ の値を求めるために, 次の各問に答えよ.

(1) $I^2 = \displaystyle\iint_{\mathbb{R}^2} e^{-x^2-y^2}\, dxdy$ を示せ.

(2) 変数変換 $(x, y) = (r\cos\theta,\ r\sin\theta)$ を用いて, 広義重積分 $\displaystyle\iint_{\mathbb{R}^2} e^{-x^2-y^2}\, dxdy$ を計算せよ.

(3) I の値を求めよ.

解答 Solution (1) $I^2 = \displaystyle\int_{-\infty}^{\infty} e^{-x^2}\, dx \times \int_{-\infty}^{\infty} e^{-x^2}\, dx$ において, 積分の値は変数に影響されないことに注意して, 右辺 2 番目の積分の変数を x から y に変える. すると,

$$I^2 = \int_{-\infty}^{\infty} e^{-x^2}\, dx \times \int_{-\infty}^{\infty} e^{-y^2}\, dy$$

となる. $I = \displaystyle\int_{-\infty}^{\infty} e^{-x^2}\, dx$ は定数なので, 積分 $\displaystyle\int \cdots dy$ の中に入れることができる. すると,

$$I^2 = \int_{-\infty}^{\infty} I \times e^{-y^2}\, dy = \int_{-\infty}^{\infty} \left(\int_{-\infty}^{\infty} e^{-x^2}\, dx \right) \times e^{-y^2}\, dy$$

となる. e^{-y^2} には変数 x が含まれていないので, これを積分 $\displaystyle\int \cdots dx$ の中に入れることができる. したがって,

$$I^2 = \int_{-\infty}^{\infty} \left(\int_{-\infty}^{\infty} e^{-x^2} \times e^{-y^2}\, dx \right)\, dy$$

$$= \int_{-\infty}^{\infty} \left(\int_{-\infty}^{\infty} e^{-x^2-y^2}\, dx \right)\, dy.$$

これは, 広義重積分 $\displaystyle\iint_{\mathbb{R}^2} e^{-x^2-y^2}\, dxdy$ の累次積分による表現である. ゆえに,

$$I^2 = \iint_{\mathbb{R}^2} e^{-x^2-y^2}\, dxdy.$$

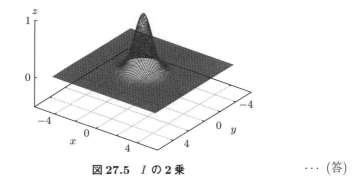

図 27.5 I の 2 乗 $\cdots$ (答)

(2) xy 平面上の原点を中心とした半径 n の円板を D_n とする. まず,
$$\iint_{D_n} e^{-x^2-y^2} \, dxdy \quad \cdots ①$$
を計算する. 変換 $(x,y) = (r\cos\theta, r\cos\theta)$ (ただし, $0 \le r \le n$, $0 \le \theta \le 2\pi$) のヤコビアンが r であることに注意すると,
$$① = \int_0^{2\pi} \left(\int_0^n e^{-r^2} \times r dr \right) d\theta$$
$$= \int_0^{2\pi} \left[-\frac{1}{2} e^{-r^2} \right]_{r=0}^{r=n} d\theta$$
$$= \int_0^{2\pi} \frac{1}{2}(1 - e^{-n^2}) \, d\theta$$
$$= \left[\frac{1}{2}(1 - e^{-n^2})\theta \right]_{\theta=0}^{\theta=2\pi}$$
$$= \pi(1 - e^{-n^2}) \quad \cdots ②$$
となる. 最後に, $n \to \infty$ の極限を取って,
$$\lim_{n\to\infty} ② = \pi. \quad \cdots (答)$$

(3) (2) より, $I^2 = \pi$. ここで, $e^{-x^2} > 0$ なので, $I = \displaystyle\int_{-\infty}^{\infty} e^{-x^2} \, dx > 0$ のはず. したがって, $I = \sqrt{\pi}$. $\cdots$ (答) ▮

練習問題 27.3 (Exercise 27.3)

問 1　$\alpha > 0$ は定数とする. ガウス積分 $I_\alpha = \displaystyle\int_{-\infty}^{\infty} e^{-\alpha x^2}\, dx$ の値を求めるために, 次の各問に答えよ. $x = \dfrac{t}{\sqrt{\alpha}}$ と変換して $dx = \dfrac{dt}{\sqrt{\alpha}}$,

$I_\alpha = \displaystyle\int_{-\infty}^{\infty} e^{-t^2}\, \dfrac{dt}{\sqrt{\alpha}} = \sqrt{\dfrac{\pi}{\alpha}}$ と計算できる.

(1)　$I_\alpha{}^2 = \displaystyle\iint_{\mathbb{R}^2} e^{-\alpha(x^2+y^2)}\, dxdy$ を示せ.

(2)　変数変換 $(x, y) = (r\cos\theta, r\sin\theta)$ を用いて, 広義重積分

$$\iint_{\mathbb{R}^2} e^{-\alpha(x^2+y^2)}\, dxdy$$

　　を計算せよ.

(3)　I_α の値を求めよ.

問 2　広義積分 $J = \displaystyle\int_{-\infty}^{\infty} x^2 e^{-x^2}\, dx$ の値を求めるために, 次の各問に答えよ.

(1)　$xe^{-x^2} = (-\dfrac{1}{2}e^{-x^2})'$ と見て, 部分積分を用いると,

$$J = \lim_{n\to\infty} \left[\ \boxed{\text{(a)}} \times (-\dfrac{1}{2}e^{-x^2})\ \right]_{-n}^{n} + \dfrac{1}{2}\int_{-\infty}^{\infty} \boxed{\text{(b)}}\, dx$$

　　となる. 空欄に当てはまる数式を答えよ.

(2)　ロピタルの定理を用いて, $\displaystyle\lim_{n\to\infty} ne^{-n^2}$ の値を求めよ.

(3)　問 1 の結果を利用して, J の値を求めよ.

問 3　問 1 で登場した I_α について, 次の各問に答えよ.

(1)　問 1(3) の結果を微分して, $\dfrac{dI_\alpha}{d\alpha}$ を求めよ.

(2)　$\dfrac{dI_\alpha}{d\alpha} = \displaystyle\int_{-\infty}^{\infty} \dfrac{\partial e^{-\alpha x^2}}{\partial \alpha}\, dx$ を認めて, $\displaystyle\int_{-\infty}^{\infty} x^2 e^{-x^2}\, dx$ の値を求めよ.

(3)　(2) の結果は問 2 の J の値と一致していることを確かめよ.

練習問題の略解 (SOLUTIONS TO EXERCISES)

第 1 章

練習問題 1.1 (Exercise 1.1)

問 1 (1) 定義域 $0 \leq x \leq 1$, 値域 $0 \leq y \leq \dfrac{1}{2}$ (2) 定義域 $-\infty < x < 0$, $0 < x < \infty$, 値域 $-\infty < y < 0$, $0 < y < \infty$ (3) 定義域 $0 \leq x < 1$, $1 < x \leq 2$, 値域 $-\infty < y \leq -\dfrac{1}{\sqrt{2}}$, $\dfrac{1}{\sqrt{2}} \leq y < \infty$

問 2 (1) どちらでもない (2) 奇関数 (3) 偶関数

練習問題 1.2 (Exercise 1.2)

問 1 (1) 7 (2) 1 (3) 2 (4) -4 (5) $\dfrac{3}{8}$ (6) 3

問 2 $a^{\log_a \frac{m}{n}} = \dfrac{m}{n} = \dfrac{a^{\log_a m}}{a^{\log_a n}} = a^{\log_a m - \log_a n}$ より示される.

問 3 $a^{\log_a m^r} = m^r = (m)^r = (a^{\log_a m})^r = a^{r \log_a m}$ より示される.

問 4 省略

問 5 (1) 偶関数 (2) 奇関数 (3) 奇関数

練習問題 1.3 (Exercise 1.3)

問 1 (1) $\dfrac{\sqrt{3}}{2}$ (2) $\dfrac{1}{2}$ (3) $\dfrac{1}{\sqrt{3}}$ (4) $-\dfrac{1}{2}$ (5) $-\dfrac{\sqrt{3}}{2}$ (6) $\sqrt{3}$ (7) 1 (8) 0 (9) 0 (10) -1 (11) 0 (12) 0 (13) $\dfrac{1}{\sqrt{2}}$ (14) $\dfrac{1}{\sqrt{2}}$ (15) 1

問 2 (1) 偶関数, 定義域 $-\infty < x < \infty$, 値域 $-1 \leq y \leq 1$ (2) 奇関数, 定義域 $-\infty < x < \infty$, 値域 $-1 \leq y \leq 1$ (3) 奇関数, 定義域 $-\infty < x < \infty$, ただし $x \neq \dfrac{2n+1}{2}\pi$ $(n = 0, \pm 1, \pm 2, \cdots)$, 値域 $-\infty < y < \infty$

問 3 省略

第 2 章

練習問題 2.1 (Exercise 2.1)

問 1 (1) $p(x) = \sin(x^4)$ (2) $q(x) = x^2$ (3) $p(h(x)) = \sin(x^2)$ (4) $f(q(x)) = \sin(x^2)$

問 2 (1) $x = 1$ を除いた実数全体 (2) $x = 3$ を除いた実数全体 (3) $x = 1$, $x = 6$ を除いた実数全体 (4) $g(f(x)) = \dfrac{4x+1}{-x+6}$

問 3 $g(f(x))$

練習問題 2.2 (Exercise 2.2)

問 1 $f^{-1}(x) = \dfrac{x+2}{3}$

問 2 $f^{-1}(x) = \dfrac{x+3}{x-1}$ $(x \neq 1)$

問 3 $f^{-1}(x) = 1 + \sqrt{1+x}$ $(x \geq -1)$

問 4 $f^{-1}(x) = 1 - \sqrt{1+x}$ $(x \geq -1)$

問 5 $f^{-1}(x) = \log(x + \sqrt{x^2-1})$ $(x \geq 1)$

問 6 $f^{-1}(x) = \log\sqrt{\dfrac{1+x}{1-x}}$ $(-1 < x < 1)$

練習問題 2.3 (Exercise 2.3)

問 1 $\sin^{-1}\dfrac{1}{2} = 2n\pi + \dfrac{\pi}{6}$, $2n\pi + \dfrac{5}{6}\pi$ $(n = 0, \pm 1, \cdots)$, $\mathrm{Sin}^{-1}\dfrac{1}{2} = \dfrac{\pi}{6}$

問 2 $\cos^{-1}\left(-\dfrac{\sqrt{3}}{2}\right) = 2n\pi \pm \dfrac{5\pi}{6}$ $(n = 0, \pm 1, \cdots)$, $\mathrm{Cos}^{-1}\left(-\dfrac{\sqrt{3}}{2}\right) = \dfrac{5\pi}{6}$

問 3 $\tan^{-1}\sqrt{3} = n\pi + \dfrac{\pi}{3}$ $(n = 0, \pm 1, \cdots)$, $\mathrm{Tan}^{-1}\sqrt{3} = \dfrac{\pi}{3}$

問 4 (1) 1 (2) $-\dfrac{\pi}{6}$ (3) $\dfrac{\sqrt{5}}{3}$ (4) $\dfrac{1}{9}$ (5) $\dfrac{\sqrt{15}}{8}$

問 5 $x = \dfrac{\sqrt{5}}{3}$

問 6 (1) $\dfrac{\pi}{4}$ (2) $\dfrac{\pi}{2}$

第 3 章

練習問題 3.1 (Exercise 3.1)

問 1 (1) $\dfrac{2}{3}$　(2) $\dfrac{8}{5}$　(3) 2　(4) 2　(5) 0　(6) 3

問 2 (1) 3　(2) $\dfrac{1}{2}$　(3) 1　(4) e^4　(5) e^{-1}

練習問題 3.2 (Exercise 3.2)

問 1 不連続

問 2 連続

問 3 (1) 連続　(2) 連続　(3) 連続

問 4 (1) $f(x)$ は周期 2 なので，閉区間 $[0,2]$ で最大値・最小値の存在を示せばよい．$f(x)$ は連続関数でもあるので，定理 3.2.4 より，最大値を与える $x = p_1$ と最小値を与える $x = p_2$ が区間 $[0,2]$ 内に存在する．(証明終)
(2) (a) $m \leq f(x) \leq M$ のはずだから，$m = M$ のとき $f(x)$ は定数関数となる．したがって，どんな実数 x に対しても，$f(x+1) = f(x)(= c)$ となる．　(b) (1) より，$f(p_1) = M$, $f(p_2) = m$ となる p_1, p_2 が存在する．いま，$M \neq m$ なので，$p_1 \neq p_2$ となる．$g(x) = f(x+1) - f(x)$ とおく．$g(p_1) = f(p_1+1) - f(p_1) \leq 0$ および $g(p_2) = f(p_2+1) - f(p_2) \geq 0$ に注意．(case 1) $g(p_1) = 0$ または $g(p_2) = 0$ のとき，p_1 または p_2 が解になる．(case 2) $g(p_1) < 0$ かつ $g(p_2) > 0$ のとき，$g(x)$ が連続なので，中間値の定理 (定理 3.2.3) より，$g(q) = 0$ となる q が p_1 と p_2 の間に存在する．(証明終)

第 4 章

練習問題 4.1 (Exercise 4.1)

問 1 省略

問 2 $\dfrac{d\sqrt{x}}{dx} = \lim_{h \to 0} \dfrac{\sqrt{x+h} - \sqrt{x}}{h} = \lim_{h \to 0} \dfrac{h}{h(\sqrt{x+h} + \sqrt{x})} = \lim_{h \to 0} \dfrac{1}{\sqrt{x+h} + \sqrt{x}}$
$= \dfrac{1}{2\sqrt{x}}$

問 3 省略

問 4 $\dfrac{d \log(-x)}{dx} = \lim_{h \to 0} \dfrac{\log(-x-h) - \log(-x)}{h} = \lim_{h \to 0} \dfrac{1}{h} \log \dfrac{-x-h}{-x}$
$= \lim_{h \to 0} \dfrac{1}{h} \log \dfrac{x+h}{x} = \dfrac{1}{x} \lim_{h \to 0} \log \left(1 + \dfrac{h}{x}\right)^{\frac{x}{h}} = \dfrac{1}{x}$

問 5　$\dfrac{1}{x \log a}$

練習問題 4.2 (Exercise 4.2)

問 1　(1) $8x(3 + x^2)^3$　(2) $-\tan x$　(3) $2e^{2\sin x}\cos x$　(4) $-\dfrac{1}{x^2 \cos^2 \frac{1}{x}}$

(5) $-5\sin x \cos^4 x$　(6) $(\sin x + 3x\cos x)\sin^2 x$　(7) $\dfrac{1 + 2\sin^2 x}{\cos^4 x}$

(8) $e^{-x}(3\cos 3x - \sin 3x)$　(9) $\dfrac{-e^x + 2e^{2x} + e^{3x}}{(1 + e^{2x})(1 + e^x)}$

問 2　(1) $\dfrac{5}{4}x^{\frac{1}{4}}$　(2) $\dfrac{1}{2\sqrt{x}}$　(3) $-\dfrac{3 + 2x^{\frac{1}{3}}}{3x^2}$　(4) $3^x \log 3$

(5) $\dfrac{6^x(\log 3 - \log 2) + 3^x \log 3}{(1 + 2^x)^2}$　(6) $\dfrac{1}{\sqrt{1 + x^2}}$　(7) $2x^{2x}(\log x + 1)$

(8) $x^{\sin x}(\cos x \log x + \dfrac{\sin x}{x})$　(9) $2x^{\log x}\dfrac{\log x}{x}$

問 3　例題 4.2.1(2) の解法より，求まる．

練習問題 4.3 (Exercise 4.3)

問 1　省略

問 2　(1) $\dfrac{2}{\sqrt{1 - 4x^2}}$　(2) $\dfrac{3}{x^2 + 9}$　(3) 0

練習問題 4.4 (Exercise 4.4)

問 1　(1) $\dfrac{3(t^2 + 1)}{2t}$　(2) $y = -3x + 5$

問 2　(1) $-\tan t$　(2) $y = -x + \dfrac{1}{\sqrt{2}}$

第 5 章

練習問題 5.1 (Exercise 5.1)

問 1　省略

問 2　(1) $f'(x) = 3e^{3x}, f''(x) = 9e^{3x}, f^{(3)}(x) = 27e^{3x}, f^{(4)}(x) = 81e^{3x}$
(2) $f^{(n)}(x) = 3^n e^{3x}$

問 3 (1) $f'(x) = \dfrac{-1}{1-x}, f''(x) = \dfrac{-1}{(1-x)^2}, f^{(3)}(x) = \dfrac{-2}{(1-x)^3}, f^{(4)}(x) =$
$\dfrac{-6}{(1-x)^4}$　(2) $f^{(n)}(x) = \dfrac{-(n-1)!}{(1-x)^n}$

練習問題 5.2 (Exercise 5.2)

問 1　(1) $\dfrac{1+\cos t}{1-\sin t}$　(2) $\dfrac{1-\sin t+\cos t}{(1-\sin t)^3}$

問 2　(1) $-\dfrac{3\cos 3t}{2\sin 2t}$　(2) $-\dfrac{3(3\sin 3t \sin 2t + 2\cos 3t \cos 2t)}{4(\sin 2t)^3}$

第 6 章

練習問題 6.1 (Exercise 6.1)

問 1　(1) $2t-4$ [m/s]　(2) 6 [m/s]　(3) (a)

問 2　(1) $\sin 3t + 3t\cos 3t$ [m/s]　(2) -3π [m/s]　(3) (b)

練習問題 6.2 (Exercise 6.2)

問 1　(1) $6t^2 - 8t$ [m/s²]　(2) -2 [m/s²]　(3) (c)

問 2　(1) $(1-t)e^{-t}$ [m/s]　(2) $(t-2)e^{-t}$ [m/s²]　(3) $-2e^{-3}$ [m/s], e^{-3} [m/s²]
(4) (d)

第 7 章

練習問題 7.1 (Exercise 7.1)

問 1　$\dfrac{\log x}{x-1} = \dfrac{\log x - \log 1}{x-1} = \dfrac{1}{c} < 1 \;\; (1 < c < x)$ より, 不等式が得られる.

問 2　$\dfrac{\tan x}{x} = \dfrac{\tan x - \tan 0}{x-0} = \dfrac{1}{\cos^2 c} > 1 \;\; (0 < c < x < \dfrac{\pi}{2})$ より, 不等式が得られる.

第 8 章

練習問題 8.1 (Exercise 8.1)

問 1　(1) 1　(2) 0　(3) $\dfrac{1}{2}$　(4) 3　(5) 1　(6) $\dfrac{1}{2}$

練習問題 8.2 (Exercise 8.2)

問 1 (1) 0   (2) 0   (3) 0   (4) 0   (5) 0   (6) 0

第 9 章

練習問題 9.2 (Exercise 9.2)

問 1 (1) $f'(x) = -\sin x, f''(x) = -\cos x, f^{(3)}(x) = \sin x, f^{(4)}(x) = \cos x,$
$f^{(5)}(x) = -\sin x$ (2) $f(0) = 1,\ f'(0) = 0,\ f''(0) = -1,\ f^{(3)}(0) = 0,\ f^{(4)}(0) = 1$ (3) $f(b) = 1 - \dfrac{1}{2}b^2 + \dfrac{1}{24}b^4 + R_5,\ R_5 = -\dfrac{\sin c}{120}b^5$
(4) $R_5 = -\dfrac{\sin c}{120}(0.3)^5 > -0.00002025$ (5) $\cos 0.3 = 0.9553\cdots$

問 2 (1) $f'(x) = \dfrac{1}{x}, f''(x) = -\dfrac{1}{x^2}, f^{(3)}(x) = \dfrac{2}{x^3}, f^{(4)}(x) = -\dfrac{6}{x^4}$
(2) $f(1) = 0, f'(1) = 1, f''(1) = -1, f^{(3)}(1) = 2$ (3) $f(b) = (b-1) - \dfrac{(b-1)^2}{2} + \dfrac{(b-1)^3}{3} + R_4,\ R_4 = -\dfrac{(b-1)^4}{4c^4}$ (4) $R_4 = -\dfrac{1}{4}\left(\dfrac{0.3}{c}\right)^4 > -\dfrac{81}{40000} = -0.002025$ (5) $\log 1.3 = 0.26\cdots$

練習問題 9.3 (Exercise 9.3)

問 1 $x = -1$ が極小点で $-\dfrac{1}{2}$ が極小値, $x = 1$ が極大点で $\dfrac{1}{2}$ が極大値.

問 2 $a = 8,\ b = 3$

第 10 章

練習問題 10.1 (Exercise 10.1)

問 1 (1) $2\sin x + C$ (2) $\dfrac{3^x}{\log 3} + C$ (3) $\tan x + C$ (4) $-\dfrac{2}{\tan x} - 2x + C$
(5) $\dfrac{x^3}{3} - 2x - \dfrac{1}{x} + C$ (6) $\dfrac{x^2}{2} + 2x + \log|x| + C$

問 2 (1) $-2\sin 2x$ (2) $-\dfrac{1}{2}\cos 2x$ (3) $-\dfrac{1}{2}\cos 2x + C$

問 3 (1) $-2xe^{-x^2}$ (2) $-\dfrac{1}{2}e^{-x^2}$ (3) $-\dfrac{1}{2}e^{-x^2} + C$

問 4 $u = ax + b$ とおく.

$$\frac{d}{dx}F(ax+b) = \frac{du}{dx}\cdot\frac{d}{du}F(u) = af(u) = af(ax+b).$$

$$\frac{d}{dx}\left(\frac{1}{a}F(ax+b)\right) = f(ax+b) \text{ より}$$

$$\int f(ax+b)\,dx = \frac{1}{a}F(ax+b) + C.$$

練習問題 10.2 (Exercise 10.2)

問 1　(1) $\mathrm{Sin}^{-1}\dfrac{x}{2} + C$　　(2) $\dfrac{1}{5}(2+3x)^{\frac{5}{3}} + C$　　(3) $\dfrac{1}{2}(\log x)^2 + C$

　　　(4) $-\dfrac{1}{2}\log|1-2\sin x| + C$　　(5) $-\dfrac{1}{3}e^{3\cos x} + C$　　(6) $\dfrac{2}{3}(\tan x)^{\frac{3}{2}} + C$

問 2　(1) $(\log|1-x^2|+C)' = -\dfrac{2x}{1-x^2}$ は被積分関数と異なる.　　(2) $a=2, b=3$

　　　(3) $2\log|1+x| - 3\log|1-x| + C$

問 3　(1) (a) 1　　(b) 9

　　　(2) $\dfrac{1}{3}\mathrm{Tan}^{-1}\dfrac{x-1}{3} + C$

練習問題 10.3 (Exercise 10.3)

問 1　$\log\left|1+\tan\dfrac{x}{2}\right| + C$

問 2　(1) $\dfrac{2}{3}(x+1)^{\frac{3}{2}} - (x+1) + C$　　(2) $-\log\left|\sqrt{x^2-2x+3} - x + 1\right| + C$

　　　(3) $-\dfrac{2}{3}\sqrt{\dfrac{2-x}{x+1}} + C$

練習問題 10.4 (Exercise 10.4)

問 1　(1) $(x-1)e^x + C$　　(2) $x\sin x + \cos x + C$　　(3) $-\dfrac{x}{3}\cos 3x + \dfrac{1}{9}\sin 3x + C$

　　　(4) $(x^2-2x+2)e^x + C$　　(5) $\dfrac{x^2}{2}\log x - \dfrac{x^2}{4} + C$　　(6) $(\log x - 1)x + C$

問 2　$\dfrac{1}{2}(\sin x - \cos x)e^x + C$

問 3　(1) (a) $-\dfrac{1}{3}\cos 3x$　　(b) $\dfrac{1}{3}\sin 3x$

　　　(2) $2e^{2x}$

　　　(3) $\dfrac{1}{13}(2\sin 3x - 3\cos 3x)e^{2x} + C$

問 4　$x\,\mathrm{Sin}^{-1}x + \sqrt{1-x^2} + C$

第 11 章

練習問題 11.1 (Exercise 11.1)

問 1 (1) $\dfrac{1}{\sqrt{3}}$ (2) $\dfrac{2}{3}$ (3) 2 (4) e (5) $\log 2 + 1$ (6) $\sqrt{2}$

問 2 (1) $3\cos 3x$ (2) (a) $\dfrac{1}{3}\sin 3x$ (3) 0

問 3 (1) $-2xe^{-x^2}$ (2) (a) $-\dfrac{1}{2}e^{-x^2}$ (3) $\dfrac{1}{2}\left(1 - \dfrac{1}{e}\right)$

練習問題 11.2 (Exercise 11.2)

問 1 (1) $\dfrac{\pi}{6}$ (2) $\dfrac{\log 4}{3}$ (3) $\dfrac{1}{\pi}$ (4) $\dfrac{9\pi}{4}$ (5) $\log 3$ (6) $\log\sqrt{2}$

問 2 (1) $(\log|x^2 + 3x + 2|)' = \dfrac{2x + 3}{x^2 + 3x + 2}$ となって, 被積分関数と一致しない.

(2) $a = 3,\ b = -2$ (3) $5\log 2 - 2\log 3$

問 3 (1) $(\log|x^2 + 2x + 5|)' = \dfrac{2x + 2}{x^2 + 2x + 5}$ となって, 被積分関数と一致しない.

(2) $a = 3,\ b = -4$ (3) $3\log 2 - \dfrac{\pi}{2}$

練習問題 11.3 (Exercise 11.3)

問 1 (1) -2 (2) $e-2$ (3) $-\dfrac{1}{2}(1 + e^\pi)$ (4) $\dfrac{2e^3 + 1}{9}$ (5) 1 (6) $\dfrac{1 - e^{-\pi}}{5}$

問 2 $\dfrac{\pi - 3\sqrt{3} + 6}{6}$

問 3 $\dfrac{\pi - 2\log 2}{4}$

第 12 章

練習問題 12.1 (Exercise 12.1)

問 1 (1) 発散 (2) $\dfrac{3}{2}$ に収束 (3) $-\dfrac{4}{3}$ に収束

問 2 -4 に収束

問 3 2 に収束

問 4 $\dfrac{16}{5}$

練習問題 12.2 (Exercise 12.2)

問 1　(1) $\dfrac{1}{2}$　(2) 1　(3) 2　(4) $\log 2$　(5) $\log 2$　(6) 1

問 2　$\dfrac{1}{2}$ に収束

問 3　(1) $\Gamma(s+1) = s\Gamma(s)$　(2) 24　(3) $n!$

第 13 章

練習問題 13.1 (Exercise 13.1)

問 1　(1) $\dfrac{3}{2} x^{\frac{1}{2}}$

　　　(2) (a) 0　(b) $\dfrac{4}{3}$　(c) $\sqrt{1 + \dfrac{9}{4}x}$

　　　(3) $\dfrac{56}{27}$

問 2　(1) (a) 0　(b) 1　(c) $\sqrt{1 + x^2}$

　　　(2) (d) $t + \dfrac{1}{t}$　(e) 1　(f) $1 + \sqrt{2}$　(g) $\dfrac{1}{2}\left(1 + \dfrac{1}{t^2}\right)$

　　　(h) $\dfrac{1}{4}\left(t + \dfrac{2}{t} + \dfrac{1}{t^3}\right)$

　　　(3) $\dfrac{\sqrt{2} + \log(1 + \sqrt{2})}{2}$

問 3　36

練習問題 13.2 (Exercise 13.2)

問 1　(1) $\pm\sqrt{3}$　(2) $6\sqrt{3}\pi - \dfrac{8}{3}\pi^2$

問 2　$\dfrac{\pi^2}{2}$

問 3　(1) $0, 2\pi$

　　　(2) (a) 0　(b) 2π　(c) π　(d) $1 - \cos t$　(e) 0　(f) 2π　(g) $\pi(1 - \cos t)^2$

　　　(3) $3\pi^2$

第 14 章

練習問題 14.1 (Exercise 14.1)

問 1 -2 [m]

問 2 $3e^4 + 1$ [m]

練習問題 14.2 (Exercise 14.2)

問 1 (1) $3 - e^{-t}$ [m/s] (2) $6 + e^{-2}$ [m]

問 2 (1) $v_0 + \alpha t$ [m/s] (2) $x_0 + v_0 t + \dfrac{\alpha}{2}t^2$ [m]

第 15 章

練習問題 15.2 (Exercise 15.2)

問 1 下図参照

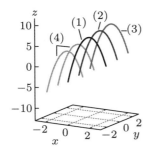

図 S.1 15.2 問 1(1)〜(4) 解答

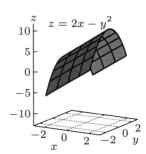

図 S.2 15.2 問 1(5) 解答

問 2 下図参照

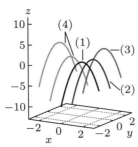

図 S.3 15.2 問 2(1)〜(4) 解答

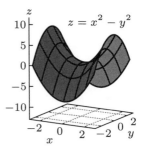

図 S.4 15.2 問 2(5) 解答

練習問題 15.3 (Exercise 15.3)

問1　$3x + 3y - z + 5 = 0$

問2　$(2, -1, 1)$

問3　$(x + 1)^2 + (y - 2)^2 + (z - 1)^2 = 16$

問4　中心 $(2, -1, 1)$, 半径 4

問5　$x + 2y - 2z = 5$

第 16 章

練習問題 16.1 (Exercise 16.1)

問1　(1) 存在 (極限値は 4)　　(2) 存在 (極限値は 0)　　(3) 存在しない

問2　存在 (極限値は 1)

練習問題 16.2 (Exercise 16.2)

問1　(1) 連続　　(2) 連続ではない (極限値が存在しないから)　　(3) 連続ではない
(極限値と $f(0,0)$ が一致しないから)

問2　(1) (a) 2　　(b) 2
(2) 存在しない
(3) 連続

第 17 章

練習問題 17.1 (Exercise 17.1)

問1　(1) $f_x = 2x - 16x^3 y + y$, $f_y = -4x^4 + x + 6y$　　(2) $f_x = (1+x)ye^{x-y}$, $f_y = x(1 - y)e^{x-y}$　　(3) $f_x = -\dfrac{2}{x}$, $f_y = \dfrac{1}{\tan y}$　　(4) $f_x = \dfrac{1}{x \log y}$, $f_y = -\dfrac{\log x}{y(\log y)^2}$　　(5) $f_x = -\dfrac{y}{x^2 + y^2}$, $f_y = \dfrac{x}{x^2 + y^2}$　　(6) $f_x = \dfrac{1}{\sqrt{y^2 - x^2}}$, $f_y = -\dfrac{x}{y\sqrt{y^2 - x^2}}$

問2　(1) $f_x(1, 2) = \dfrac{2}{5}$, $f_y(x, y) = \dfrac{4}{5}$　　(2) $f_x(1, 2) = 10e^2$, $f_y(1, 2) = 5e^2$　　(3) $f_x(1, 2) = \dfrac{1}{3}$, $f_y(1, 2) = 1$　　(4) $f_x(1, 2) = -\dfrac{1}{\sqrt{3}}$, $f_y(1, 2) = \dfrac{1}{2\sqrt{3}}$

第 18 章

練習問題 18.1 (Exercise 18.1)

問 1 (1) $f_x(x,y) = 6x - y, f_y(x,y) = -x, f_x(1,1) = 5, f_y(1,1) = -1$
(2) $R(h,k) = 3h^2 - hk$　(3) 0　(4) 全微分可能

問 2 (1) 偏微分係数は存在して, 0.　(2) 偏微分係数は存在して, 0.　(3) $R(h,k) = \dfrac{h^2 k}{h^2 + k^2}$　(4) 極座標を用いると $\displaystyle\lim_{(h,k)\to(0,0)} \dfrac{R(h,k)}{\sqrt{h^2 + k^2}} = \cos^2\theta\sin\theta$ となり, 0 ではない.　(5) 全微分可能ではない.

練習問題 18.2 (Exercise 18.2)

問 1 (1) $f_x(x,y) = 2x, f_y(x,y) = 2y$　(2) $f_x(1,2) = 2, f_y(1,2) = 4$
(3) $2x + 4y - z = 5$

問 2 $x + y - 2z + 2 = 0$

問 3 $6e^3 x - z - 5e^3 = 0$

第 19 章

練習問題 19.1 (Exercise 19.1)

問 1 (1) $f_x(x,y) = 2x, f_y(x,y) = 2y$　(2) $5\sin 2t$　(3) $5\sin 2t$

問 2 $\dfrac{14e^{2t}}{(e^{2t} + 2)^2}$

問 3 1

問 4 4

練習問題 19.2 (Exercise 19.2)

問 1 (1) $\dfrac{\partial}{\partial u} f(u+v, \frac{v}{u}) = f_x(u+v, \frac{v}{u}) - \dfrac{v}{u^2} f_y(u+v, \frac{v}{u})$
(2) $\dfrac{\partial}{\partial v} f(u+v, \frac{v}{u}) = f_x(u+v, \frac{v}{u}) + \dfrac{1}{u} f_y(u+v, \frac{v}{u})$

問 2 (1) $\dfrac{\partial}{\partial u} f(u^2 - v^2, 2uv) = 2u f_x(u^2 - v^2, 2uv) + 2v f_y(u^2 - v^2, 2uv)$
(2) $\dfrac{\partial}{\partial v} f(u^2 - v^2, 2uv) = -2v f_x(u^2 - v^2, 2uv) + 2u f_y(u^2 - v^2, 2uv)$

第 20 章

練習問題 20.1 (Exercise 20.1)

問 1 (1) $f_x = 5x^4 + 12x^3y^2 + 4y^3, f_y = 6x^4y + 12xy^2 + 4y^3, f_{xx} = 20x^3 + 36x^2y^2, f_{xy} = f_{yx} = 24x^3y + 12y^2, f_{yy} = 6x^4 + 24xy + 12y^2$ (2) $f_x = 3x^2y^2e^{x^3y^2}, f_y = 2x^3ye^{x^3y^2}, f_{xx} = (6xy^2 + 9x^4y^4)e^{x^3y^2}, f_{xy} = f_{yx} = (6x^2y + 6x^5y^3)e^{x^3y^2}, f_{yy} = (2x^3 + 4x^6y^2)e^{x^3y^2}$ (3) $f_x = \dfrac{1}{x+y}, f_y = \dfrac{1}{x+y}, f_{xx} = -\dfrac{1}{(x+y)^2}, f_{xy} = f_{yx} = -\dfrac{1}{(x+y)^2}, f_{yy} = -\dfrac{1}{(x+y)^2}$ (4) $f_x = \dfrac{y}{x\sqrt{x^2-y^2}}, f_y = -\dfrac{1}{\sqrt{x^2-y^2}}, f_{xx} = -\dfrac{y(2x^2-y^2)}{x^2(x^2-y^2)^{\frac{3}{2}}}, f_{xy} = f_{yx} = \dfrac{x}{(x^2-y^2)^{\frac{3}{2}}}, f_{yy} = -\dfrac{y}{(x^2-y^2)^{\frac{3}{2}}}$

問 2 (1) 調和関数ではない. (2) 調和関数である. (3) 調和関数である.
(4) 調和関数である.

問 3 (1) 0 (2) 0 (3) $f_x = \dfrac{x^4y + 4x^2y^3 - y^5}{(x^2+y^2)^2}, f_y = \dfrac{x^5 - 4x^3y^2 - xy^4}{(x^2+y^2)^2}$
(4) $f_{xy}(0,0) = -1$ (5) $f_{yx}(0,0) = 1$

練習問題 20.2 (Exercise 20.2)

問 1 (1) $e^t f_x + 2t f_y$ (2) $e^t f_x + 2f_y + e^{2t} f_{xx} + 4te^t f_{xy} + 4t^2 f_{yy}$

問 2 (1) $2f_x - f_y$ (2) $4f_{xx} - 4f_{xy} + f_{yy}$

問 3 (1) $2u f_x + 2v f_y$ (2) $-2v f_x + 2u f_y$ (3) $-4uv f_{xx} + 4(u^2 - v^2) f_{xy} + 4uv f_{yy} + 2f_y$ (4) $4(u^2 + v^2)(f_{xx} + f_{yy})$

問 4 $\dfrac{1}{r^2}(f_{\theta\theta} + r^2 f_{rr} + r f_r)$

第 21 章

練習問題 21.1 (Exercise 21.1)

問 1 (1) $2y^2 + 6xy$ (2) $24y + 18x$ (3) 0

問 2 (1) 1 (2) 0 (3) 26

練習問題 21.2 (Exercise 21.2)

問 1　(1) $f_x = e^x \cos 3x, f_y = -3e^x \sin 3y, f_{xx} = e^x \cos 3y,\ f_{xy} = -3e^x \sin 3y,$ $f_{yy} = -9e^x \cos 3y$　(2) $f(0,0) = 1, f_x(0,0) = 1, f_y(0,0) = 0, f_{xx}(0,0) = 1,\ f_{xy}(0,0) = 0, f_{yy}(0,0) = -9$　(3) $f(0 + h, 0 + k) = 1 + h + \dfrac{h^2}{2} - \dfrac{9}{2}k^2 + \cdots$

問 2　(1) $f(0+h, 0+k) = -2 + 2h + 4k + h^2 + 2hk - k^2 + \cdots$　(2) $f(0+h, 0+k) = hk + \cdots$

問 3　(1) $f_x = \dfrac{3}{2\sqrt{3x+y}},\ f_y = \dfrac{1}{2\sqrt{3x+y}}, f_{xx} = -\dfrac{9}{4}(3x+y)^{-\frac{3}{2}},\ f_{xy} = -\dfrac{3}{4}(3x+y)^{-\frac{3}{2}}, f_{yy} = -\dfrac{1}{4}(3x+y)^{-\frac{3}{2}}$　(2) $f(1,1) = 2,\ f_x(1,1) = \dfrac{3}{4}, f_y(1,1) = \dfrac{1}{4},\ f_{xx}(1,1) = -\dfrac{9}{32},\ f_{xy}(1,1) = -\dfrac{3}{32}, f_{yy}(1,1) = -\dfrac{1}{32}$
(3) $f(1 + h, 1 + k) = 2 + \dfrac{1}{4}(3h + k) - \dfrac{1}{64}(9h^2 + 6hk + k^2) + \cdots$

第 22 章

練習問題 22.1 (Exercise 22.1)

問 1　(1) $f_x = -2x + y,\ f_y = x - 2y,\ f_{xx} = -2,\ f_{xy} = f_{yx} = 1,\ f_{yy} = -2$
(2) $a = 0, b = 0$　(3) 極大値

問 2　(1) $x = 1, y = 1$ で極小値　(2) $x = 0, y = 0$ で極大値

問 3　(1) $xyz = 180$　(2) $f(x, y) = xy + \dfrac{360}{x} + \dfrac{360}{y}$　(3) $f_x = -\dfrac{360}{x^2} + y, f_y = -\dfrac{360}{y^2} + x, f_{xx} = \dfrac{720}{x^3},\ f_{xy} = 1, f_{yy} = \dfrac{720}{y^3}$　(4) $a = 2\sqrt[3]{45}, b = 2\sqrt[3]{45}$
(5) 極小点

練習問題 22.2 (Exercise 22.2)

問 1　(1) $f_x = 2x,\ f_y = 2y,\ f_{xx} = 2, f_{xy} = 0, f_{yy} = 2$　(2) $g_x = y,\ g_y = x,\ g_{xx} = 0, g_{xy} = 1, g_{yy} = 0$　(3) $\lambda = 2$ のとき, $a = b = 1$ または $a = b = -1$　(4) $(1, 1)$ および $(-1, -1)$ はともに $f(x, y)$ の極小値を与える.

第 23 章

練習問題 23.1 (Exercise 23.1)

問 1　(1) 15　(2) 1　(3) $\dfrac{1}{4}$

問 2　(1) $\dfrac{9}{2}$　(2) -3　(3) $4\log 2 - 2$　(4) $\dfrac{3}{2}$

練習問題 23.2 (Exercise 23.2)

問 1　(1) 図 S.5 参照　(2) 最小値 0, 最大値 1　(3) 最小値 y^2, 最大値 $\sqrt{y}$

　　(4) $\dfrac{2}{3\pi}$

問 2　(1) $\dfrac{2}{3}$　(2) $\dfrac{e-1}{3}$　(3) $\dfrac{1}{\sqrt{2}}\left(\mathrm{Tan}^{-1}\sqrt{2} - \mathrm{Tan}^{-1}\dfrac{1}{\sqrt{2}}\right)$

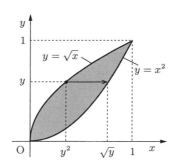

図 S.5　23.2 問 1(1) の解答

第 24 章

練習問題 24.1 (Exercise 24.1)

問 1　1

問 2　5

練習問題 24.2 (Exercise 24.2)

問 1　2

問 2　$u - v$

問 3 $-\dfrac{u}{(1+v)^2}$

問 4 r

問 5 $4r$

第 25 章

練習問題 25.2 (Exercise 25.2)

問 1 (1) $0 \le u \le 1, 0 \le v \le 1$ (2) 5 (3) $\dfrac{85}{12}$

問 2 (1) $1 \le r \le 2, 0 \le \theta \le 2\pi$ (2) r (3) 2π

問 3 (1) $1 \le u \le 2, 0 \le v \le 1$ (2) u (3) $\dfrac{3}{2}(e-1)$

第 26 章

練習問題 26.1 (Exercise 26.1)

問 1 $5\sqrt{5}$

問 2 (1) $(1, 2, -1)$ (2) $(2, 0, 1)$ (3) $\dfrac{\sqrt{29}}{2}$

練習問題 26.2 (Exercise 26.2)

問 1 (1) $\dfrac{\partial z}{\partial x} = 1, \ \dfrac{\partial z}{\partial y} = y^{\frac{1}{2}}$ (2) (a) $\sqrt{2+y}$ (3) $\dfrac{2}{3}(3\sqrt{3} - 2\sqrt{2})$

問 2 (1) $\dfrac{\partial z}{\partial x} = -\dfrac{x}{\sqrt{4 - x^2 - y^2}}, \dfrac{\partial z}{\partial y} = -\dfrac{y}{\sqrt{4 - x^2 - y^2}}$

(2) (a) $\dfrac{2}{\sqrt{4 - x^2 - y^2}}$

(3) (a) 0 (b) 1 (c) $= \dfrac{2r}{\sqrt{4 - r^2}}$

(4) $4\pi(2 - \sqrt{3})$

問 3 (1) $\dfrac{\partial z}{\partial x} = 0, \ \dfrac{\partial z}{\partial y} = -\dfrac{y}{\sqrt{1 - y^2}}$

(2) (a) $-\sqrt{1 - y^2}$ (b) $\sqrt{1 - y^2}$ (c) $\dfrac{1}{\sqrt{1 - y^2}}$

(3) 4

第 27 章

練習問題 27.1 (Exercise 27.1)

問 1　(1) 5π に収束　　(2) 2π に収束　　(3) $-\dfrac{\pi}{2}$ に収束

練習問題 27.2 (Exercise 27.2)

問 1　(1) $\dfrac{\pi}{2}$ に収束　　(2) 発散　　(3) 2π に収束

練習問題 27.3 (Exercise 27.3)

問 1　(1) 省略　　(2) $\dfrac{\pi}{\alpha}$　　(3) $\sqrt{\dfrac{\pi}{\alpha}}$

問 2　(1) (a) x　　(b) e^{-x^2}　　(2) 0　　(3) $\dfrac{\sqrt{\pi}}{2}$

問 3　(1) $-\dfrac{\sqrt{\pi}}{2\alpha\sqrt{\alpha}}$　　(2) $\dfrac{\sqrt{\pi}}{2}$　　(3) 確かに一致している.

索引 (INDEX)

Memo

Memo

Memo

著者紹介

辻川　亨（つじかわ　とおる）

 1954 年 広島県に生まれる
 1977 年 東京理科大学理工学部数学科 卒業
 1986 年 広島大学大学院理学研究科博士課程 単位取得満期退学
 1997 年 博士 (数理科学)(東京大学)
 1998 年 宮崎大学 教授
 2020 年 宮崎大学 名誉教授
 著書:「線形代数入門」(学術図書出版社, 2017 年, 共著)
    「微分積分の押さえどころ」(学術図書出版社, 2019 年, 共著) など

北　直泰（きた　なおやす）

 1969 年 石川県に生まれる
 1993 年 早稲田大学理工学部物理学科 卒業
 1995 年 東京大学大学院総合文化研究科 修士課程修了
 1999 年 名古屋大学大学院多元数理科学研究科 博士課程修了
 2000 年 日本学術振興会 特別研究員
 2001 年 九州大学大学院数理学研究院 助手
 2004 年 宮崎大学教育文化学部 助教授
 2015 年 熊本大学工学部数理工学科 教授
 2018 年 熊本大学工学部機械数理工学科 教授
    現在に至る

微分積分学入門

2021 年 7 月 30 日	第 1 版 第 1 刷 発行
2022 年 3 月 10 日	第 1 版 第 2 刷 発行
2023 年 3 月 10 日	第 2 版 第 1 刷 印刷
2023 年 3 月 31 日	第 2 版 第 1 刷 発行

著　者　　辻 川　　亨

北　　直 泰

発 行 者　　発 田 和 子

発 行 所　　株式会社 学術図書出版社

〒113−0033　　東京都文京区本郷 5 丁目 4 の 6
TEL 03−3811−0889　　振替 00110−4−28454
印刷　三松堂 (株)

© 2021, 2023　　T. TSUJIKAWA　　N. KITA
Printed in Japan
ISBN978−4−7806−1124−3　　C3041